이데올로기
브레인

레오르 즈미그로드

김아림 옮김

이데올로기
IDEOLOGICAL
브레인
BRAIN

우리 안의 극단주의는 어떻게 만들어지는가

어크로스

일러두기

• 원서에서 이탤릭체로 강조한 부분은 고딕체로 표기했다.

• 국내에 소개된 작품은 번역된 제목을 따랐고, 국내에 소개되지 않은 작품은
  원어 제목을 우리말로 옮기고 원제를 병기했다.

프롤로그
모든 것은 우리 몸 안에서 비롯된다

우리에게 필요한 건 신념이 전부다. 신념은 확실성을 제공한다. 설령 우리에게 확신이 없다 해도 최소한 확실성의 껍데기라도 얻을 수 있게끔 한다. 또한 우리가 가장 깊은 열정을 드러내거나, 최소한 열정을 발휘할 대상을 제공하는 것도 이 신념이다. 더 나아가 우리는 공통의 목적에 헌신하며 타인들과 하나가 되고, 이로써 낯선 사람들의 모임을 넘어선 하나의 애정 어린 공동체를 만든다. 얼마나 즐거운가! 이런 모든 신념이 한데 합쳐져 상당히 일관된 세계관이 된다면, 우리는 우리가 타인과 함께 살아가며 공유하는 진리와 도덕 원칙의 모음을 가졌다고 의기양양하게 선언할 수 있다. 간단하다!

우리는 무엇보다 신념을 필요로 한다. 우리의 이데올로기적 사명이 고대의 것이든 새로운 것이든, 종교적이든 세속적이든, 보수석이든 반동적이든, 디지털로 소통하든 실물로 소통하든, 우리는 신념에 힘입어 틀린 것과 옳은 것, 악과 선, 어리석거나 이기적인 결정과 윤리적 결정 등을 구분할 채비를 갖춘다. 현명한 지도자들을 믿고 따르는 가운데 우리는 지상에 구축할 천상의 유토피아를 상상하고, 다가올 재난과 도덕적 재앙을 피할 전략을 고안한다. 또한 새로운 상징을 받아들이고, 새로운 유행을 채택하며, 새로운 가족에 어울리고, 다소 이해하기는 어려워도 묘한 매력을 풍기는 의식에 참여하며, 자신을 기꺼이 구성원으로 받아주는 집단에 섞여드는 황홀함을 느끼기 시작한다.

이로써 주변 세계를 이해하고 타인과 어울리며 소속감을 느끼고자 부단히 애쓰는 신체 기관인 우리의 뇌는 새로운 이데올로기에 지배된 상태에서 환희를 느낀다.

과연 이래도 괜찮은 걸까?

나는 어두운 대학 실험실에 앉아 있다. 이곳은 사방이 검은 벽으로 둘러싸인 조그만 방이다. 이렇게 어두침침한 실험실은 보통 수면을 연구하는 신경과학자들이 실험 참가자들을 임시변통으로 만든 침대에 눕혀 재우고 휴식을 취하게 한 뒤 잠든 뇌의 전기 활동을 측정하는 데 쓰이곤 한다. 하지만 내가 연구 주제로 삼은 건 수면과는 반대였다. 나는 사람들이 어떤 선택을 내릴 때 보이는 신경학적 특징, 즉 자유의지를 감지하고자 실험실에 있었다. 긴 여름내내 나는 참가자들 두피에 전극을 부착한 뒤, 뇌파가 춤추듯 움직이는 모습을 모니터로 지켜봤다. 눈으로 볼 수 없는 뇌파가 안절부절못하고 수시로 오르락내리락하는 과정이 모니터 화면에 가시화되었다. 이 실험 관찰을 통해 나는 우리 뇌가 자유롭고 자발적인 결정이 아닌 명령에 복종할 때 어떤 양상을 띠는지 연구했다. 그리고 신경과학의 여러 기법을 통해 순종적 행동은 자유로운 선택과는 매우 다른 신경 활동 패턴을 불러일으킨다는 사실을 알게 되었다.

당시 영국 케임브리지대학교 심리학과에서 공부하던 나는 감각 지각sensory perception과 자유의지의 신경과학에 관심을 가졌다. 나는 신경과학이 인간의 의식에 대한 근본적 질문들에 답을 들려줄 수 있으리라 확신했던 터라 주말과 공휴일까지 반납하며 교수들의 연구 프로젝트에 조수로 자원했다. 감각을 인식하거나 인식하지 못할 때 어떤 느낌이 드는지, 무의식적인 인상은 어떻게 형성되는지가 그런 질문이었다.

화창한 여름날 오후에 창문도 없는 작은 실험실에서, 나는 참가자들 피부에 끈적이는 젤리가 붙은 센서를 부착한 다음 금속 디스크와 전선으로 이루어진 격자를 머리에 설치하고 분해하고 재설치하기를 반복했다. 그리고 저녁에는 결과 분석에 들어가 신경과학의 최소 단위 중 하나를 클로즈업해 바라봤다. 자발적이든 강제적이든 모든 움직임에 앞서 나타나는 전위electrical potential가 바로 그것이었다. 픽셀로 표시된 신경 자극의 깜박이는 빛 아래에서 나는 인간의 자유를 나타내는 비밀스럽고 무의식적인 표시물을 탐색했다.

하지만 때는 2015년이었고, 햇볕이 들지 않는 실험실 바깥에서는 새로운 형태의 근본주의fundamentalism가 점점 더 세력을 키워갔다. 나는 어린 영국 소녀들이 ISIS에 가담하기 위해 시리아로 향한다는 소식을 듣고, 왜 이 특정 소녀들이 극단주의에 빠져들었을까 하는 의문이 들었다. 많은 평론가들이 그 원인을 인구통계학적 요인과 인터넷의 위험, 즉 젊은이 특유의 어리석음과 교양 교육의 부재, 재정적으로나 문화적으로 불안정한 상태에서 비롯된 위험성 때문이라고 지적했다. 하지만 나에게는 이런 설명이 불충분하게 느껴졌다. 사회 경제 및 기술에서 비롯된 위험을 감내하는 사람들은 꽤 많다. 인구통계학적 요인은 운명이 아니다. 그렇다면 왜 이 소녀들은 이데올로기 전쟁에 가담해서 집에서 쫓겨나고 자유를 잃게 된 걸까? 왜 다른 소녀들이 아닌 바로 그 소녀들이 그랬을까? 아마도 인구통계학적 요인과 통속 심리학fold psychology은 전체 이야기를 담아내지 못했을 것이다. 어쩌면 뇌에 뭔가 문제가 생겨 이 소녀들이 취약해진 건지도 모른다.

나는 그동안 살아오면서 애정을 품게 된 인지과학과 신경과학의 방법론을 서로 연결하여 그것을 정치라는 영역, 즉 이데올로기에 대한 질문에 적용할 수 있을지 궁금해졌다. 예컨대 이런 질문들이다. 극단주의적 세계관에 대한 민감성은 과연 인지와 개인의 생물학적 특성에 뿌리를 둘까? 교조적 이데올로기에 집착하는 사람은 의식도 그 영향을 받아 근본적으로 바뀌는 걸까?

영국의 브렉시트 국민투표부터 2016년 미국 대선 직전에 이르는 격동의 몇 개월 사이에 실험을 시작한 덕분에, 나는 인지과학과 신경과학의 방법론을 활용해 이데올로기적 사고의 기원과 결과를 연구한 최초의 과학자 중 한 사람이 됐다. 나는 우파 플랫폼에 글을 쓰는 급진주의 활동가들부터 통일 이후 베를린에 사는 독일 청소년, 영국 외딴 마을의 노령연금 수급자를 포함해 온라인으로 실험 참가자를 모집했다. 전통주의자에서 과격한 진보주의자에 이르기까지 다양한 성향과 계층을 아울렀다. 또한 수천 명에 달하는 참가자가 집에서 편안하게 실험을 완료할 수 있는 새로운 방법을 채택하고, 여러 나라에 있는 동료들과 협력해 대학교 실험실에서 엄선된 참가자의 뇌 스캔 결과와 유전자 샘플을 수집했다.

이데올로기에 대한 연구에서 이처럼 인지 기능 평가와 뇌 스캔 기술을 활용하는 방식은 결코 흔치 않은 선택이었다. 생물학과 정치학을 한데 모으는 일에 관심을 갖는 국제 연구팀은 아주 드물었다. 말하자면 '고위험·고수익' 연구 전략이었다. 그래도 다행히 성과가 따랐다.

현대의 과학기술을 통해 우리는 이제 이데올로기 체계가 인간의 두뇌 구조에 얼마나 깊숙이 침투하는지, 즉 세뇌가 마음과 몸에 얼마나 깊이 스며들 수 있는지 묻는 게 가능하다. 우리는 이데올로기로 훈련된 뇌를 탐구할 만한 가치가 있다는 사실을 발견했다. 그리고 이데올로기가 우리 몸에 어떤 영향을 미칠 수 있는지, 도덕성이 인간 의식의 가장 깊숙한 틈새까지 얼마나 강력하게 미끄러져 들어기는지를 세밀한 연구를 통해 밝혔다. 이런 연구는 극단주의의 영향을 받을 잠재력이 있는 사람이 누구인지, 다시 말해 어떤 뇌가 특별히 취약하고 또 어떤 뇌가 보다 유연하며 탄력적인지 그 이유를 조명한다.

자기 방 침실에서, 그리고 밤샘 파티나 스마트폰을 즐기는 동안 급진적으로 변모한 영국의 청소년들은 평범한 과정에서 생겨난 비범한 사례들이었다. 모든 뇌는 어느 정도 이데올로기에 민감하지만, 어떤 뇌는 다른 뇌에 비해 특히 더 큰 영향을 받기 때문이다. 우리 뇌가 얼마나 위험한지, 서로 얼마나 다른지에 대한 단서는 우리의 세포와 몸, 저마다의 고유한 내러티브 속에 있다.

외부 관찰자의 시선으로 보면, 교조적 환경에서는 수동적이고 거의 지각하지 못할 정도로 자동화된 습관이나 강박이 생성되는 것처럼 보인다. 하지만 실제로 이데올로기의 영향을 받는 뇌를 조사해보면 그 내부에서 정교하고 역동적인 여러 과정이 벌어지고 있음을 알 수 있다. 뉴런들은 윙윙거리며 모든 단계를 충실히 따라 활동전위를 발화하고 동기화된다. 이데올로기적 신념은 우리 몸 안에서 비롯되며, 이런 극단적인 믿음의 결과 또한 우리 몸 안에서 감지하고 목격할 수 있다.

이 책은 신경과학과 정치학, 철학을 한데 엮어 독단적 신조에 휩싸인 인간이 미친 듯 몰아치는 온갖 교설 사이에서 살아남고자 애쓰는 것이 어떤 의미를 갖는지에 대해 도전적인 견해를 제시하고자 한다. 독자들은 민족주의 운동, 종교 이데올로기, 인종주의적 세계관, 음모론에 가까운 믿음, 극우와 극좌, 그리고 한쪽으로 치우치지 않은 정치적 이데올로기 등 다양한 이데올로기를 염두에 둔 채 이 책을 읽을 수 있다.

이 책에서는 믿음을 연구하는 과학과 엄밀한 실험의 결과를 다루기는 하지만, 우리는 이데올로기를 비판할 때 순전히 이성만 발휘하지는 않는다. 여기에는 실질적 의미가 있다. 우리는 다음과 같은 것들에 대한 정서적인 투자를 고려해야 한다. 전통과 역사, 집단과 공동체, 원칙과 우리를 이끄는 도덕법칙, 범주, 믿음과 헌신, '이데올로기'라는 단어를 들었을 때 우리가 떠올리는 사람들에 대한 애정이 그렇다. 꽤 많은 종류의 애정이 걸려 있다는 말이다. 그런 만큼 우리의 분석이 잘못되었을 경우 그 위험은 헤아릴 수 없을 만큼 크다.

이 책은 이데올로기와 경직된 사고방식을 받아들일 때 생겨나는 위험을 재해석하도록 일깨워주는 새롭고 급진적인 과학을 전한다. 그리고 우리의 정치가 단지 피상적 차원에 머물지 않고 우리 몸속 세포 차원까지 연결될 수 있다는 사실을 밝힌다. 우리는 과학자의 현미경, 철학자의 관심사, 인문학자들의 희망, 적극적인 시민의 공감과 상상을 들여다보고, 개방성과 혐오, 변혁과 전통, 증거주의와 강요된 운명을 비교해 자유롭고 개성적이면서도 관용적인 뇌의 면모를 밝히고자 한다.

차례

PART 3 기원
타고나는 것일까, 만들어지는 것일까

PART 5 자유
이데올로기라는 족쇄에서 해방되기

PART
1

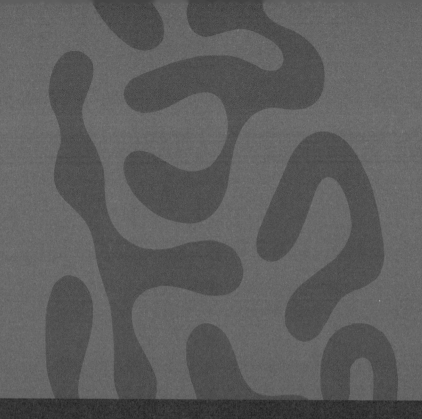

우상

[우리 뇌는 언제나
이데올로기에 갈증을 느낀다]

1

이데올로기를 가진 사람들

사람들은 흔히 이데올로기를 '가지고 있다'라고 표현한다. 마치 여행 가방이나 바나나를 가진 것처럼 말이다. 손으로 만질 수 있고, 소중히 여기거나 버릴 수 있는 물건이 그렇듯, 우리는 이데올로기 또한 이런 물건들처럼 우리 외부에 있다고 여긴다. 때때로 우리는 오래된 이데올로기를 좀 더 새롭고 반짝이는 이데올로기와 맞바꾸고 싶어 한다. 가끔은 전도사로 변신해 믿음이 없는 사람들 손에 이데올로기를 밀어 넣기도 한다. 이걸 가져가세요!

우리는 이처럼 이데올로기라는 소유물을 물물교환하거나 거래하고, 새로 습득한 것을 자랑하기도 한다. 하지만 어쩌면 이런 생각은 잘못되었을지도 모른다. 이데올로기가 마치 우리가 보유한 물건이자 운반 가능한 짐이며, 어떤 방식으로든 우리 밖에 존재한다는 생각 말이다.

우리는 단순히 믿음을 가질 수도 있지만 그 믿음에 사로잡히거나 홀릴 수도 있다. 오늘날에는 강력한 측정 도구를 통해 이데올로기의 경직성이 불러일으킨 결과를 인간의 지각과 인지, 생리, 신경학적 과정에 이르기까지 들여다볼 수 있다. 우리 몸은 우리를 둘러싼 이데올로기로부터 영향을 받는다. 우리가 믿는 바가 우리의 생물학적 몸에 반영된다.

한번 이데올로기가 각인되면 모래에 그린 그림과는 달리 지우기 어렵다. 최신의 과학적 발견에 따르면 인간의 뇌는 활기차고 갈망에 찬 채로 여러 이데올로기적 신념을 흡수한다. 즉, 우리 뇌는 주변 환경으로부터 무언가를 쉽게 배우는 대단한 기관이다. 위험할 정도로 빠르게 말이다. 그렇기에 교조적 체계에 푹 빠지면 몸은 기꺼이 그것에 따르는 경직성을 받아들인다. 이렇게 규칙과 의식을 거듭 반복하다 보면 우리의 정신은 무뎌진다. 기계적 반복이 이루어질 때마다 습관의 토대가 되는 신경 경로는 강화되는 반면에 그 대체재, 즉 독창성은 더 높지만 반복성은 더 낮은 정신적 연관 관계는 쇠퇴하는 경향이 있기 때문이다. 이데올로기가 우리의 사회적 행동과 도덕적 공감을 결정짓는다는 사실은 많은 사람들이 직관적으로 안다. 하지만 반복되는 이데올로기 속의 규칙과 의식이 우리의 세포 속까지 침투한다는 건 잘 알려지지 않았다.

이데올로기란 무엇인가

우리가 권위주의의 경직된 구조에 빠져드는 것은 단순히 사회적, 정치적 문제가 아니다. 각자에게 매우 개인적인 문제다. 이데올로기는 우리 정신건강과 정확성을 추구하는 능력을 위협하기도 한다. 우리 몸이 심각하고 골치 아픈 방식으로 이데올로기적 신념을 구현하는 법을 학습하기 때문이다. 이데올로기가 무엇인지, 또 이데올로기가 우리에게 어떤 영향을 주는지 이해하지 못하면 서로 다른 극단주의가 등장해 변이를 거칠 테고, 아무 제약 없이 개방적이고 관용적인 우리 사회로 나아가는 데 방해가 될 것이다. 이데올로기의 교리에 따라 뇌가 어떻게 변모하는지 밝혀낼 때까지 우리는 결코 진정한 자유에 대해 이해할 수 없다.

이데올로기는 보통 고정되어 시대를 초월하는 것처럼 여겨지지만 사실은 굉장히 유동적이고 재빠르게 움직인다. 이러한 이데올로기의 집합체는 끊임없이 변화하며 모든 세대에서 새로운 모습을 띤다. 이데올로기적 세계관은 개인의 입장과 정책 선호도를 바꾸기도 한다. 예컨대 전통적 가치를 수호하는 정당이 급진 개혁을 위한 캠페인을 벌이는 반면, 진보 정당은 도리어 혁신을 주저한다. 생명을 소중히 여기자는 구호 아래 총을 들어 올릴 때도 있다. 평화를 위한 슬로건은 퇴행적 폭력을 위장하는 데 사용된다. 자유를 위한 싸움을 테러가 가로막고, 자유에 대한 요구는 공포를 유발하는 것처럼 보인다.

이데올로기를 둘러싼 싸움은 언어 게임과 비슷하다. 단어와 수사적 장치가 상대방에게 던져지고 아슬아슬하게 비켜간다. 반동주의자, 혁명론자, 보수, 진보, 음모론자, 우월주의자, 인종차별주의자, 급진주의자, 광신자 같은 단어들. 우리는 이러한 꼬리표가 정확히 무엇을 의미하는지, 또는 실제로 누구를 지칭하는지 아는 경우가 거의 없다. 조지 오웰George Orwell에 따르면, "정치적 언어는 거짓말이 진실처럼 들리고, 살인이 그럴듯해 보이며, 가벼운 마음도 견고한 겉모습을 갖는 것처럼 보이게 설계되었다."[1] 우리는 사람이나 생각을 무 자르듯이 깔끔하게 각각의 범주로 나누어 명확성을 높이고 어떤 정체성을 씌우려고 한다. 이웃에 광신도가 있다! 10대 아이들은 바보다! 이런 분류법은 유쾌하거나 충격을 안긴다. 하지만 이것은 언어학적인 양동이와 같아서 사람들의 삶 속에 존재하는 이데올로기의 실제 모습을 덮어 씌운다. 삶 속의 이데올로기는 지저분하고, 위선적이고, 오만하고, 자기 파괴적이다. 거기에는 상실과 기쁨, 유머, 후회, 두려움, 좌절, 주저, 반추, 친밀함, 슬픔이 있다. 그리고 눈물과 한탄, 환한 미소, 혼란스러워하는 곁눈질도 있다.

이러한 복잡성과 모순에도 불구하고, 이데올로기가 가진 목적이나 주장하려는 바와 상관없이 그 이데올로기가 실천되고 널리 퍼지는 방식에는 공통점이 있다. 국수주의자든 인종차별주의자든 종교를 믿는 신자이든, 모든 이데올로기가 인간의 마음에 침투하는 방식에는 유사점이 있다. 이러한 유사점은 결코 우연이 아니며 이데올로기적 사고의 구조에 내재해 있다. 정치사상가 에릭 호퍼Eric Hoffer가 저서《맹신자들》에서 관찰한 바와 같이, "모든 유형의 헌신과 믿음, 권력의지, 단결, 자기희생에는 어느 정도 공통점이 있다."[2] 이데올로기는 다른 색이나 의상, 깃발로 치장할 수 있지만 집단마다 이데올로기가 강요하는 메커니즘이 대체로 동일하다는 증거가 있다.

이데올로기 전반의 심리적 유사성을 감지하려면 어떤 것이 이데올로기이고 어떤 것은 이데올로기가 아닌지 구분할 줄 알아야 한다. 가장 단순하게 표현하자면, 이데올로기는 일종의 내러티브이다. 그것도 강렬하고 설득력 있는 이야기다. 물론 세상에 대한 매혹적인 이야기가 전부 이데올로기인 것도 아니고, 모든 형태의 집단적 스토리텔링이 경직되고 억압적이지도 않다. 각각의 문화와 이데올로기에는 차이가 있다. 이데올로기는 세상에 대한 절대주의적인 설명과 더불어, 우리가 타인에 대해 생각하고 행동하며 상호작용하는 방법에 대한 처방을 제공한다. 이데올로기는 허용되는 것과 금지되는 것을 입법화한다. 또한 문화의 영역에서는 특이성과 재해석이 환영받는 반면, 이데올로기의 영역에서는 관행을 따르지 않는 것이 허용되지 않으며 전면적 지지가 필수다. 규칙에서 벗어난 사람들을 심하게 벌하고 쫓아내는 과정에서 우리는 문화의 영역에서 이데올로기로 나아간다.

파시즘과 공산주의를 비롯해 환경보호를 주장하는 생태 행동주의와 영적 복음주의에 이르기까지, 이데올로기 집단은 사회문제에 대한 절대적이고 유토피아적인 해답이나 엄격한 행동 규칙을 제공하며 이를 헌신적으로 실천하게 만듦으로써 집단 내부의 사고방식을 구축한다. 이러한 특징은 이데올로기적 신념의 전 스펙트럼에 걸쳐 찾아볼 수 있다. 이데올로기가 인간의 존엄성을 지키거나 인류의 번영을 추구한다고 여겨지더라도, 또 이데올로기가 가장 진정성 있는 의도와 고귀한 이상에 의해 인도될 때에도 이러한 특징이 나타날 수 있다.

일반적으로 이데올로기는 하나의 거대한 비전으로 여겨진다. 이 비전은 주로 웅장하고 특정한 분위기를 풍기며 구체적인 형태가 없고 개인의 통제 범위를 떠나 있다. 우리 가운데 보수주의, 자유주의, 파시즘, 공산주의, 자본주의, 인종차별주의, 성차별주의, 유신론, 포퓰리즘의 정확한 신조가 무엇인지 다양한 의미와 해석을 통해 뽐내듯 설명할 수 있는 사람은 거의 없다. 마치 하늘에서 내려온 것처럼, 이런 '주의'들은 우리 삶의 모든 국면에 대해 설명하고 인간의 행동을 규정하며, 우주에 대해 그리고 그 안에서 타인과 어떻게 관계를 맺어야 하는지를 가르쳐준다. 이데올로기를 믿는 사람들에게 그것은 마치 영원불멸의 구름을 아름답게 조각해 만든 유토피아적 숙명처럼 보인다. 우리 머리 위의 하늘에 아련히 떠오른, 마땅히 숭배하고 공경해야 할 힘인 것이다.

이데올로기가 천상에서 고고하고 정적으로 존재한다는 통상적인 이미지는 항상 나를 골치 아프게 했다. 이데올로기는 하늘 같은 역사나 정치 엘리트들의 상아탑에 존재하지 않는다. 여기 지상에서 우리 사이에, 우리 안에 공존한다. 이데올로기는 초월적 평면에 존재하지 않고, 이데올로기적 태도 또한 높은 곳에서 이미 완전한 형태를 갖추고 성스럽게 강림하거나 하지 않는다. 이데올로기는 개인에게 깃든다. 개개인의 정신은 사회저 신념을 이데올로기석 사고, 즉 엄격한 정신적 규제 및 질서정연한 정신적 도약의 지배를 받는 사고 양식으로 전환한다.

지금껏 대다수 연구자들은 이데올로기를 역사적 추세 및 사회운동으로 인식한 반면, 나는 이데올로기를 심리 현상으로 파악하는 데 관심이 있다. 이 심리학적 렌즈를 통해 바라보면 이데올로기가 그것을 믿는 사람들에게 어떤 영향을 주고, 누구를 가장 쉽게 끌어들이는지 탐구하는 것이 가능하다. 개인의 뇌에서 일어나는 과정을 집중적으로 조명함으로써, 이데올로기가 언제 추종자들의 정신적 삶을 제약하는지, 그들을 과연 해방시킬 수 있는지 조사할 수 있다.

모든 것에 대한 단서

나는 비록 이데올로기가 정의롭고 윤리적이거나, 중요하고 긴급하거나 아름답게 보일지라도 실제로 어떤 모습일지 면밀히 검토해야 한다고 생각한다. 우리는 이데올로기의 구조, 기원과 효과, 이데올로기가 추종자들의 마음을 어떻게 변화시키는지 연구할 수 있다. 우리는 개인의 마음속에서 이데올로기가 균열과 침묵을 일으키는 과정, 즉 이데올로기가 왜곡을 일으키는 생물학적, 정신적 과정을 자세히 조사해야 한다. 이데올로기는 그것을 믿는 사람들의 뇌를 꽉 쥐고 있을까? 아니면 자유롭게 호기심을 발휘하고 방황을 하도록 허락할까?

세계관을 실천하는 일은 극단적이거나 독단적으로 이뤄지곤 한다. 세상을 설명하는 데 사용되는 모든 종류의 문화적 내러티브는 전체주의화된 이데올로기로 기울어질 수 있기 때문이다. 그렇기에 이데올로기가 우리에게 **어떠한** 사고를 일으키는지 탐구하는 것만으로는 충분하지 않으며, 우리가 **어떻게** 사고하게 만드는지도 분석해야 한다. 이데올로기가 경직되고 의례적인 사고를 요구할 때 그것은 우리의 비전을 한쪽으로 치우치게 만들고, 의심을 침묵으로 전환하며, 주관이나 창의적 가능성을 포기하도록 강요한다. 이때 이데올로기는 우리가 다른 사람이 되기를 요구한다. 개성과 독특함이 덜하고, 호기심이 보다 적으며, 보다 덜 자유로운 사람이 되도록 한다.

전통적으로 우리는 논리가 가진 장단점, 논리에 비약이 있는지를 기준으로 어떤 이데올로기를 판단한다. 그러고는 이것은 편견, 저것도 편견이라고 선언한 다음 상대방의 신념 체계를 파고들어 모순과 위선을 발견한다. 겹겹이 쌓인 순진함이나 무신경함, 무지 등은 조롱하거나 경멸해 마땅한 특성들이다. 또한 우리는 법 또는 경제 부문의 전망, 사회에 끼치는 악영향, 낡은 세계관과의 역사적 유사성 등을 이유로 적대 진영의 관점을 물고 늘어진다.

나는 다른 관점에서 이런 이데올로기에 대해 도전적으로 살피고자 한다. 특히 하나의 개인, 더 좁히면 한 사람의 뇌를 통해서 말이다. 나는 이데올로기가 한 사람의 인체와 뇌에 미치는 영향을 통해 이데올로기를 판단할 수 있다고 믿는다. 예컨대 이데올로기를 열정적으로 믿게 되면 생각의 유연성을 옭아매 사고 폭이 좁아지고, 반응하는 범위를 제한하거나 폭력을 저지르도록 촉발할지도 모른다. 생각의 틀을 바꾸어 다시 정립할 여지가 줄어들고 감각에 직접 접근하는 빈도도 낮아지면, 우리는 자신과 타인을 비인간화할 위험에 처한다. 그러면 덜 민감해지고, 덜 탄력적이며, 주체성도 줄어든다. 이데올로기라는 렌즈를 통해 현실을 보다 보면, 우리는 존재의 풍요로움을 놓치고, 원래보다 축소되고 정형화된 경험을 선호하기에 이른다. 신경 영상 기기와 인지 시험으로 이데올로기의 영향을 받는 뇌를 연구하면 이전에는 보이지 않던 지배 형태를 조명할 수 있다. 과학이라는 도구를 사용하면 이데올로기를 비판할 새로운 방법을 개발하는 게 가능하다.

아마도 일부 이데올로기는 우리의 비판적인 테스트를 통과할 테지만 꽤 많은 이데올로기는 그렇지 못할 것이다. 우리는 우연히 무엇보다 소중했던 이데올로기라는 소유물에 배신당하고 의심을 품기도 한다. 이데올로기의 과학은 우리가 믿는 우상과 아이콘, 은유, 상상의 유토피아에 의문을 제기하도록 영감을 줄지 모른다. 또 신중하게 분석하고 정직하게 자기 성찰을 할 수 있도록 자극할 수도 있다. 심지어 개인적이거나 사회적인 행동의 기초가 될 수도 있다. 우리가 가진 신념의 신경 인지적 기원과 그 결과(신념이 어디에서 비롯했고 그것이 우리 신체를 어떻게 바꾸는지)를 **연구하면**, 우리가 유지하고자 하는 신념 체계는 어떤 것이고 우리가 설득에 넘어가 포기할 수도 있는 신념 체계는 어떤 것인지에 관한 단서를 얻을 수 있다.

경직된 교리를 열정적으로 믿는 것은, 그 교리가 뉴런으로 스며드는 과정이자 우리 몸속으로 퍼져나가는 과정이다. 이데올로기는 단순히 우리 삶의 외피가 아니라 피부, 두개골, 신경세포로 들어간다. 이데올로기를 총체적으로 그러모으면, 단순히 하나의 정치적 의제나 논쟁에 직면할 때의 뇌가 아닌 전체적인 뇌를 빚어낼 수 있다. 과학자들은 우리가 정치에 전혀 관여하지 않을 때에도 이데올로기가 미치는 심대한 반향을 관찰할 수 있다는 사실을 밝히기 시작했다. 우리의 뇌는 은밀하고도 깊게 이데올로기에 대한 세뇌를 체화하는 법을 배운다. 그렇기에 우리가 상연하는 사회적 의례는 우리 정신과 신체의 생물학적 실재가 될 수 있다. 경직된 이데올로기에 몰입한 사람은 정치적 의견과 도덕적 취향뿐만 아니라 뇌 전체가 특정한 방식으로 조각될 위험이 있다.

2

어떤 실험

나는 여러분을 책상이 딸린 회색 의자가 있는 방으로 초대해 편하게 자리에 앉게 한다. 그런 다음 여러분 앞에 있는 모니터를 가리키며 여기가 실험이 진행될 장소라고 안내한다. 내가 방을 떠나자마자 여러분은 화면 위에 뜬 지침을 주의 깊게 읽는다. 여러분은 실험이 진행되는 동안 궁금한 점이 있으면 언제든 벨을 누르거나 팔을 들어 손을 흔들 수 있다. 나는 그 질문에 바로 답을 할 준비가 되어 있다. 전체 실험에 소요되는 시간은 약 몇 분 정도이고 윤리 규정과 협약에 따라 여러분이 원하면 언제든 실험을 중단할 수 있다. 하지만 부디 그러지 말기를 당부하고 싶다.

이 정도면 그리 나쁜 조건은 아니지 않은가? 내 물음에 여러분은 일단 고개를 끄덕인다.

좋다. 행운을 빈다!

준비가 되면 '엔터' 버튼을 누르세요.

여러분은 '엔터' 버튼을 누른다.

안녕하세요! 실험에 참여하신 여러분을 환영합니다. 오늘은 일련의 두뇌 게임과 문제 풀이를 진행하려 합니다. 첫 번째 게임에서는 카드 한 벌이 제공됩니다. 각 카드에는 특정한 색상과 모양의 기하학적 물체가 여러 개 그려졌습니다. 예컨대 빨간색 원이 3개 그려진 카드가 있는가 하면 파란색 삼각형 1개가 그려진 카드도 있습니다.

이 게임에서 여러분은 카드 분류 작업을 수행합니다. 화면 하단에 카드 하나가 표시될 것입니다. 이 카드에 주황색 사각형 4개가 있다고 상상해보세요. 이제 여러분은 이미 화면 상단에 놓인 4장의 카드 가운데 하나를 골라 이 카드를 분류해야 합니다.

✔ ♪ '올바르게' 짝을 맞추면 기분 좋은 딸랑 소리가 들립니다.
✗ ♪ '잘못되게' 짝을 맞추면 화난 듯한 삐빅 소리가 들립니다.

최대한 신속하고 정확하게 대응하세요.

여기까지 설명을 이해하셨다면 '엔터' 버튼을 누르세요.

설명을 다시 읽고 싶다면 '뒤로' 버튼을 누르세요.

여러분은 '엔터'를 누른다.

첫 번째 카드에는 초록색 별 3개가 그려져 있다.

여러분은 이 카드를 파란색 별 2개가 그려진 카드와 함께 분류하려고 한다. 별은 같은 별끼리 분류해야 할 것 같다고 생각했기 때문이다.

삐삑!

여러분은 한숨을 쉬고 다시 시도한다. 초록색 별 3개는 초록색 원 4개와 짝을 이뤄야 하는 걸까? 같은 초록색이니까?

여러분은 카드를 드래그하고 손가락을 뗀다. 그러자 기분 좋은 딸랑 소리가 들린다! 여러분의 짐작이 옳았다!

여러분은 뿌듯한 마음으로 어깨를 으쓱한다.

초록색은 초록색과 함께. 간단하다.

이제 다음 카드가 표시된다. 빨간색 삼각형 1개가 그려졌다.

여러분은 규칙을 따른다. 같은 색끼리 짝 맞추기. 빨간색을 다른 빨간색 카드와 함께 분류한다. 정답! 다시 딸랑 소리가 들린다.

이 규칙이 마음에 든 여러분은 다음 라운드와 그다음 라운드에 적용한다. 초록색은 초록색에, 빨간색은 빨간색에, 주황색은 주황색에, 파란색은 파란색에 대응시킨다.

그러면 묘하게 만족감이 드는 습관이 생긴다. 카드를 올바른 집단으로 묶다 보면 거의 생각할 필요가 없다. 놀라울 만큼 자동화된다. 이 색깔을 이 색깔에, 저 색깔을 저 색깔에 착착. 얼마 전까지만 해도 초짜이고 미숙했던 여러분은 아주 능숙해진다. 여러분의 눈에는 원색의 색깔만 보인다. 카드의 다른 특징은 아예 잊힌다. 나머지 다른 것은 중요하지 않다.

여러분이 카드를 클릭해 짝을 맞추면 달콤한 딸랑 소리가 들린다. 이 색깔, 딸랑, 저 색깔, 딸랑. 이제 파블로프도 여러분을 자랑스러워할 것이다.

여러분은 하나의 의례를 개발했고 그 과정은 대단히 즐겁다. 마치 통제력이 생긴 것 같은 기분이다.

이윽고 5라운드, 10라운드, 15라운드를 반복하면서 시간의 경계가 흐릿해진다. 이제 파란색 사각형이 2개 그려진 카드가 보인다. 여러분은 어떻게 해야 할지 안다. 화면 상단의 파란색 카드를 선택할 것이다. 마우스를 매만지며 커서를 딸깍 클릭한 여러분은 익숙한 벨소리가 들리며 도파민이 솟구치리라 예상한다.

삐빽!

그때 스피커에서 예상치 못한 신경질적인 소음이 발생한다.

여러분은 배신감을 느낀다. 게임 세상에서 그런 공격적인 소리가 들릴 수 있다는 사실을 깜박 잊은 것이다. 모욕을 당한 기분이다.

하지만 어쩌면 그저 오류일 수도 있으리라. 이렇게 생각한 여러분은 파란색 카드를 다시 고른다. 파란색이 보이면 파란색을 짝 맞추는 것은 이제 제2의 천성이다.

삐빽!

어떻게 이런 일이 일어날 수 있을까? 게임 세상의 모순은 완전히 배반으로 여겨진다. 이쯤 되면 여러분은 벌떡 일어나 실험실을 떠나고 싶은 기분이 든다. 하지만 여러분은 중독되었다. 딸랑 소리가 여러분에게 통제력(환상일지 몰라도)과 침착성을 선사했다. 그것은 여러분이 영리하다는 사실을 넌지시 드러냈다.

하지만 이제 배신당한 여러분에게는 닻도, 습관도, 의지할 의례도 없다. 갑자기 황량해진 가상의 세상에서 여러분은 어떻게 변할까?

여러분은 다급한 손길로 파란색 사각형 2개가 그려진 카드를 오렌지색 원 3개가 그려진 카드로 끌어다 놓는다. 숫자나 색상, 모양을 비롯해 하나로 묶을 수 있는 구석이 아무것도 없지만 그것에 신경을 쓸 겨를이 없다. 그저 짜증이 날 뿐이다. 삐삑! 시끄러운 소리가 겨우 잦아들 무렵 여러분은 다시 카드를 옮겨 초록색 별 4개가 그려진 카드 쪽으로 가져다 놓는다. 삐삑! 뭔가 잘 풀리지 않자 여러분은 화가 난 나머지 미친 듯 빠르게 마우스를 움직인다. 처음에 여러분은 게임 세상과 하나의 거래를 했다고 여겼다. 어떤 게임을 플레이하는지에 대한 공통점을 이해하는 것. 이 규칙은 게임 도중에 바뀌어서는 안 되었다. 여러분은 그동안 고르지 않았던 마지막 카드를 골라 만일 이것이 정답이 아니고 딸랑 소리가 다시 나지 않는다면 항의의 표시로 팔을 휘휘 저으며 실험 담당자를 방으로 불러들여 답이 뭔지 요구하겠다고 다짐한다. 그때 딸랑 소리가 들린다. 바로 이거였다! 여러분은 고대했던 소리가 다시 들린 이유가 무엇인지, 짝이 맞는 정답 카드가 무엇인지 보려고 눈을 부릅

뜬다. 빨간색 삼각형 2개가 그려진 카드였다. 2개. 2개였군! 하하! 카드에 그려진 도형의 개수가 원래 가졌던 카드와 같았다. 할렐루야! 어쩌면 이제 이 규칙이 다시 시작될지도 모른다. 하지만 어쩌면 새로운 판처럼 보이는 이 상황은 그저 버그일지도 모른다. 딸꾹질 같은 일시적 고장 말이다.

그러면 그다음 카드가 화면에 떴을 때 여러분은 같은 색깔로 맞추는 기존의 규칙을 고수할 것인가, 아니면 새로 발견한 패턴에 따라 도형의 개수로 분류해야 할까? 변칙을 무시하고 줏대 있게 갈 것인가, 아니면 바꾸고 탐색하며 조정, 개정을 거치고 뭔가를 다시 알아내야 할까?

게임의 규칙을 찾아내시오

실험 이야기는 이 정도로 그만두자. 여기서 알 수 있는 건 변화에 대한 자연스러운 반응이 여러분에 대한 거의 모든 것을 말해준다는 점이다. 여러분은 상황이 바뀌면 오래된 규칙을 적용하는 일을 멈추고, 생존을 위해 새로운 규칙을 찾아야 한다는 것을 자연스럽게 터득하게 되고, 그렇게 반응할 것이다. 이 반응은 여러분도 모르게 무심코 흘러나오는 것이다. 별과 원이 그려진 단순한 카드 게임에서 여러분은 실수로, 하지만 필연적으로 가장 내밀한 믿음을 드러냈다.

이유가 뭘까? 여러분 안에 두 사람이 있기 때문이다. 한 사람은 게임을 지배하는 규칙의 변화를 알아차리고 과제의 새로운 요구에 맞춰 변화하며 대응한다. 이 버전의 여러분은 적응력이 뛰어나고 인지적으로 유연하다. 세상이 변하면 놀라움을 느끼기는 하지만 두려워하지는 않는다. 여러분은 시대에 따라 환경의 요구에 맞추어 달라진다. 규칙에 강하게 얽매이지 않는 것이다. 습관에 예속되지 않고 틈새로 미끄러지며 지내면 행복하다. 사실 습관은 없어도 문제없다. 사고방식을 바꾸기는 쉬우므로 유연하고 탄력적으로 적응하면 된다.

하지만 또 다른 여러분도 존재한다. 이 버전의 여러분은 변화를 싫어한다. 이전 규칙이 더 이상 작동하지 않는다는 사실을 눈치채더라도 믿지 않는다. 이 경우 여러분은 최초의 규칙을 반복하려고 여러 번 시도하지만 헛수고로 돌아간다. 더 나아가 원래의 습관을 반복할 때마다 벌을 받는다. 불안한 삐삑 소리가 마치 뺨을 치듯이 여러분을 타격한다. 하지만 여러분은 몸을 움직여 그 타격을 피하지도 않는다. 어떻게든 신경을 긁는 삐삑 소리가 사라지고 즐거운 멜로디로 바뀔 것이라는 잘못된 믿음에 매달린 채 움직이지 않을 것이다. 여러분은 마법처럼 주변 환경이 처음 그대로 돌아올 것이라는, 향수에 기반한 거짓 믿음을 굳이 바꿀 필요를 느끼지 못한다. 과거와의 관계를 끊고 앞으로 나아가는 것이 더 빠른 경우라도 그저 견딜 뿐이다. 바로 경직된 인지 성향을 띤 버전의 모습이다.

여러분은 두 버전 가운데 어느 쪽인가? 유연한 사람인가, 경직된 사람인가? 적응력이 있는 사람인가, 아니면 완고하고 고집스러운 사람인가?

어쩌면 여러분은 첫 번째도 아니고 두 번째도 아닐 수 있다. 그 중간의 어딘가에 있을 것이다. 가끔은 적응력이 있고, 가끔은 고집이 세다. 아니면 여러분은 상황에 따라 유연성이 달라질 수도 있다. 마음이 편할 때는 유동적이며, 새롭고 놀라운 상황이 닥쳐도 침착하게 적응한다. 하지만 스트레스를 받으면 생각하는 범위가 좁아지고 굳어진다. 불안이 여러분을 뻣뻣하게 경직시킨다.

내가 실험을 실제로 수행하는 과학자로서 발견한 사실은, 이 게임을 어떻게 수행하는지가 삶에 접근하는 전반적인 방식에 대한 단서를 제공한다는 것이다. 이 신경심리학적 테스트에서 보인 여러분의 경직도는 사회나 정치 분야의 이데올로기를 얼마나 경직되게 믿는지를 미리 알려준다. 여러분의 지각적 반사작용은 이데올로기적인 반사작용과 연결된다.

실제로 여러분의 뇌는 여러분이 지닌 정치관 및 편견을 별나고 심오하며 놀라운 방식으로 고스란히 보여준다. 그러한 방식들은 우리가 본성과 양육, 위험과 회복력, 자유와 숙명 사이의 긴장을 어떻게 파악하는지에 대해 의문을 던진다. 만약 우리의 이데올로기적 신념이 인지 및 신경 반응 패턴과 관련이 있다면, 우리는 우리 몸이 어떻게 정치에 개입되는지, 또한 우리가 어떠한 방식으로 저항하고 변화하며 개별적 주체성을 행사할 수 있는지에 대한 새로운 질문과 마주해야 한다.

이데올로기적 경직성

나와 동료들은 수천 명의 사람들에게[1] '위스콘신 카드 분류 테스트Wisconsin Card Sorting Test'[2]라고 불리는 이 정신적 유연성에 대한 인지 테스트를 끝까지 수행하도록 부탁했다. 그 결과 이 테스트에 가장 잘 적응하며 유연한 행동을 보인 사람들은 이데올로기 영역에서도 가장 개방적이고 다원성과 차이를 가장 많이 수용하는 사람들이라는 사실을 발견했다. 유연한 정신을 가진 사람들은 기본적으로 지적 영역이 개인적 영역과 분리될 수 있다는 것을 인정한다. 이들은 대화 상대를 본능적으로 미워하는 법이 없으며, 비록 누군가의 의견이 마음에 들지 않아도 자기 목소리를 내는 사람에게 그 증오를 투사하지 않는다. 반면 이 테스트에 적응하지 못하고 경직된 행동을 보인 사람들은 규칙이 바뀌면 변화에 저항하며, 끝까지 독단적 태도를 견지하곤 한다. 이들은 의견이 불일치하는 것을 싫어하고 믿을 만한 반대 증거가 제시되어도 자기 믿음을 바꾸지 않으려 한다.

다시 말해 인지적 경직성을 가진 사람은 이데올로기적인 경직성을 가졌다고 해석할 수 있다.

어쩌면 당연하고 뻔한 결론처럼 들릴지도 모르겠다. 한 곳이 경직된 사람은 다른 곳도 경직되기 마련이니까. 하지만 사실 이 패턴이 언제나 분명한 것은 아니다. 인지와 지각에 관해 논할 때, 우리는 중립적인 맥락에서 기본 감각 정보를 이용해 단순한 자극을 다루는 정보 처리에 관해 이야기한다. 이때 인지적 과제는 복잡하지 않은 요소로 이루어진다. 여러분의 모니터에 장식 없이 휑한 화면을 띄워놓고 색색의 노형과 움직이는 검은색 점으로 표시하는 식으로 말이다. 우리는 이러한 과제나 작업을 통해 여러분이 감정을 환기하거나 촉발하는(정말로 겁주거나 구역질이 날 정도의 혐오감을 느끼게 하는) 정보에 어떻게 대처하는지 평가하지 않는다. 인지적 부담이 지나치게 크거나 복잡한 과제, 여러분을 쓸데없이 화나게 하는 과제는 연구하지 않는다. 인지와 지각에 대해 정량적으로 연구하는 신경과학자들은 뇌가 가장 기초적인 수준에서 어떻게 결정을 내리고, 환경으로부터 배우고, 도전이나 모순에 반응하는지에 대한 개개인의 차이를 살피고 수집한다.

이러한 개인차는 묵시적이어서, 우리는 그것에 의식적으로 접근하거나 그것의 표출을 통제하기가 거의 불가능하다. 사고방식이 경직된 사람이라도 자신이 매우 융통성 있다고 주장할 수 있고, 반대로 사고방식이 유연한 사람이라 해도 자신이 융통성이 부족하다고 생각할 수 있다. 새삼스럽지만 중이 제 머리를 못 깎듯 우리는 스스로에 대해 잘 모른다.

결과적으로 정신적 경직성과 이데올로기적 경직성 사이의 연관성은, 우리의 뇌가 어떻게 작동하며 이데올로기가 인간의 뇌에 어떻게 침투하는지에 중요한 통찰을 제공한다. 이는 곧 주황색 별과 파란색 원까지 포함한 세상의 온갖 정보를 다룰 때 우리가 특유의 경직성을 보인다는 점을 시사하기 때문이다. 이 같은 정보 관련 경직성은 우리의 이데올로기적 선택과 행위에서 나타나는 보다 높은 수준의 경직성까지 파급되기도 한다.

비록 우리가 정치에 대해 명시적으로 생각하지 않는다 해도, 우리는 이데올로기적 신념의 메아리를 느끼고 측정할 수 있다. 뇌에 각인된 이데올로기는 우리의 마음이 있는 그대로 떠돌고 표류할 때, 우리가 무언가를 상상하고 발명할 때, 심지어 매우 중립적인 상황에서 관찰하고 해석할 때 드러난다. 이데올로기에 대한 뇌의 경직성과 개인적 특이성은 우리의 공적인 신념과 의식적 감정의 표면 아래에 놓인 가장 사적인 감각이나 생리적 반응처럼, 우리가 가장 예상하지 못했던 곳에서 나타난다. 그러니 교조적이고 독단적인 이데올로기의 위험은 비단 정치 영역에 그치지 않는다. 더 나아가 신경적, 개인적, 실존적인 것이기도 하다.

3

우리가 믿는 은유들

이데올로기의 주문에 얽매인 몸, 의례와 경직성에 사로잡힌 마음에 대해 상상할 때 우리는 구체적인 얼굴이 없는 모호한 형상을 떠올린다. 이데올로기에 침략당한 뇌를 묘사할 때 사용하는 은유는 신비롭고 공허하며 어렴풋하다. 예컨대 이런 은유들이다. 텅 빈 마음, 최면에 걸린 마음, 착각을 일으키거나 진정된 마음, 어린 시절로 돌아가 어린애가 된 마음, 거짓으로 어지러워진 마음.

이러한 비유 중 몇몇은 압도적인 충만함의 이미지에 의존한다. '쌩쌩 돌아다니는 잘못된 관념들로 가득한 마음'처럼 말이다. 이데올로그는 망상과 여러 감정으로 똘똘 뭉친 것처럼 묘사된다. 그들은 증오와 두려움, 혐오, 좌절된 사랑과 권력욕으로 가득하며 그들 머릿속 한복판에는 오직 거짓말이 소용돌이친다. 그리고 그들의 머리 주위에서는 단순화된 슬로건이 지나치게 많이 오간다. 과거로 돌아가라! 미래로 나아가라! 시민들은 어디에나 숨어 있다!

갖가지 은유 속에서 이데올로기 신봉자는 나쁜 것들을 잔뜩 지닌 사람으로 묘사된다. 그리고 나쁜 게 너무 많은 건 결코 멋진 일이 아니다. 환상으로 비대하게 부풀어 오른 이데올로기는 침착성과 냉정함을 잃고 그저 무언가에 사로잡힐 뿐이다.

한편, 다른 비유 속에서 전향자의 마음은 텅 비어 공허한 것으로 묘사된다. 똑똑, 누구 없나요? 그 안에는 아무것도 없다. 생각도, 마음도 없고 가짜 의식뿐이다. 껍데기에 지나지 않는다. 이데올로기는 모든 실체와 본질을 빨아들이며 그 뒤에는 오로지 공허만이 남는다. 이데올로기를 열성으로 믿는 사람은 거의 무의식적으로, 그리고 기계적으로 명령에 복종하는 좀비와 같다.

이처럼 텅 비어버린 제거의 감각은 이미 우리 언어 속에 존재한다. 예컨대 '세뇌'란 단어는 뇌를 씻어내고 마음을 청소한다는 뜻이다. 독립적인 사고를 할 수 있는 능력이 살균되고 제거되는 것이다.

그럼에도 이 같은 은유는 편리하고 가끔은 위안이 되기도 한다. 다른 사람들의 뇌와 다르게 우리의 뇌는 거짓으로 가득 차거나 아무것도 없는 불모지가 아니라는 믿음을 제공하기 때문이다. 하지만 이런 은유는 우리를 기만할 수도 있다. 어떤 것을 맹신하는 사고는 단순히 거짓 믿음이 지나치게 많거나 생각이 아주 부족해 생겨난 결과물이 아니다. 우리의 마음은 그저 수동적으로 채워졌다가, 비워졌다가, 다시 채워지는 그릇이 아니다. 단순히 인간의 정신을 비우고 오류로 다시 채우는 것 역시 이데올로기가 하는 일이 아니다.

우리가 이 과정을 설명하고자 동원하는 은유는 우리의 비난이 어디로 향하는지가 드러나기 때문에 중요하다. 우리가 마음을 비우거나 채워야 할 그릇으로 생각한다면, 실제로 비우고 채워 넣는 사람이 따로 있다는 뜻이다. 신봉자의 정신은 한패가 아니거나 책임이 없다. 해로운 생각들은 외부의 힘에 의해 주입되었다. **인터넷! 수상쩍은 친구들! 카리스마 넘치는 설교자!** 이들이 원흉이다. 피해자에게는 잘못이 없다. 누군가에게 억지로 점령당했을 뿐이다.

이러한 이미지 덕분에 우리는 인종차별주의자 친척이나 성차별주의자 아들, 그릇된 견해를 지닌 친구 등을 쉽게 용납하고 넘어간다. 우리가 가장 아끼는 사람들이 자신도 모르는 사이에 바보가 되어 '나쁜' 생각의 매개자 노릇을 하는 것이다. 시인 테런스 헤이스 Terrance Hayes는 다음과 같이 말했다. "우리는 누구나 신념으로 똘똘 뭉친 친척을 한 명쯤 가졌다. 하지만 그렇다고 친척을 절연할 수는 없다."[1] 한순간 격렬한 분노나 편집증에 사로잡혔을 때 우리는 광신자 친구들의 멱살을 붙잡아 흔들어대거나, 그들을 거꾸로 패대기치거나 방해 작전을 꾸미거나, 그들에게 신문 기사와 선물을 보내려 할지도 모른다. 그들이 이러한 미끼에 넘어가 독을 뱉어내고 그 대신 우리의 정의로운 묘약을 들이켜기를 바라며 말이다.

이 같은 은유에서 나쁜 이데올로기들은 인간 내면의 중심부까지 새어 들어가거나 그것을 더럽히지 않는다. 사람들은 결백을 인정받거나 죄를 사면받을 가능성이 있다. 우리가 사랑하는 사람들

안에 무언가 시큼하고 입맛에 맞지 않는 것이 터를 잡았을지도 모르지만, 그것을 제외한 나머지 부분은 흠잡을 데 없이 온전하다고 우리는 확신한다.

이데올로그를 향한 고정관념

은유가 강력한 이유는 그것이 무언가를 설명한다는 분위기를 풍기기 때문이다. 그렇지만 비유를 지나치게 문자 그대로 받아들이다가는 오류와 혼란의 원천이 된다. 실제로 진실이라고 오해된 은유는 오류보다도 더 나쁘다. 특정한 미신과 잘못된 변명을 강화하기 때문이다. 잘못된 은유는 면밀히 조사하고 변화시켜야 할 행동을 무시한다. 언어학자 조지 레이코프George Lakoff와 마크 존슨Mark Johnson은 은유에 대한 영향력 있는 연구서《삶으로서의 은유》에서 이렇게 말했다. "은유는 우리를 위해 현실을, 특히 사회적 현실을 만들 수 있다. 따라서 은유는 미래의 행동을 위한 지침이 되기도 한다. 물론 그러한 행동은 은유의 내용과 일치한다. 이로써 결국에는 은유의 힘이 강화되어 경험에 일관성을 부여하기에 이른다. 이러한 의미에서 은유는 자기 충족적 예언이 될 수 있다."[2]

이데올로그들의 가장 대중적인 이미지 가운데 하나는 이들을 무심하고 아무 생각이 없다고 묘사하는 것이다. 이 은유는 홀로코스트에 크게 기여한 나치 고위 사령관 아돌프 아이히만Adolf Eichmann의 재판을 연구한 정치사상가 한나 아렌트Hannah Arendt에 의해 유명해셨나. 아렌트는 아이히만의 "순전한 무념무상 상태"[3]가 그를 광신자로 이끌었다고 묘사했다. "자기가 무엇을 하고 있는지 전혀 깨닫지 못했다"[4]는 것이다. 아렌트에 따르면 아이히만은 "생각의 완전한 부재"[5], "보기 드물 정도로 피상적임"[6]이라는 특징을 지녔다. 다시 말해 괴물 같은 이데올로기를 따르고 또 이끌어가는 사람의 가장 큰 특징은 "생각하지 못하는 것"[7]이었다.

아렌트는 이러한 '생각 없음'을 이용해 새로운 교리를 도입하고자 하는 지도자는 "어떤 힘이나 설득 없이도 교리를 강화할 수 있으며 새로운 가치가 기존 가치보다 낫다는 증거가 필요하지 않다"라고 주장했다.[8] 2차 세계대전 이후 동독에서 나치 파시즘의 전체주의가 소련 공산주의의 전체주의로 대체될 때도 아렌트는 이 과정이 하룻밤 사이에 쉽게 이뤄졌다고 생각했다. 히틀러의 폭력적이고 위계적인 인종주의에서 스탈린의 강압적인 보편주의로 전환되는 과정은 거의 눈치채기 힘들 만큼 매끄러웠다. 의식이 거의 없는 혼수상태의 환자를 정복하는 건 간단하다. 시민들은 둘 사이의 차이나 가치관의 극명한 반전, 정권 교체에 따른 자유 상실 등을 거의 감지하지 못했다.

한나 아렌트는 "아무 생각 없이 얼빠져 있는 악인"이라는 은유를 문자 그대로 사실이라 믿었다. 이를 통해 아렌트는 이데올로기의 전환과 반전이라는 복잡한 현상을 간결하게 설명했다. '아무 생각 없음'이나 '무심함'으로 골치 아픈 역사적 사건이라든지 소중한 사람의 사상적 배신을 간단하게 변명할 수 있었다. 무심한 사람은 생각이 많은 사람에 비해 외부에서 다루기 쉽긴 하지만, 그 사람 역시 자신의 행동을 인식하거나 죄를 의식하고(심지어 그것을 자랑스러워하기도 하고) 다른 방식으로 행동할 수도 있다.

아렌트의 해석은 나치의 행동을 일종의 몽유병으로 설명해도 괜찮다고 여기는 몇몇 독자들을 매료시켰지만, 당황한 독자들도 있었다. 상당수의 홀로코스트 생존자들이 보기에 이 해석은 나치의 잔인한 폭력성, 조직적 박해, 세심한 대량 학살 계획을 비롯해 파시스트 정권의 체계적인 잔인함을 가볍게 다뤘다. 그리고 아렌트의 '무심한 마음'이라는 은유에는 매력적이지만 기만적인 또 다른 함축이 있었다. 상황 논리에 따라 세뇌를 간단하게 설명하고 넘어간다는 점이다.

상황 논리에 따르면 우리 모두는 조건이 맞아떨어지거나 어긋났을 때 독재자가 될 잠재력이 있다. 이렇게 인간의 본성에 내재한 사악함에 따라 우리가 다들 똑같은 처지이고 모두 잘못을 저질렀다면 우리 중 누구에게도 책임이 없다. 누구나 본성에 따라 저항할 도리 없이 상황에 순응하고 복종하게 된다. 누구나 자기 자신과 분리되어 잔인한 짓을 저지르게 마련인 강경한 상황이나 비이성적인 상황, 급박한 상황에서는 도덕적 행동이 성립하지 못한다.

1950년대에서 1960년대 사이에 사회심리학자들은 이러한 상황 논리에 푹 빠졌다. 유명한 심리학자들은 무고한 대학생들을 교도소에 투옥하거나 고문관 역할을 맡게 하는 등 터무니없고 무모하며 비윤리적인 실험 상황에 빠뜨렸다. 그리고 대학생 참가자들이 이 실험에 복종하고 순응하며 처음 보는 사람에게 고통을 가하도록 했다. 예일대학교의 스탠리 밀그램Stanley Milgram은 참가자들이 무고한 동료들에게 전기 충격을 가하도록 유도하는 실험을 했고, 실제로 과반수가 지시를 따랐다.[9] 또 스워스모어대학교의 솔로몬 애시Solomon Asch는 자신의 경험과 상충하는 경우에도 다수 의견을 따를지 여부를 여러 차례에 걸쳐 실험했는데 그 결과 상당수가 적어도 한 번은 다수 의견에 따랐다.[10] 스탠퍼드대학교의 필립 짐바르도Philip Zimbardo는 학생을 두 집단으로 나누어 하나는 수감자, 나머지는 교도관이 되도록 했다.[11] 교도관에게 수감자를 통제하라는 지시를 내리자 많은 학생들이 가학적으로 변했고 그에 따라 상당수의 학생이 고통을 받았다.

이 모든 말도 안 되는 정신 나간 실험들은 사람이 아니라 상황이 중요하다는 것을 증명하고자 애썼다. 수많은 심리학 교과서가 실험 결과를 널리 퍼뜨렸고 그 결론을 우리 모두가 쉽게 순응한다는 증거로 채택했다. 압박을 받는 상황에서는 모두가 복종하고 따른다. 이처럼 상황이 우리를 결정한다면 인간이라는 아무 생각 없는 기계이자 블랙박스 안을 들여다볼 필요도 없을 것이다. 어떤 상황이 주어지면 굴복할 수밖에 없으니 말이다.

은유는 우리가 실행하는 실험과 우리가 정립하는 이론, 또 궁극적으로 우리가 스스로와 타인을 판단하는 도덕적 무게감을 형성한다. 만약 상황을 이데올로기적 행동의 원동력으로서 우선시한다면, 우리는 개인들 간의 차이 및 행동의 다양한 양상을 무시하는 셈이다. 사실, 이 유명한 실험들은 참가자들 대다수가 상황에 복종하고 순응한다고 주장하는 듯지만, 자세히 들여다보면 무시하기에는 상당한 개인차가 숨어 있다. 밀그램의 감전 실험에서 참가자의 66%는 지시를 받고 처음 보는 사람에게 최대 수준의 고통을 가했지만 34%는 그렇게 하지 않았다. 애시의 순응 실험에서도 참가자의 75%는 내심 그렇지 않다고 믿으면서도 다수의 의견에 따랐지만, 25%는 그러지 않았다. 짐바르도의 교도소 실험에서는 일부 참가자가 지시에 불응하고 반항하려는 조짐을 보였고 실험 조건에 너무 괴로워한 나머지 실험에서 배제되기 위해 미친 척을 한 사람들도 있었다.

이렇듯 소수지만 무시하기 힘든 비중을 차지한 저항자 개인들이 지닌 특징은 무엇일까? 그리고 마지못해 복종하는 사람들의 뇌와 신체 내부에서는 어떤 일이 벌어질까? 단지 당시 상황만으로 악이나 이데올로기에 순응하는 행동에 대한 설명을 끝낸다면, 앞서 언급한 의문은 아예 제기하지도 못할 것이다. '눈먼 복종', '무비판적 순응', '무심한 수동성' 같은 설명만 언급할 뿐, 그 이면에 훨씬 더 깊고 미묘한 과정이 진행된다는 증거는 무시하는 것이다.

무심한 마음에는 책임을 물을 수 없다. 무심한 마음은 거짓과 조작, 잘못된 행동과 지어낸 이야기, 괴롭힘과 범죄에 대해 책임을 지지 않는다. 아무 생각 없는 무심함은 우리가 측정하거나 평가할 수 있는 어떤 메커니즘이 아니다. 도리어 이런 순응 혹은 복종에 아무 메커니즘도 작용하지 않는다고 가정하는 것에 가깝다. 무심한 마음이 악의 근원이라고 여기는 견해는 이데올로기에 순응했을 때 사람들의 마음이 어떻게 변화하는지에 대한 과학적 설명을 제대로 찾지 못하도록 우리 시야를 흐트린다.

뇌는 어떻게 정신과 육체를 연결하는가

이데올로기적 정신이 통제할 수 없는 힘이나 진화 법칙을 아무 의심 없이 안일하게 따른다고 여기는 시각은 비관적인 동시에 잘못되었다. 사실 '무심한 마음'이라는 말 자체가 모순이다. 마음이 어떻게 저절로 텅 비어 무無가 될 수 있을까? 뇌는 무감각하고 불활성이며 기억을 상실한 기관이 아니다. 뇌는 무언가 부재하거나 결핍되지 않았다. 수면 중인 뇌조차도 열심히 일하며 대안적인 현실 세계를 상상한다. 이데올로기적으로 사고하는 정신에 사고가 부재한다고 간주하면, 개인의 책임 소재가 사라질 뿐 아니라 인간 뇌의 내부 작용을 총체적으로 그릇되게 묘사하기에 이른다.

이렇듯 마음이 일종의 그릇이어서 그 안이 잘못된 정보로 가득하거나 텅 비어 있다고 여기는 여러 은유들은 생각이 비물리적이고 비물질적이라는 오래된 가정을 반영하고 있다. 이러한 가정을 '이원론'이라고 하며, 뇌와 신체가 분리 가능한 서로 다른 실체로 구성되어 있음을 함축한다. 이 이론에 따르면 몸은 물리적이고 만질 수 있지만 마음은 비물질적이고 영적이다. 이원론 신봉자들은 우리 머릿속에 있는 사고와 마음, 개성이 몸을 구성하며 화학과 물리학에 지배되는 유기적인 물질과는 근본적으로 다르다고 생각한다.

17세기의 프랑스 철학자 르네 데카르트Rene Descartes는 자아를 정신과 육체로 나누어 규정한 것으로 유명하다. 데카르트는 인체를 '규칙을 따르는 기계'로 이해한 의학의 관점과 '형체가 없는 불멸의 영혼'이라는 가톨릭 교회의 주장 사이에서 균형을 맞추고자 했다. 오늘날에는 이것을 '심신 문제'라는 틀로 다루지만 데카르트는 처음부터 이것이 전혀 문제될 게 없다고 부정했다. 예컨대 데카르트는 1641년 저서 《성찰》에서 "영혼과 육체는 본성이 각기 다른 실체이지만 서로에게 작용할 수 있다"고 주장했다.[12] 하지만 데카르트는 물리적 공간 어디에도 존재하지 않는 영혼이 어떻게 신체에 영향을 미칠 수 있는지에 대한 문제를 해결하는 데 어려움을 겪었다. 몸은 그것이 공간을 차지한다는 사실을 바탕으로 정의되기 때문이었다. 철학자이기도 했던 보헤미아의 엘리자베스 공주역시 데카르트와 편지를 주고받으며 영혼에 형태가 없다면 정의상 물리적인 육체와 접촉할 수 없다는 사실을 강조하며 데카르트의 주장에 반박했다.[13]

데카르트는 난관에 봉착했다. 이 문제를 해결하려면 영혼을 물리적인 대상으로 여겨 심리학이 생리학에서 기원한다는 사실을 인정하거나(그러면 기독교의 영혼 개념이 갖는 특수성을 포기해야 했다), 마음과 물질의 구별을 고수하며 충분히 그럴 만한 이유가 있는 모순으로부터 기독교를 구해야 했다.

결국 데카르트는 마음과 물질이 화학적으로 상호작용하는 뇌의 위치, 즉 영혼의 의지력이 육체에 들어오는 장소를 찾아 나섰다. 물질적이고 형체를 가진 육체와 무형의 의식을 통합하려면 단 하나의 천국 문, 유일한 장소가 필요해 보였다. 당시 데카르트는 대부분의 뇌 구조가 좌반구와 우반구에 하나씩 이중으로 존재한다는 사실을 알고 있었는데 드물게 예외가 있었다. 바로 송과선pineal gland이라는 작은 기관으로, 반대편에 쌍둥이나 어떤 다른 흔적도 없는 단일한 구조였다.[14] 데카르트는 이곳을 영혼이 깃드는 자리라고 생각했다. 그토록 이원론을 주장한 데카르트였지만 역설적이게도 파악하기 힘든 이중 구조는 피하려 했던 것이다.

　　이원론은 초자연적이고 비물질적인 영혼의 개념을 믿고 이해할 유일한 방법이었다. 우리의 정신생활이 어떤 식으로든 비물리적이어야만 우리는 사후 세계에 도달하거나 보이지 않는 실체와 소통할 수 있다. 영적인 불멸을 믿는다는 것은 우리가 전적으로 물리적, 생물학적 존재만은 아니라고 믿는 것과 같다. 이것은 추상적이고 형이상학적인 입장이며 정치적 의미도 가졌다. 우리를 신체에서 분리하려는 이데올로기는 종종 이원론적 가정을 불러일으킨다. 열의에 찬 자기희생을 요구하는 이데올로기는 우리 자신의 일부가 영혼이나 후손의 형태로 도달할 수 있지만 살과 육체를 가진 완전한 모습으로는 도달할 수 없는 유토피아를 선전한다. 종교적 정통주의와 전체주의 정권은 만물을 꿰뚫는 힘이 끊임없이 우리를 도덕적으로 감시한다고 주장한다.

이러한 도덕적 감시와 전지전능한 감독은 우리가 세상에 존재할 마땅한 방식에 대한 여러 형태의 대중적인 정의에도 암시되어 있다. '선한' 사람이란 실수나 실패 없이 이타주의의 격률을 충실히 따르는 사람을 뜻한다. 우리가 공공선이나 집단적 통념을 명분 삼아 개인에게 희생을 치르도록 할 때 누가 지켜보는 것도 아니건만, 우리는 항상 어깨너머에서 우리 뒤를 맴돌며 도덕적 가치를 선언하는, 눈에 보이지 않는 판사의 존재를 느낀다.

이 같은 환경에서는 마음과 몸 사이에 분열이 있다. 그래서 이데올로기가 지지자들을 비굴하게 유지하는 동시에 추종자들이 초월적 이상의 이름으로 그들 자신에게 폭력을 저지르도록 장려하기에는 무리가 따른다.

이데올로기의 영향을 받는 뇌를 이해하려면 이러한 이원론적 가정을 버려야 한다. 뇌는 신체의 나머지 부분과 동일한 물질, 즉 물과 단백질, 지방, 염(이온성 화합물), 혈관, 각종 관과 섬유로 이루어졌다. 뇌는 우리의 나머지 일부가 그렇듯 점차 세포 조직화의 수준이 높아지는 도중에 있는 기관이며 심장과 위장, 구부러진 작은 발가락으로 연결된다.

우리가 경험하는 모든 생각은 물리적이고 모든 감정은 생리적이며, 모든 꿈과 신념은 뇌와 신체가 만들어내는 생물학적 특징이다.

하지만 심신이원론을 부정하고 정신이 복잡한 생물학적 산물이라는 것을 인식하는 사상가와 과학자들조차도 종종 이원론의 잔여물을 믿는다. 이것은 마음과 뇌의 차이에 대한 주장이다. 이렇게 이승석인 마음과 뇌에서 마음은 생물학 위에 존재한다. 뇌는 물리적인 기관이고 마음은 심리적인 경험이라는 분할은 여전히 유용하다. 또한 마음과 뇌의 구분은 비물리적인 영성이 우리의 심리에 스며 있다는 환상을 유지할 수도 있다. 영원하고 다른 세계에 존재하는 영성은 신체와 무관한 본질이다.

여기서 마음과 뇌의 경계는 의도적으로 해체되었다. 뇌에 속하지 않은 인간의 마음이 존재한다는 과학적 증거가 거의 없기에, 나는 마음과 뇌라는 용어를 서로 교환해 사용할 수 있다. 뇌가 바뀌거나 뇌에 손상을 입고, 뇌를 길러내거나 그것이 엉망이 되면 우리의 영적인 삶도 변화한다.

그리고 이러한 정의와 이미지에 따른 문제 외에도, 나는 정신이 생물학적이며 생물학적인 것은 정치적인 것에 의해 형성된다는 점을 분명히 하고 싶기에 '이데올로기적인 뇌'에 대해 계속 이야기하고자 한다. 그리고 비록 정신이라든지 뇌, 신체라는 용어를 폐지하자고 주장하는 것은 아니지만 여기에 대한 몇 가지 문제를 제기하고 싶다. 우리가 쓰는 언어와 개념, 은유에서 이데올로기가 추상적이고 집단적일 뿐만 아니라 신체적이고 개인적이라는 사실을 염두에 두면 어떤 결과가 발생할까? 만약 신체에 대한 이데올로기와 신체 속의 이데올로기를 시각화하면 어떤 일이 벌어질까?

이데올로기에 대한 새로운 과학은 생물학에서 이데올로기적 신념이 어떻게 출현하는지를 보여주고자 한다. 실제로 '이데올로기'라는 단어가 처음 만들어졌을 때도 그 목표는 과학이었다. 이런 역사적인 흔적은 용어 자체에 남아 있다. 이데올로기ideology는 이데아idea를 다루는 로고스logos, 즉 '관념을 다루는 과학'인 것이다.

이데올로기가 과학에 맞서는 반대말처럼 여겨지는 지금, 이 역사적인 과거는 멀고 실현이 불가능해 보인다. 이데올로기가 정치학보다는 과학적인 문제였던 적이 있기는 했을까? 하지만 이데올로기의 전기를 살피다 보면 우리는 언어, 역사, 과학이 어떻게 예기치 않은 방식으로 교차하고 이리저리 넘나드는지에 대한 흔적을 파헤칠 수 있다. 그러면 과학으로 시작했던 문제도 나중에는 정치나 역사의 유물이 될 수 있고, 몇 세기 뒤에는 완전히 새로운 과학적 시도로 거듭나게 될 것이다.

'이데올로기'라는 단어가 처음 나타났을 때, 그것은 생물학이나 화학 같은 자연과학과 마찬가지로 관념의 본성을 탐구할 예정이었다. 예컨대 생각이 어디에서 유래하고 우리를 어디로 이끄는지에 대한 문제가 그렇다.

그렇다면 본래 과학에 속했던 이데올로기의 의미는 어떻게 오늘날처럼 급진적이고도 무례하고 끔찍한 것으로 바뀌어버린 걸까?

PART
2

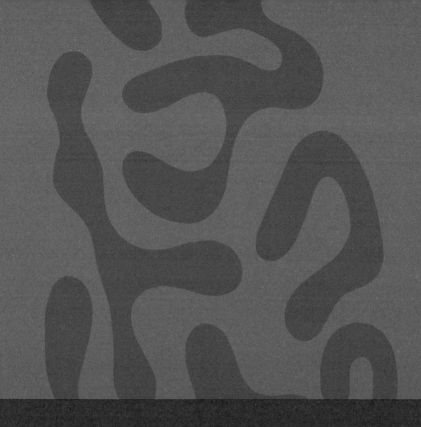

마음과 신화

[마음은 어떻게 생각하고,
지각하고, 작동하는가]

4

이데올로기의 탄생

1794년, 한 남자가 프랑스의 어두컴컴한 감옥에서 뭔가를 적고 있었다. 한때 잘 정돈되었던 곱슬머리가 지저분하게 흐트러진 채 미친 듯 글을 휘갈기던 이 남자는 자신의 살날이 얼마 남지 않았다는 것을 알았다. 그의 앞엔 '기요틴guillotine'이라 불리던 단두대가 기다리고 있었다. 비웃는 것처럼 보이는 단두대 칼날 아래로 그를 떠밀 복면 쓴 사형 집행인의 위협적인 투덜거림이 벌써부터 귓전에 들리는 듯했다. 하지만 남자는 우울함이나 몸의 힘이 쭉 빠지는 두려움 대신 몸에 윙윙 전기가 도는 듯한 기대감을 느꼈다. **집행을 기다리는 사형수가 어떻게 맥동하는 에너지를 느낄 수 있을까?** 남자가 흥분했던 건 자신이 발견한 아이디어 때문이었다. 그는 종말이 들이닥치기 전에 선지자인 자신의 머릿속에서 그 아이디어가 끝까지 완성되지 못할까 봐 조마조마했고 얼른 기록해야 한다고 느꼈다. 이데올로기는 이렇듯 곧 닥쳐올 죽음과 자유에 대한 갈망의 그늘 속에서 탄생했다.

감옥으로부터의 사색

이데올로기를 탄생시킨 이 남자는 잔인한 감옥 생활에 익숙하지 않았다. 투옥되기 전만 해도 이 남자, 앙토니 루이 클로드 데스튀트 드 트라시Antoine Louis Claude Destutt de Tracy 백작은[1] 프랑스 귀족들의 질서에 단단히 얽혀 있었다. 자신의 기분과 열정을 추구할 만큼 자유로웠던 트라시는 이성과 과학, 교육을 통해 철학적, 정치적 진보를 이루고자 하는 고전 계몽주의 철학자였다. 이 시대에는 작가와 과학자들이 고급 살롱에 자주 드나들며 윤이 나는 딸기를 먹고 샴페인을 홀짝이며 프랑스의 노후화된 봉건제도의 해체에 대해 토론하곤 했다. 당시 프랑스 계몽사상가들은 상속받은 저택의 천장 높은 방에 안락하게 앉아 사회의 불평등을 비꼬고 비판하는 게 대유행이었다. 이들은 누가 봐도 확연한 이 위선을 못 본 척하려 공연히 애썼다. 다양한 분야로 뻗어나간 지식인 무리로 이뤄진 이 계몽사상가들은 '사고'를 하기 위해서는 무엇보다 자원이 풍부하고, 돈이 많고, 철이 없어야 한다는 격률을 열심히 따랐다. 소위 열심히 놀아야 열심히 일할 수도 있다는 것이다.

앙토니 데스튀트 드 트라시 백작과 같은 귀족에게 감옥에 갇혔다는 것은 심각한 오점이자 위신이 추락하는 사건이었다. 막시밀리앙 로베스피에르Maximilien Robespierre의 공포정치 기간에 트라시는 귀족 계층에 속해 있는 데다 애국심이 충분치 않고 시민 징신이 결여되었다는 죄목으로 붙잡혀 기소되었다. 여기에 대한 처벌로 백작은 파리에서 가장 피로 물들고 병든 감옥 중 한 곳에 구금되었다. 그리고 죽음이라는 결과가 예견된 보여주기식 재판을 기다리며 오랜 기간 고문에 시달렸다.

하지만 트라시는 사형 집행을 기다리는 동안 자신이 처한 비참한 상황에 대해 깊이 생각하거나 절망에 빠지기보다는 진정한 독창성을 보여주었다. 트라시는 감옥에 갇혀 있었기에 기성 학문 제도와 기관의 진부한 표현이나 편협한 모방으로부터 멀어졌다. 어쩌면 지나치게 부유했던 삶이 그동안 트라시의 창의력을 가로막았는지도 모른다. 이전까지의 삶에서 그는 굶주린 예술가였던 적이 없었다. 어쩌면 탈골된 두개골이 몸에서 굴러떨어지는 악몽에서 주의를 돌릴 대상이 필요했을지도 모른다. 어느 쪽이었든 철학책을 읽는 행위는 트라시에게 위안을 주었다. 트라시는 몇몇 작가에 집착하여 그동안 출판된 그들의 모든 저작을 게걸스럽게 읽어 치웠다. 그리고 트라시는 의식적으로든 무의식적으로든 감옥에 갇힌 적이 있던 이전 세대 철학자와 시인들의 글을 모사하던 중 곧 그들이 육체적 고통을 초월할 수단으로 철학을 껴안아 위안을 찾았다는 사실을 발견했다. 예컨대 6세기 로마의 정치가 보에티우스Boethius는 감금되어 있던 523년에 《철학의 위안》을 저술하며 이 같은 흐름의 시작을 알렸다. 보에티우스는 철학적 지혜의 여성 화신인 '레이디 필로소피아Lady Philosophia'가 감방으로 자신을 방문할 것이라고 상상했다. 레이디 필로소피아는 보에티우스에게 영원한 사상의 자유를 상기시키며, "치명적인 것들의 안개로 흐려져 있던 그의 눈을 닦아 주었다."[2] 안도감에 젖은 보에티우스는 "밤의 울적함이 흩어지고/나의 눈에 시력이 돌아왔음"[3]을 깨달았다. 레이디 필로소피아는 어머니로서 보에티우스를 위로했고 철학적 명상의 힘을 통해 용기와 평화가 그와 함께한다는 사실을 명료하게 바라볼 수 있도록 도왔다.

보에티우스가 깨달음을 얻은 지 1,000년이 지난 1642년, 역시 감옥에 갇힌 시인 리처드 러브레이스Richard Lovelace는 다음과 같은 서정적인 시구를 남겼다. "석벽이 감옥을 만들지 않으며/철창이 새장을 만들지 않는다."[4] 트라시에게도 철창은 그를 저지하는 힘이 아니었다. 오히려 족쇄는 가장 중요하고 긴급한 것이 무엇인지에 대한 트라시의 감각을 날카롭게 벼렸다. 죽음의 위협은 외부의 권위와 강요된 미신에 저항하는 내면의 사고를 다시 강하게 만드는 완벽한 촉매였다. 모든 옥중 문학이 그렇듯, 트라시에게도 내부와 외부 사이를 가르는 뚜렷한 막膜은 그 사이를 예술과 저항으로 가득 채울 빈틈을 제공했다. 텅 빈 공간은 기회였다. 감옥의 창살 안에서 트라시의 사고에 이데올로기의 배아가 싹튼 것도 결코 우연이 아니었다.

이데올로기, 관념의 과학

트라시가 이데올로기를 처음 구상했을 때만 해도, 그 개념은 오늘날 우리가 알고 있는 이데올로기와는 닮지 않았다. 초기의 이데올로기는 정치적 의견이 한데 모인 연합이 아니었고, 그것을 믿는 사람들에겐 보상을 주고 비판자들에겐 벌을 내리는 교리도 아니었다. 당시의 이데올로기는 단순한 정치적 믿음과는 달랐다.

'이데올로기idéologie'라는 용어를 만들었을 무렵 트라시는 사람들이 어떻게 관념을 갖게 되는지를 이해하고자 했다. 화학과 물리학, 식물학에 필적할 새로운 과학과 새로운 학문 분야를 들여오는 것이 트라시의 목표였다. 그것은 동물과 생명이 있는 것들의 삶을 연구하는 동물학의 한 분야였고 생리학에서 방법론을 빌렸다. 트라시는 그리스 학자들의 형식적인 연구를 참고해 이데아(관념)에 대한 로고스(연구, 논리, 근거)라는 뜻에서 '이데올로기'라는 단어를 만들었다.

갓 태어나 세례를 받은 단어 '이데올로기'는 그야말로 혁신적인 잠재력을 발휘했다.

트라시는 '이데올로기'가 인간이 어떻게 믿음을 형성하는지를 객관적인 방법을 통해 밝혀내는 정당한 과학이 될 수 있을 것이라 상상했다. 여기에는 감각과 추론이라는 두 가지 방식이 존재했다. 관념이 어디에서 비롯하는지 알아내기 위해, 트라시는 관념의 과학인 이데올로기가 인간의 마음이 환경을 관찰하고 흡수하는 방식과(이것이 감각이다!) 마음이 어떻게 합리적으로 사고를 형성하고 진실을 감지하는지(이것이 추론이다!)에 주의를 기울여야 한다고 여겼다. 트라시에 따르면 "유일하게 훌륭한 지적 메커니즘이 있다면, 자료를 수집하는 관찰과 실험, 그리고 그것을 정교화하는 추론뿐이다."[5] 그 밖의 다른 방식은 지식을 발견하기 위해 충분하지 않았다. "다른 방법론은 현학자와 사기꾼들에게나 적당하다."[6] 이렇게 쓰고 이 계몽사상가는 킬킬 웃었다.

오늘날 트라시의 사색은 우리가 어떻게 인식하고 판단하며 행동하는지에 대한 인지적 연구인 현대의 실험심리학과 유사하다고 볼 수 있다. 하지만 트라시가 이론을 발전시킬 당시만 해도 심리학을 뜻하는 용어 'psychology'의 'psyche(마음, 정신)'는 경멸의 대상인 '영혼'이란 단어를 떠올리게 했다. 세속적인 사상가에게는 지나치게 영적으로 들리는 단어였다. 트라시는 종교를 혐오했기에 영혼에 대한 담론은 아예 논외로 했다. 영적인 것은 신성한 것을 불러일으켰으며 진리에 대한 신비주의나 초자연적인 이야기뿐이었다. 트라시는 관념에 대한 자신의 과학이 추상적 철학이 아닌 견고한 과학이 될 것이라고 단호하게 못 박았다. 'psychology'라든지 'metaphysics(물리학을 넘어선 형이상학)'이라는 용어는 오해의 소지가 있는 잘못된 말이었다. 과학에 신학이 들어설 여지는 없었고, 인간의 지성은 생물학에 바탕을 두기 때문이었다.

감옥에서 영감을 받은 트라시 백작은 이러한 관점을 받아들임으로써 데카르트의 심신이원론과 종교적 편향성을 거부했다. 대신 트라시는 17세기의 경험주의 철학자 프랜시스 베이컨Francis Bacon의 발자취를 따랐다. 베이컨은 "인류의 마음을 완전히 재창조하고 모든 과학을 다시 시작하며, 그동안 인류가 획득한 지식 전반을 새로운 시험대에 올려놓을 필요가 있다"[7]고 열성적으로 믿었던 인물이었다. 신뢰할 수 없고, 결함이 있고, 잘못되고, 정당화되지 않고, 근거 없이 당연하게 받아들여지는 모든 것을 내다 버려라! 그러면 오직 진실만이 체에 걸러져 남을 것이다. 트라시는 이런 계몽주의의 이상에 따라 지식이 획득되는 방식에 대한 재평가가 필요하며, 경험이나 이성으로 정당화될 수 없는 방식에 따라 얻은 지식은 전부 폐기해야 한다고 주장했다.

그렇게 감방의 눅눅한 공기 속에서 이 세상에 처음 모습을 드러낸 이데올로기는 진리를 지향하고 미신에 반대하는 과학적 프로젝트로 설계되었다. 트라시는 아기를 사랑스럽게 바라보는 부모처럼, 이데올로기 또한 아름답고 '절묘한' 것이 되리라고 확신했다. 이데올로기는 인간의 지성과 관찰의 힘을 자세히 설명하고, 인류가 진리 탐구에 발휘하는 곡예 수준의 능력인 감각에 어떠한 요소들이 있는지 밝혀낼 것이었다. (트라시는 극단적인 것에 끌리는 취향이 있었다). 비록 이데올로기는 비종교적이고 과학적인 노력을 통해 설계되었지만 도덕성이 결여된 것은 아니었다. 이데올로기는 경험이나 굳건한 이성에 기초한 아이디어뿐 아니라 허술하고 신뢰할 수 없는 방식으로 계승되는 종교적 통설에도 빛을 비추었다. 트라시는 관념의 과학인 이데올로기를 통해 진리와 거짓을 명확하게 구분하는 방법을 구축할 수 있다고 믿었다. 무엇보다도 이데올로기는 실제로 쓸모가 있었다. "지식을 늘리기 위해 인류의 지성이 취해야 할 길을 보여주고 진리에 도달하는 확실한 방법을 가르치기"[8] 때문이다.

1794년 7월 22일은 트라시의 통찰이 마지막 선언문의 형태로 정돈된 날이었다. 여름치고도 몹시 무더운 날이라서 감방 안은 기온이 치솟았고 불안한 분위기도 팽팽하게 느껴졌다. 어쩌면 사방이 막힌 감방의 열기 탓에 트라시의 마음속에 있던 망설임이나 의구심이 녹아내렸는지도 모른다. 트라시는 마침내 스스로 깨달은 진리를 결론 맺을 준비가 되었다. 다음 날 파리의 데 카르메스 감옥의 음침한 감방에 앉은 트라시를 은은하게 감쌌던 긴박감은 점점 더 소란스럽게 변해갔다. 시간이 다 되었다. 그날 아침 귀족 계층이라는 이유로 비슷하게 잡혀 왔던 동료 수감자 가운데 거의 50명이 쇠고랑을 찬 채 처형되었다. 단두대 칼날이 떨어지는 무자비한 소리가 메아리로 울려 퍼지자, 그는 적어도 일주일 안에 혁명재판소가 자신의 판결 결과도 발표할 것이라 예측했다.

7월 23일 트라시는 '진리의 요약Summary of Truths'이라는 제목의 일기를 작성했다. 트라시가 생각하기에 진리는 최고로 존중받아야 하며 극도의 객관성을 요구했다. 그래서 그는 수학의 언어를 통해 자신이 얻은 결론을 공식화하겠다고 결심했다. 하지만 훈련된 수학자가 아니었던 트라시는 대수방정식과 비슷한 식을 적는 것으로 만족했다.[9] 시작은 이랬다.

'생각이나 인식 능력의 산물=지식=진리.'

합리성과 직접적 관찰이 지식으로 가는 길이며, 그렇게 발견한 지식만이 현실 뒤에 놓인 진리로 향할 수 있다는 깃이 트라시의 첫 번째 공리였다. 명료하게 사고하고 세상을 민감하게 인식하는 사람 앞에서 겉치장과 허식은 쪼개져 산산조각이 날 것이다. 여기까지는 계몽주의적이고 문제가 없다.

그다음, 트라시는 첫 번째 공리 아래에 "이제 방정식에 3개의 항을 더해야 한다"라고 적으며 거의 허겁지겁 달려들듯이 새로운 한 줄을 추가했다.

'=미덕=행복=사랑의 정서.'

두 번째 공리에서 트라시는 첫 번째 공리를 연장해 진리가 선함과 기쁨으로 이어진다고 주장한다. 심지어는 파악하기 힘든 감정인 '사랑'으로 이어지기도 한다. 공포정치가 펼쳐지던 으스스한 한여름에 고독하게 수감된 채 수척해진 철학자가 하는 일치고는 조금은 아이러니하다. 하지만 어두침침한 감방에 갇혀 할 수 있는 게 거의 없는 상황에서도 그는 자신의 감각을 자세히 들여다보는 행위의 미덕을 찬양했다. 트라시는 데카르트의 유명한 명제인 '나는 생각한다, 그러므로 존재한다'를 변주해 '나는 감각한다, 그러므로 존재한다'로 야심 차게 재구성하기도 했다. 그는 우리의 존재가 그저 내면의 생각뿐만 아니라 감각적 경험에 의해 정의된다고 여겼다. 계몽주의 스타일의 마음챙김이 그렇듯, 그 또한 지각의 민감함이 행복으로 이어질 것이라 믿었다. 트라시가 보기에 물질과 마음은 분리할 수 있는 것이 아니었다. 신체와 뇌, 그리고 생물학과 사고에 대한 데카르트식 이분법은 잘못된 범주화였다. 우리의 마음은 세계의 언속신 위에 있다. 우리 뺨에 닿는 태양열, 손끝의 거친 종이 질감 같은 인상적인 감각을 경험했다면 감각이라는 행위를 통해 우리 자신의 존재를 증명할 수도 있는 셈이다. (안됐지만 데카르트의 선언을 순전한 개인의 내면으로 재구성한 트라시의 선언은 유행하지 못했다. 원작만큼 귀에 맴도는 울림이 없었기 때문이다.)

트라시가 마치 생각의 모든 조각들이 하나로 합쳐지는 듯한 깨달음을 얻은 7월의 더운 여름날, '진리의 요약'이라는 제목의 마지막 일기를 통해 현실 세계의 수학은 거의 형광 칠을 한 것처럼 생생한 색채를 얻었다. 레이디 필로소피아가 유령처럼 감방을 방문했을 때 그 아우라가 보에티우스의 얼굴을 어루만졌듯, 트라시는 통찰로 빛나는 '빛줄기'를 글로 남겼다.

그리고 몇 가지 변수들을 마지막으로 추가해 공식을 완성했다.

'=자유=평등=박애.'

트라시는 첫 번째 방정식부터 마지막 방정식에 이르기까지 진리가 우리의 직접적인 관찰과 이성적인 능력에 뿌리를 두고 있다고 추론했다. 이 방정식이 실현되면 그 영향은 선할 것이고, 행복은 물론이고 궁극적으로는 자유, 정의, 이타주의로까지 이어진다고 여겼다.

이 기나긴 방정식은 처음부터 끝까지 큼직한 선언과 선언을 건너뛰며 그 사이를 등호로 잇는다. 트라시는 인간의 지각 능력에서 인류에 대한 너그러운 사랑에 이르기까지 그야말로 폭넓은 주제를 아우르며 재주넘기를 하고 있는 셈이다.

이 대수학적 독백은 어떤 의미를 담고 있을까? 단지 제정신 아닌 사람의 사색일까? 거창한 과대망상에 빠진 한 죄수의 망상일까? 아니면 그는 자신이 고독 속에 길어 올린 생각이 보다 높은 실존적, 정치적 이상과 이어져 있다는 사실을 확인하고는 의미를 더 명료하게 다듬어 구원을 받고 싶었던 것일까? 어쩌면 그런 것일지도 모르겠다.

하지만 트라시를 단순히 광인으로 치부해서는 안 된다. 수학 공식 같은 그의 철학적인 공리는 관념의 기원을 밝히면 관념이 가져올 결과를 조명할 수 있다고 제안한다. 트라시는 우리의 감각적 인식이 평등과 해방 같은 더 원대한 비전과 연결될 수 있다는 사실을 이해했다.

프랑스 혁명이 1790년대 들어 대공포 시대로 변모하면서 계몽주의라는 혁신적 사상은 점점 퇴색되었다. 그러나 트라시는 계몽주의를 19세기까지 연장하고 싶었기에 계몽주의 정신을 자신의 욱신거리는 등에 업은 채로, 이성과 자치권을 옹호하며 군주제와 노예제, 검열, 봉건적 주종관계에 맞서 싸웠다. 앞선 시대의 유럽 계몽주의 철학자들은 진보란 유년기의 환상이라는 허물을 벗는 것, 즉 철학자 임마누엘 칸트Immanuel Kant의 표현처럼 "우리는 자발적인 미성숙함에서 벗어나야 한다"고 가르쳤다. 스스로 생각하고 독립적으로 진리를 찾다 보면 지적인 자유와 정치적 자유를 얻을 수 있다는 기르침이다.

그렇다면 진리에 대한, 아니면 적어도 그것에 대한 진심 어린 추구가 트라시를 자유롭게 했을까?

진정한 계몽을 꿈꾸다

부당한 선고 기일이 다가오고 있었고 트라시는 초조해졌다. 사형 집행인이 어떻게든 저항하려는 그의 팔을 꽉 붙들기까지 정말 시간이 얼마 남지 않았다. 그런 만큼 트라시는 자신이 고안한 이데올로기라는 개념이 눈부시게 하얀 파리의 빛을 쐬지도 못한 채 어둠 속에서 일찍 죽어버릴까 봐 불길한 기운에 휩싸였고 그렇게 된다고 해도 이상할 게 없었다.

비록 종교에 비판적이었던 트라시는 신이 개입해주리라는 믿음은 없었지만 자신이 작성한 '진리의 요약'만은 기도문처럼 읽고 또 읽었을 게 분명하다. 그러는 동안 "신이 존재한다고 믿는 게 낫다"고 한 수학자 블레즈 파스칼Blaise Pascal의 유명한 내기[10]가 혹 뇌리를 스치진 않았을까? 어쩌면 초자연적인 영역에서 신을 믿는 건 현명하고 해가 될 것이 없는 내기일지도 모른다. 신이 존재하지 않을 경우에는 죽음과 동시에 내가 증발하고, 신이 진짜 존재할 경우에는 지옥이 아닌 천국의 삶이 보장되는 양자택일의 도박인 셈이다. 물론 한때 트라시가 경외하고 숭배했던 어린 시절의 우상인 철학자 볼테르Voltaire처럼,[11] 이런 내기를 "부적절하고 유치하다"[12]고 선언하는 사람도 있었다. 다만 우상이었던 존재들 모두가 품위와 성숙함을 지킬 여유를 갖추지는 못했다. 몇몇은 단두대에 끌려가 형장의 이슬이 될 처지에 직면하기도 했다.

그러다 숨막히게 놀라운 역사적 우연 덕분에 트라시는 삶의 마지막 순간에 행운을 만났다. 그 주가 지나기 전 유럽에 변화가 찾아왔고 목이 떨어져 나갈 뻔한 '이데올로기'는 가까스로 살아남았다. 운명이 뒤집힌 것이다. 트라시가 스스로 깨달은 진리를 충실히 요약하고 마지막 일기에 날짜를 적어 넣은 나흘 뒤, 프랑스 의회는 공포정치의 통치자 막시밀리앙 로베스피에르에 반발해 봉기를 일으켰고 7월 27일에 그를 붙잡아 즉각 단두대로 보냈다. 그렇게 공포정치는 막을 내렸고 트라시는 목숨을 보전했다. 그가 무죄인지 유죄인지 판단하는 혁명 재판은 더는 진행되지 않았다. 그해 10월 트라시는 석방되어 가족과 친구들 곁으로 돌아갔고, 살아남은 다른 계몽철학가들과 함께 몇 년 만에 호화로운 살롱에 다시 모여 《이데올로기의 요소들*Elements of Ideology*》이라는 방대한 내용의 저서를 집필해 과학의 새 비전을 세상에 소개했다. 트라시의 글에 누구보다 열광했던 미국의 정치가 토머스 제퍼슨*Thomas Jefferson*은 재빨리 이 책을 영어로 번역해 널리 대중화하겠다고 발 벗고 나섰다.

어쩌면 진리에는 정말로 해방시키는 힘이 있는지도 모른다.

트라시는 두 팔 벌려 자식을 자랑스럽게 뽐낼 준비가 된 부모처럼 '이데올로기'를 사람들 앞에 공개했고 곧 지지자와 적을 가득 모았다. 세속적인 교육을 추구하는 정치인이자 정책 입안자 역할을 맡게 된 트라시는 모든 학문 분야에 자신의 비전을 불어넣고자 했다. 모든 학교와 대학이 학생들에게 직접적인 관찰과 분석적 추론이라는 방법론을 지닌 '이데올로기'를 교육한다면 다음 세대는 진정한 계몽에 도달하게 되리라는 비전이었다. 그러면 젊은 학생들은 관습이나 전통에 의존하는 대신 인식론을 토대로 이성과 관찰에 바탕을 둔 신념을 집중적으로 다질 것이다. 그렇게 되면 미래의 시민들은 전통적인 관습과 답답한 교리에 휘둘리지 않고, 교육은 정치적 해방을 위한 도구로 거듭난다.

이처럼 '이데올로기'는 새로운 경험적 과학의 일환으로 시작했지만, 일단 외부의 공기에 노출되자 빠른 속도로 산화되어 처음의 색이 바래지고 하나의 정치적 과업으로 변질됐다. 트라시와 동시대를 살았던 많은 이들은 비판적이고 명료하게 사고하도록 개인의 정신 역량을 중점적으로 키워내는 사회를 이상사회로 여기고 이를 지지했다. 이런 지식인과 정책 입안자들은 한데 뭉쳐 스스로를 '이데올로기주의자idéologistes'라 칭했다.

활기찬 이데올로기주의자와 대화를 나눈 뒤, 트라시의 제자 중 한 사람은 "이데올로기가 세상의 모습을 바꿔놓을 것"이라고 말했다.[13] 그리고 이렇게 덧붙였다. "그러니 세상 사람들이 멍청한 채로 남아 있기를 바라는 사람들은 이데올로기를 싫어할 것이다."

하지만 누가 세상 사람들을 어리석은 바보로 두고 싶어 할까? 대체 누가 무지한 사회를 갈망한단 말인가?

5

착각과 환상의 시대

공포정치가 지나 프랑스에 안개가 걷히기 시작하자 나폴레옹 보나파르트Napoleon Bonaparte라는 인물이 정치계의 스타로 떠올랐다. 나폴레옹은 이데올로기주의자들의 새로운 움직임에 대해 듣고 이데올로기가 꽤 좋다고 생각했다. 적어도 쓸모는 있어 보였다. 나폴레옹이 보기에 이데올로기주의자들은 권력을 잡을 수단으로 써먹을 만했다. 이들의 사회적 인맥과 영향력은 프랑스의 새로운 정치적 지형을 횡단하는 데 꼭 필요했다. 나폴레옹은 이데올로기주의자들과 어울려 모임과 파티에 빠짐없이 참여하며 그들의 조직과 손을 잡기 시작했다. 나폴레옹은 트라시를 비롯한 그의 친구들과 잔을 들어 기꺼이 건배를 나누며 입에 발린 말을 하면서 우정을 쌓았고, 머잖아 이데올로기주의자 협회의 명예회원이 되었다.

하지만 사람을 꼬드기고 유혹하는 이들이 대부분 그렇듯, 추파를 던지는 과정은 시작과 거의 동시에 끝났다. 가치관의 차이가 빠르게 부각되었다. 이데올로기주의자들은 민주적, 세속적, 자유주의적 원칙을 따르며 개인들의 마음이 지닌 힘을 열렬히 찬양하는 사람들이었다. 이들은 프랑스라는 국가가 종교 당국이나 엘리트 왕실 귀족 대신 시민의 목소리를 대변할 것이라고 여겨 환호를 보냈다. 이런 이데올로기주의자들의 목표는 나폴레옹의 비전과는 지독하게 달랐다.

'정신 나간 과학'이라는 조롱

마키아벨리를 좋아하고 사람을 조종하는 데 능했던 나폴레옹은 제국주의적인 야망을 품고, 성직자 단체를 복원하여 엄격하게 통제되는 독재정권의 설계자가 되려는 계획을 세우고 있었다. 개인의 마음은 의심을 품는 대신 자신에게 복종해야 했다. 그리고 자유롭게 뛰노는 대신 단단히 억제되어야 했다.

나폴레옹에게 트라시의 무리를 상대하는 가장 편리한 전략은 이들의 운동을 안 보이는 척 무시하는 것이었다. 그리고 자신의 영향력을 공고히 다지면서 경멸하듯 이들을 뿌리쳐야 했다. 하지만 문제가 하나 있었다. 트라시의 무리가 단순히 도서관이나 배타적인 철학계에 숨어 안락의자를 벗어나지 않는 형이상학자들이 아니라는 것이었다. 성가시게도 이들은 더 이상 감옥에 물리적으로 갇힌 상태가 아니었다. 그보다 이데올로기주의자들은 활동적이고, 영향력 있고, 인맥이 끈끈한 입법자들이었다. 나폴레옹은 트라시를 이집트 원정길에 보내려 했지만 트라시는 재치 있게 그의 초대를 거절했다. 결국 나폴레옹은 이들을 이길 수 없다면 조롱하고 저주해야겠다고 마음먹었다.

"그렇다, 이들은 나의 정부를 이리저리 간섭하기만을 바란다. 수다쟁이들 같으니!"[1] 나폴레옹은 심통 사나운 아이처럼 일갈했다. "이데올로기주의자라는 종족들에 대해 혐오감이 든 나머지 구역질이 날 정도다!"[2]

나폴레옹은 조롱 섞인 무례한 태도로 이데올로기주의자라는 용어를 '이데올로그idéologue'로 바꾸었으며, '이데올로기'라는 단어는 이제 정치적 적수들을 경멸적으로 모욕하고 비방하는 말이 되었다. 나폴레옹은 트라시와 그 동료들에게 '실용적인 기술이나 감각을 일체 찾아볼 수 없는 허황된 이상주의자'라는 이름표를 붙였다. 그리고 자신의 이야기를 듣는 사람들에게 "그들은 일단 몽상가이며 위험하다"[3]라고 쏘아붙였고, 이데올로기주의자들이 가식적이고 오만하며 현실을 모른다고 폄하했다.

트라시가 석방된 지 10년 만인 1804년, 군사주의자였던 나폴레옹은 단순히 야망에 찬 정치가를 넘어서 권위주의적인 통치자이자 프랑스의 황제로 거듭났다. 이제 나폴레옹은 "이데올로그의 교리야말로 우리 아름다운 프랑스에 닥친 모든 불행의 원인"[4]이라고 열렬히 외쳤다. 황제와 이데올로그의 대립은 프랑스의 재치 있는 정치이론가 스탈 부인Madame de Staël의 입을 통해 대중의 관심을 끌었다.[5] 공포정치와 나폴레옹의 폭압을 비판했다는 이유로 추방되었던 스탈 부인은 나폴레옹이 '이데올로기 공포증'을 앓고 있다고 선언하기에 이르렀다.[6] 그것은 사상과 이데올로기, 논리에 대한 공포와 두려움을 뜻했다.

그러자 나폴레옹은 게거품을 물며 이렇게 외쳤다. "신사 여러분, 철학자들은 체계를 세우기 위해 스스로를 괴롭히고 기독교보다 더 나은 것을 찾고자 애쓰지만 다 헛된 노력일 뿐입니다. 그에 비해 기독교는 인간을 자기 자신과 화해시켜 공공질서와 국가의 평화를 동시에 보장합니다. 이데올로그는 모든 환상illusion을 파괴합니다. 환상의 시대는 개개인에게 행복의 시대와 같은 것인데도 말입니다."[7]

환상의 시대는 행복의 시대이기에 환상은 미덕이고 꼭 필요하다. 환상을 깨뜨리려는 사람들은 시민의 적이다. 현실 세계는 너무 가혹한 곳이기 때문에 사람들은 스스로 최면에 걸린다. 환상이라는 마법을 통해서만 사람들은 헌신적인 공동체와 질서정연하게 다수로 뭉쳐 통합될 것이다.

트라시와 나폴레옹이 갈등을 빚으면서 이데올로기는 씁쓸하게 패배한 채 뒤로 밀려났다. 프랑스 사회가 가진 병폐의 희생양이 된 이데올로기는 해외로 발길을 돌렸다. 박해와 불명예를 피해 미국에서 위안을 찾으려 했다. 하지만 미국인들조차도 누더기가 된 이데올로기의 평판에 대해 들은 적이 있었다. 트라시의 친구이자 그의 저서를 번역했던 미국의 3대 대통령 토머스 제퍼슨조차도 이데올로기의 훼손된 명성을 되돌릴 수 없었다. 미국에서 건국의 아버지라 불리는 인물들 가운데 몇몇은 편지니 회의 석상에서 이데올로기를 '정신 나간 과학'이라거나 '망상과 같은 이론'이라고 조롱했다.[8]

마르크스와 엥겔스의 이데올로기

이데올로기는 집단적 신화나 마법 같은 사고를 버리고 그 대신 이성과 관찰을 중심에 놓는 죄를 저질렀다. 미국인들은 이데올로기가, 개인이 합리적이고 독립적으로 계몽된 시민이 될 가능성을 높게 산 나머지 정신병 직전에 이르렀다고 믿었다. 막 건국된 미국이라는 나라는 새 영토에서 이데올로기를 개념으로 수용하기 위해 공동체의 정체성에 대한 열망에 지나치게 의존했다.

낙담한 이데올로기는 대서양을 도로 건너 유럽 대륙으로 돌아왔다. 그리고 독일에 상륙해 환상의 본질에 대해 심오한 토론을 벌이던 두 젊은 사상가의 무릎에 안착했다. 하지만 나폴레옹과는 달리 두 사람은 환상에 대해 경탄하지 않았다. 아니, 오히려 환상을 깨부수려 했다.

1846년, 이 두 사상가 칼 마르크스Karl Marx와 프리드리히 엥겔스Friedrich Engels가《독일 이데올로기》를 집필할 무렵, 이데올로기는 다시금 모습을 바꾸었다. 이데올로기는 더 이상 단순히 정치적 경쟁

상대를 겨냥해 경멸하고 비난하는 단어가 아니었다. 19세기 중반, 마르크스와 엥겔스의 손에서 이데올로기는 강압과 착취를 통해 인간의 마음이 내면화한 믿음으로 거듭났다. 이데올로기는 과학과 거리가 멀었고 그 자체로 환상의 집합이었다.

마르크스는 종교가 이데올로기라고 적으며 "인민의 환상적인 행복인 종교를 철폐해야 그들의 진정한 행복을 구할 수 있을 것"[9]이라고 주장했다. 이데올로기적 환상은 비참하고 불평등한 생활 조건에 대한 잘못된 해결책이었다. 1843년, 마르크스는 "종교란 억압받는 자들의 한숨이며, 무정한 세계의 심장이고, 무감각한 영혼이다. 종교는 민중의 아편이다"라는 글을 남겼다.

그리고 마르크스는 트라시를 가리켜 "교조적인 부르주아 냉혈한"[10]이라고 조롱했다. 비록 트라시가 이데올로기를 발명하고 키워낸 것은 인정했지만, 마르크스는 그가 요점을 완전히 놓쳤다고 주장했다. 대신 마르크스와 엥겔스는 영감을 얻고자 트라시의 동시대 계몽철학자인 클로드 아드리앵 엘베시우스Claude Adrien Helvétius에게 눈을 돌렸다. 엘베시우스는 1758년에 "우리의 사상과 아이디어는 우리가 살고 있는 사회의 필연적 결과물"[11]이라는 견해를 제시했다. 이 개념을 본 마르크스와 엥겔스는 체제를 뒤엎는 종류의 광란을 떠올리고 잔뜩 흥분했다. 우리 머릿속의 아이디어는 불순하다. 신뢰할 수 있는 진리를 산출하는 이성과 관찰의 잠재력을 옹호하는 트라시의 낙관론은 집어치워라! 개인의 의식은 결함이 있고 유약하다. 그래서 개인의 의식은 사회의 구조와 속임수에 복종한다. 아이디어는 대물림되고 융통성이 있으며 유혹에 약하고 조작하기 쉽다. 문화나 자본, 권력과 분리된 채 타고난 인간 고유의 논리나 인식은 존재하지 않는다.

엘베시우스는 사회의 지배계층인 왕족과 군대, 성직자가 피지배층을 어두운 인간 조건 속에 가두는 방식에 대해 썼다. 통치자들은 선전, 허위 정보, 조작을 통해 대중의 믿음을 마음대로 좌우했다. 젊은 시절의 마르크스와 엥겔스는 이 이론을 좋아했다. 두 사람은 표절에 가까울 만큼 엘베시우스의 말을 그대로 인용해 다음과 같은 유명한 글귀를 남겼다. "시대를 막론하고 지배 계급의 사상이 지배적인 사상이다."[12]

두 사람은 이데올로기적 믿음이 다수가 아닌 소수의 이익에 부합한다고 제안했다. 그리고 사람들은 자신의 생각과 욕망을 형성하는 사회적, 경제적 관계에 대해 대체로 무지하다고 덧붙였다. 두 사람에 따르면 "모든 이데올로기에서 인간과 그들이 처한 상황은 **카메라 옵스큐라**camera obscura(광학기기의 초기 형태로 라틴어로 '어두운 방'이라는 뜻이다. 암실 벽에 작은 구멍을 뚫어 반대편 벽에 거꾸로 된 상을 맺히게 한다.-옮긴이)처럼 거꾸로 보인다."[13] 이데올로기에 의해 의식은 '반전'된다. 모든 것이 뒤집혀서 위에 있던 것은 아래로, 아래에 있던 것은 위로 간다. 인간은 궁극적으로 자신을 빈곤하게 만드는 체계를 용인할 뿐 아니라 심지어 옹호한다. 계급이나 자본주의와 긴밀하게 맞물린 개인의 의식은 사회적이며, 왜곡되었고 통제받아야 할 대상이다. 불평등이 지배하는 가운데 피지배층에서 정신적 자원이 빨려 나가고 그 자리에 환상이 이식된다.

마르크스와 엥겔스는 이데올로기가 '허위의식false consciousness'[14](마르크스는 인간 사회에 대한 거짓되고 추상적인 이데올로기나 계급에 맞지 않는 의식을 허위의식이라고 주장했다.-옮긴이)과 동의어이며 '인간의 뇌에 서식하는 유령'[15]이라고 여겼다.

두 사람이 보기에 이데올로기는 이곳저곳이 뒤틀린《이상한 나라의 앨리스》속 세계로 우리를 데려간다. 겉모습과 실재가 뒤섞여 지극히 혼란스럽다. 사회적인 구성물이 현실의 영구적인 구조로 오인된다. 무엇보다 중요한 건 사람들이 이러한 왜곡이 존재한다는 사실을 잊었다는 것이다. 우리 눈에 보이는 도저히 뚫을 수 없는 요새는 사실 다 무너져가는 모래성이다. 하지만 우리는 도그마dogma가 강력하고 영원하다는 인상을 갖고 있어서 그것이 사실 깨질 수 있다는 사실을 잊는다.

마르크스와 엥겔스는 이데올로기 내부에서 불평등은 자연스럽고 고정적이며, 불가피하고 좋은 것처럼 만들어졌음을 보여주었다. 불균형한 권력관계는 마치 사회생활이 항상 이런 식이었고, 앞으로도 이런 식으로 이루어질 것처럼 자연스럽게 받아들여진다. 우리는 대본을 따르지만 그 덕분에 변화나 도전에서 자유로운 것처럼 느낀다. 그저 따라다니는 게 낫다. 우리가 뭐길래 자연을 거스르겠는가?

허위의식의 주문에 걸린 사람들은 자신에게 주어진 의무와 자기규정self-definitions을 받아들인다. 외부에서 강요되었을 뿐, 직접 설계하거나 적극적으로 동의하지 않은 것인데도 말이다. 그렇게 시민들은 자신으로부터 소외되어 권력과 역사의 도구로 전락한다.

사회의 구조가 급격하게 변화해야만 그리고 개인이 자신의 삶의 조건을 결정하도록 허용해야만, 사람들은 자신을 결박하고 눈멀게 하는 환상으로부터 진정으로 해방될 수 있다. 정면 돌파만이 허위의식이 아닌 진정한 의식을 지닐 유일한 방법이다. 이데올로기의 겉모습을 깨뜨려야 우리는 깨어날 수 있다.

우리가 마르크스의 주장을 이해하든 이해하지 못하든, 그것에 동의하든 동의하지 않든, 통찰로 무장한 혁명적인 전투를 준비하든 또는 마르크스 철학의 음모론적이고 포퓰리즘에 가까운 어조에 환멸을 느끼든, 오늘날의 불평등이라는 꼭두각시놀음을 지탱하는 끈을 끊고자 하는 욕망에는 사람을 도취시키는 무언가가 있다. 이 모든 것을 무너뜨리고 환상에 맞서 싸우는 새로운 시대가 탄생하도록 놔두고 싶어지는 것이다.

여러분의 반응은 어떤가? 박수를 보낼 것인가? 뒤에서 사악하게 킬킬 웃을 것인가? 새로 태어나기 위해 모든 것을 파괴하고자 불꽃을 튀기는 중인가? 아니면 그저 조용히 침묵할 뿐인가?

이데올로기를 혐오했던 마르크스에게 닥친 재앙에 가까운 아이러니는 바로 자신의 아이디어가 무너져 결국 이데올로기가 되었다는 점이다. 마르크스주의는 증오하는 외집단('지배 계급')과 사랑받고 미화되는 내집단('피지배 계급')을 명확하게 진단해서 논쟁의 여지가 없는 논리의 서술 기법이 되었다. 여러분은 이 논리를 따라야 하고, 그러지 않으면 억압자만큼이나 나쁜 배신자가 된다.

그리고 마르크스에 대응해 이데올로기의 개념을 둘러싼 치열한 줄다리기가 이어졌다. 이 과정은 200년 동안 지속되었으며 현재진행형이다. 이데올로기가 도움이 되는지, 방해가 되는지에 대한 질문에 답하고자 엄청난 양의 잉크가 소모되었다. 몇몇 사람들은 이데올로기가 삶을 이해하고 사회적 교류를 가능하게 하는 조직화의 틀을 제공하기 때문에 유용하다고 주장한다. 반면에 이데올로기가 스스로 기만에 빠지게 자극하고 집단 사이의 불평등을 고착시킨다고 이야기하는 사람들도 있다. 가부장제 이데올로기는 사람들의 욕망, 능력, 욕구를 포함해 자아에 대한 젠더화된 신화를 만들어, 사람들이 그것을 받아들이고 그렇게 살아가도록 유도하여 불의가 눈에 띄지 않고 지속되도록 한다. 군주제 이데올로기는 그런 제도가 계속 살아남도록 노골적인 착취에도 눈 감는 상징적인 귀족들과 친밀한 친족 관계를 쌓는다. 비평가의 눈으로 보면 이러한 불평등이 정당하고 선하다는 믿음은 이데올로기적인 환상의 한 증상이다.

잔뜩 얽혀버린 실타래

이데올로기가 인간적인 삶을 가능하게 하는지, 불가능하게 하는지에 대한 논쟁은 계속 치열하게 불타오르는 중이다. 여러분의 이웃을 비롯한 몇몇 사람들은 이데올로기야말로 도덕적 인간과 나쁜 인간을 구분하는 데 필요한 멋진 원칙이라고 부르며 이데올로기를 숭배할 것이다. 반면, 혐오에 치를 떨며 이데올로기는 인간이 지닌 진정한 잠재력을 가로막는 장벽이라고 비난하는 사람들도 있다.

역사적으로 이데올로기가 무엇인지 정의하는 것은 설명적인 작업이자 정치적이고 규범적인 작업이기도 했다. 우리가 이데올로기를 선악을 가르는 힘(또는 둘 다이거나 둘 다 아닌)으로 여기는지의 여부는 우리가 지지하는 이데올로기의 정의와 관련이 있다. 이데올로기가 개인 수준에서 작동한다고 믿는지, 아니면 사회적 수준에서 작동한다고 믿는지(또는 둘 다이거나 둘 다 아닌)의 여부는 이데올로기가 과연 존재한다고 생각하는지, 이데올로기의 틀에서 벗어나는 것이 가능하거나 그것이 바람직하다고 여기는지에 영향을 준다.

트라시가 개인의 인지능력을 찬미했다면 나폴레옹은 그것을 조롱했다. 마르크스는 개인의 의식이란 아예 존재하지 않는다고 생각했다. 마르크스가 보기에 의식은 항상 집단적이며, 외부의 물질적 조건이 낳은 산물이었다. 마르크스는 "삶은 의식에 의해 결정되지 않으며 반대로 의식이 삶에 의해 결정된다"[16]라고 주장했다.

마르크스는 이데올로기를 우리가 숨 쉬는 공기와 같다고 가정했다. 우리는 이데올로기라는 공기 없이 살 수 없고 실제로 그것 없이 살지 않는다. 우리는 이데올로기적 구조라는 환경에서 태어난 채 생각하고 살아간다. 이데올로기는 우리의 정신생활 전체에 스며들어 영향을 미친다. 마르크스와 엥겔스에 따르면 이데올로기는 인간의 의식보다 우선한다. 물려받은 도덕관이나 종교, 사회 규범이 우선이고, 우리가 선택한 삶은 그다음이다. 이데올로기는 우리가 자신을 정의할 기회를 갖기도 전에 이미 우리를 정의한다.

하지만 마르크스의 이 같은 정식화된 주장은 해답을 주기는커녕 오히려 더 많은 의문을 남긴다. 이데올로기가 그렇게 만연해 있다면 우리는 과연 이데올로기의 지배를 피할 수 있을까? 우리를 지탱하고 사회에 발 딛고 서도록 해주는 산소를 보존하면서 동시에 유독한 매연을 제거할 수 있을까? 그리고 이러한 해로운 시스템에서 벗어나는 게 가능하다면 탈출할 수 있는 방법은 과연 무엇일까?

이 모든 복잡하고 불안한 질문의 한가운데에는, 우리가 사물의 '진정한 모습'을 보더라도 그렇게 발견한 세상을 감당할 수 없을지도 모른다는 의심이 자리 잡고 있다. 사물의 표면에서 이데올로기를 걷어내면 견고하고 객관적인 실재가 드러날까? 그러면 어떻게 살아야 할지, 누구를 믿어야 할지 알 수 있을까? 다시 이데올로기에 빠지지 않고 이데올로기와 분리될 수 있을까?

이데올로기의 본성을 탐구할 때 우리는 쉽게 길을 잃곤 한다. 반복되는 회의론에 발을 들인 나머지 현기증이나 지긋지긋하게 초조한 상태에, 또는 이 모든 질문에 답하지 않은 채 '더는 못 해!'라고 선언하고 싶은 욕망에 빠지고 마는 것이다.

19세기와 20세기에 걸쳐 이데올로기에 대해 탐색하며 수많은 질문을 던지는 과정에서 다양한 정의와 이론이 등장했다. 이데올로기 연구는 설익은 경험과학에서 인문학의 영역으로 옮겨졌고, 이데올로기라는 현상은 우리를 인간으로 만드는 것들의 구석구석으로 퍼졌다. 이 얽힌 실타래를 풀기 위해 수많은 사상가들이 평생을 바쳤다. 19세기의 거물급 사상가인 G. W. F. 헤겔G. W. F. Hegel, 프리드리히 니체Friedrich Nietzsche, 지그문트 프로이트Sigmund Freud는 물론 20세기의 아이콘 장 폴 사르트르Jean-Paul Sartre, 알베르 카뮈Albert Camus, W. E. B. 뒤 부아W. E. B. Du Bois, 미셸 푸코Michel Foucault가 그랬다. 이데올로기에 대한 질문은 21세기에 '의식 수준을 높이려는' 의도를 갖고 작업했던 민권 운동가와 페미니스트 사상가들에게 활력을 불어넣었다. 이 가운데는 시몬 드 보부아르Simone de Beauvoir, 프란츠 파농Frantz Fanon, 마틴 루터 킹Martin Luther King Jr, 오드리 로드Audre Lorde가 포함되었다. 내로라하는 가장 유명한 철학자들은 이데올로기의 멱살을 잡고 다음 질문에 대한 답을 끌어내기 위해 씨름했다. 이데올로기, 대체 너의 정체는 뭐야?

문제는 이데올로기의 정의가 비대해진 나머지, 형체를 알아볼 수 없을 만큼 확장되어 경계가 어디까지인지 알아보기도 힘들어졌다는 점이었다. 모든 것이 이데올로기였다. 이데올로기는 지배, 권력, 문화의 개념으로 흘러들었다. 어떤 행동이나 생각, 사회적 관계에 대해서도 그것이 이데올로기 때문이라고 화를 내며 가리킬 수 있었다. 어디든 화살이 꽂힐 수 있는 아주 큰 과녁이었다.

이데올로기와 의식의 연관성

의식consciousness의 개념 역시 이데올로기와 비슷하게 정의가 확장되었다. 사람들은 원래 현상의 겉모습만 남을 때까지 의식의 의미를 반죽처럼 늘리고 마구 주물렀다. 의식에 대한 정의 가운데 일부는 시선을 바깥으로 향하고 외부에서 주어지는 순간순간의 감각과 인상에 주목하는 반면, 다른 정의는 시선을 안쪽으로 돌려 의식이란 시공간을 넘나들며 일관되게 사고하고 존재하는 자신에 대한 인식이라고 파악한다. 이렇듯 스스로에 대한 성찰적인, 거의 도돌이표 같은 공식에서 의식을 지닌다는 것은 단순히 감각하거나 생각하는 것을 넘어 자신이 사물을 감지하거나 어떤 생각을 하고 있음을 인식하는 것이다. 의식은 일종의 자기 성찰을 수반한다.

거의 모든 언어에서 '의식'은 자각, 각성, 감각, 성찰, 심지어 정치적 신념에 이르기까지 다양한 의미를 지니게 되었다. 이렇게 가방이 섞이듯 의미가 뒤섞인 건 언어학적으로 보면 우연이 아니다. 의식을 자신이 관심을 가진 하나의 현상으로 기술한 최초의 철학자는 르네 데카르트와 그 추종자들을 위시한 17세기의 프랑스 철학자들이었다. 이들은 라틴어 단어인 'conscientia'를 빌어서 사용했는데 이 말은 원래 도덕적인 '양심'을 뜻하다가 나중에야 심리적인 의미의 '의식'으로 받아들여지기 시작했다.

하지만 도덕적 인식과 정신적 인식이 서로 차별화되어 구별 가능한 개념이 된 후에도 심리적 의식은 계속해서 논쟁거리가 되었다. 의식은 몇몇 하위 범주로 나뉘었고 그것들은 서로 모순된 정의를 가졌다. 상당수의 사상가들은 애초에 의식이 존재하는지조차 의심했다. 19세기가 끝날 무렵 선구적인 심리학자였던 윌리엄 제임스William James는 우리의 주관적인 삶이 '사고의 흐름stream of thought'으로 이루어져 있다고 주장한 것으로 유명하다. 제임스에 따르면 느낌과 감각의 풍부한 연속으로 구성된 사고의 흐름은 그동안 '의식의 흐름'이라고 잘못 여겨졌다.[17] 그는 단일한 의식을 찾는 게 가능한지, 그것이 처음부터 유용한 개념이었는지 의심의 눈길을 보냈다. 제임스는 이렇게 썼다. "나는 의식이란 용어가 완전히 사라질 위기에 놓였다고 믿는다. 아직도 의식에 집착하는 사람들은 철학의 허공에 떠돌다가 희미한 흔적만 남기고 사라지는 '영혼'의 작은 메아리에 집착하는 셈이다. …… 솔직히 이제 그 용어를 다들 한꺼번에 버릴 때가 온 것처럼 보인다."[18] 제임스에 따르면 '의식'이라는 용어는 영적인 의미가 잠재된 듯한 분위기를 풍겼는데, 이는 우리가 자기 성찰적 느낌에 의지해 있다고 주장하는 것일 뿐 존재한다는 구체적인 증거는 거의 없다. 심리학적 의식의 본질에 대한 이러한 철학적 논쟁은, 자본주의와 종교적 믿음에 의해 사회적 의식이 어떻게 왜곡되는지에 대한 정치적 논쟁과 동시에 이루어졌다.

하지만 곧 모든 것이 우리의 의식이나 무의식, 또는 잠재의식 안에 있다고 여겨지는 때가 왔다. 의식은 쪼개지거나 갈라질 수 있었다. 일찍이 1897년에 하버드대학교에서 윌리엄 제임스에게 철학을 배웠던 학자이자 민권 운동가 W. E. B. 뒤 부아는 '이중의식 double-consciousness'이 아프리카계 미국인의 경험을 전형적으로 보여준다고 주장했다. 뒤 부아는 다음과 같이 썼다. "즐기는 듯한 경멸과 동정심으로 세상을 바라보는 누군가의 영혼을 분석하다 보면, 항상 타인의 눈을 통해 자신의 영혼을 바라보는 독특한 감각인 이중의식이 느껴진다. 자신의 이중성을 느끼는 것이다."[19]

스스로를 자각하거나 깨어나는 것, 떠올리는 것은 이제 수준과 계층의 문제가 되었다. 여기서 우리는 21세기에 쓰이는 '깨어 있다'라는 용어가 이 시기에 이미 출현했다는 사실을 알 수 있다. 정신분석학과 정치적 행동주의는 사람들이 자기 부정에서 벗어나 자신과 주변 환경에 대한 깨달음으로 나아가기 위해 의식을 고양하거나 심지어 그것을 무기로 삼는 방식을 고려하기 시작했다. 의식의 경계는 허물어지고 사람의 몸에서 벗어나 거리로 흘러 나갔다. 모든 것이 항상 모든 곳에 존재했다. 그래서 어쩌면 어디에서도 찾을 수 없을지도 몰랐다.

이런 무수히 많은 정의와 강조점, 모호한 경계 때문에, 이데올로기와 의식 사이의 연관성을 연구하는 가장 확실한 방법은 이데올로기를 측정해야 할 구성물로 여기는 것이다. 측정에 뿌리를 둔 정의는 추상적 이론에 주로 뿌리를 둔 정의에 비하면 타인과 대화를 나눌 가능성이 더 높은 출발점이다. 때때로 각자의 정의를 알아듣게 번역하거나 비교할 수 없다는 점 때문에 영리한 사람들도 서로 대화를 나누지 않고 지나칠 수 있다.

의식을 가진 뇌에 대한 실험 과학이 뜻밖의 구원자로 등장하는 대목이 바로 이 지점이다. 트라시의 희망 섞인 사색으로부터 200년이 지난 지금, 현대 과학은 이데올로기와 의식이 온갖 시시콜콜한 영역으로 무한히 확장되는 위기를 방지한다. 이데올로기와 의식을 인지 현상으로 나타내고 시험하다 보면, 사람들의 감각적 의식과 정치적 의식 사이의 유사점이 어떤 공통점을 갖는지 알아보는 것도 가능해진다. 세계에 대한 사람들의 현상학적 경험이 이데올로기적 신념에 의해 어떻게 채색되어 변하는지도 탐구할 수 있다.

일찍이 트라시는 이데올로기를 과학으로 여겼다. 즉, 잘못된 아이디어를 신뢰할 수 없을 때 무언가를 발견하기 위한 엄격한 방법론의 하나였다. 하지만 이 비전과 심리학적 프로젝트는 기각되었다.

트라시와 이데올로기를 연결하는 탯줄이 끊어진 셈이다. 초창기에 이 개념을 수태하는 데 투자되었던 애정 어린 노력은 중간에 다른 길로 새서 사라졌다. 어머니였던 앙토니 데스튀트 드 트라시 백작은 기억에서 잊혔다. 어머니에게 충분하게 감사를 전하는 일이 드문 만큼 놀랄 일도 아니었다.

이후 전쟁 트라우마를 겪은 포로가 풀려난 것처럼, 이데올로기의 정의는 역사의 파도에 밀려 이리저리 표류하기 시작했다. 여기저기 얻어맞아 멍든 이데올로기는 그 본질 전체가 바뀌었다. 결국 우리는 이데올로기가 어디에서 시작됐고 문화나 비평, 정치는 어디에서 끝났는지 되새길 수 없게 되었다.

하지만 나는 우리를 끈질기게 끌어당기는 근거 없는 믿음의 자력磁力을 물리치려면 경험과학으로 돌아가는 것이 최선이라고 생각한다.

어쩌면 인간의 마음을 다시 한번 들여다보면 이데올로기에 영향을 받는 마음이 하는 일을 밝힐 수 있을 것이다. 인간의 마음이 어떻게 생각하고, 지각하고, 작동하는지를 살펴야 한다. 그러면 이데올로기적 마음이 무엇을 원하고 회피하는지 드러난다. 또 이데올로기적 마음이 무엇을 파괴하고, 또 어떻게 내부에서부터 파괴되는지를 알 수 있다.

마음이 잘못된 믿음으로 향하는 위험한 연결고리를 이해하려면 무엇이 각각의 믿음을 추동하는지 이해해야 한다. 그것들은 어떤 특성을 가지며 무엇에 집착할까? 왜 그렇게 쉽게 서로를 유혹할까? 이런 해로운 연결을 중단시켜야 할까? 이데올로기는 어떻게 해서 빠르게 배우고, 독단적 교리를 사랑하는 우리의 뇌에 침투하며 그 결과 어떤 일이 벌어질까? 이데올로기의 주입 과정을 진정으로 뒤집거나 취소할 수 있을까?

대단하지만 실수를 하기도 쉬운, 배배 꼬이고 이리저리 접힌 우리 인간의 뇌부터 살펴보자.

6

우리의 뇌

우리는 빛과 어둠, 천국과 지옥, 선과 악, 사랑과 증오와 같이 세상을 거칠게 둘로 나누는 방식에 회의적이어야 한다는 말을 듣는다. 하지만 당혹스럽게도 인간의 뇌를 들여다보면 크게 두 가지의 근본 원리로 특징지을 수 있다. 물론 기능과 속성으로 들어가면 두 가지보다는 확실히 많다. 모든 게 둘뿐이었다면 우리는 매우 지루한 종이 되었을 것이다. 그렇지만 인간 행동의 대부분을 크게 두 가지 특성으로 설명할 수 있는 건 사실이다. 이 점은 우리의 뇌가 무엇을 하고 또 어떻게 길을 잃을 수 있는지 파악하는 데 참고가 된다.

인간의 뇌가 가진 첫 번째 원리는 예측하는 기관이라는 것이다. 사람의 뇌는 환경으로부터 하나와 다른 하나를 잇는 연관성을 학습한 뒤 다음 사건을 상상하고자 애쓴다. 야심 찬 일기 예보관처럼 뇌는 과거의 패턴을 파악하고 미래를 예견하고자 한다. 뇌는 끊임 없이 세상을 이해하려고 노력하며, 세상 밖에 무엇이 있으며 곧 일 어날 일이 무엇인지를 정확하게 알아내고자 한다. 여행 가방을 떨 어뜨리거나 바나나 껍질을 밟았을 때 일어나는 일과 같이, 뇌는 수 십억 개의 미묘한 연결과 우연한 사건을 인식해 세계에 대한 모형 을 우리 내부에 구축한다. 물리학에 대한 직관적인 이해가 이 세계 모형을 통제하고 조절한다. 중력이 존재하니 여행 가방은 바닥에 떨어진다는 사실을 알 수 있고, 바나나 껍질은 단단하지 않고 흐물 거리기 때문에 밟으면 완전히 으깨져서 누군가 그 혼란을 정리해 야 한다. 인과관계의 연쇄적 사슬은 우리 주변 세계에 대한 내부적 인 표상으로 통합된다. 그에 따라 우리는 무엇을(또는 누구를) 따라 가고 무엇을(또는 누구를) 피해야 하는지에 대한 지침을 얻는다.

인간의 뇌는 예측을 좋아한다

지금으로부터 거의 3세기 전, 스코틀랜드의 계몽주의 철학자 데 이비드 흄David Hume은 원인과 결과를 감지하고 연관 지음에 따라 인간의 행동이 어떻게 유도되는지 관찰했다. 1748년에 흄은 자신 이 다소 편견에 의거해 "우리 가운데 가장 무지하다"고 여긴 부류 의 사람들, 즉 "어린아이나 멍청한 농부, 거친 짐승 같은 이들"조 차도 "자연에서 나타나는 원인과 결과를 관찰해서 경험을 통해 더 나아지고 자연 속 대상이 갖는 특징을 배울 수 있다"고 적었다. 또 이들은 "아이가 촛불의 불꽃에 손이 닿으면 뜨거워서 다시는 촛불에 손을 대지 않으려고 주의하게 되며, 유사한 특성과 외관이 감지되는 사물에 대해서도 비슷하게 원인과 결과를 예측하기에 이른다"라고 주장했다.

촛불에 데었는데도 조심하지 않고 다시 불꽃에 손을 뻗는 건 어리석은 사람이거나 까불어대는 청소년들뿐이다.

아기는 숱한 경험을 통해 세상에 대한 감각을 발달시키고, 사건이나 행동이 가져오는 영향에 대한 암묵적인 기대와 예측을 형성한다. 발달심리학자는 아기의 기대에 반하는 실험을 시행해 아이의 능력이 얼마나 나아졌는지 테스트할 수 있다. 누군가 어떤 물체를 쥐었다가 놓았는데 물체가 아래로 떨어지는 대신 마치 마법처럼 위나 옆쪽으로 날아가는 모습을 연출한다. 물체는 아래로 떨어지곤 한다는 사실을 전에 배웠던 아기라면, 물체가 위로 떠오르는 모습을 보고 깜짝 놀랄 것이다. 직관적 예측이 깨졌기 때문이다. 그 결과 아기는 일상에서 볼 수 있는 움직임보다 특이하거나 물리법칙을 거스르는 사건을 보다 오래 지켜보는 경향을 보인다. 아기의 뇌는 새로 관찰한 것을 세상에 대한 자신의 기대와 조화시키고자 열심히 애쓸 것이다. 어린아이들이 간단한 마술에 매료되는 것도 부분적으로 이런 이유에서다. 이 작은 과학자들은 들어오는 데이터에 의해 가설이 확인되면 안심하고, 반면에 예측이 실패하면 흥미나 경각심을 느낀다. 이런 식으로 아이들은 자연스럽게 세상에 대한 가설을 형성한다.

반복되는 경험만으로 뇌는 무엇이 물리적으로 가능하며 무엇이 불가능한지를 배운다. 그리고 세상을 목격하며 관찰하고, 세상 속에서 행동하며 세상의 속임수나 숨겨진 여러 관계에 대한 이론을 세운다. 마찬가지로 뇌는 사회적 상호작용에 관한 엄청난 수량의 패턴을 처리해 의사소통의 규칙을 학습한다. 이렇게 하면 무엇이 사회적으로 가능하고 또 무엇이 불가능한지 예측할 수 있다. 뇌는 주어진 시나리오에서 어떤 일이 일어날지 예견한다. 물리적으로 바나나를 밟으면 불쾌한 으깨짐이 이어질 것이라 예측할 수 있다. 그뿐만 아니라 우리는 그렇게 엉망진창이 된 현장을 치우지 않고 내빼듯 도망가면 사람들이 눈살을 찌푸릴 테고 처벌을 받을 수도 있다고 예상한다. 물론 예측이 틀릴 가능성도 있다. **어쩌면 누군가는 못마땅하게 여기는 대신 우리가 처한 곤경에 공감할지도 모른다.** 하지만 그럼에도 뇌는 끊임없이 이론을 세우고 예측한다.

물리학을 배우고 사회적 관계를 깨우칠 무렵, 우리는 권력관계와 더불어 우리 행위 능력의 한계에 관해서도 배운다. 어린아이들의 경우 물체를 바닥에 떨어뜨리면 보통 옆에 있는 누군가가 그 물체를 집어 들어 손에 쥐어 준다. 중력은 유아의 욕망에 굴복하는 것처럼 보인다. 그렇기에 아이들은 누군가 자신의 실수를 만회하거나 몸을 구부려 소중한 물건을 돌려줄 것이라는 왜곡된 기대와 예측을 하며, 그것이 사실이 아니라는 걸 배우는 데 오랜 세월이 걸린다. 많은 사람들이 이렇게 무력한 척을 하면 옆에서 누군가 도와주는 일종의 게임을 어른이 되어서도 계속 즐기며 자기에게 그럴 자격이 있다고 여긴다. 주변 사람들만 허리가 아프다고 고통을 호소할 뿐이다. 우리가 타인 또는 자기 자신에 대해 생성하는 기대치는 진공상태에서 발생하지 않는다. 우리는 자신의 행동이 세상에 불러일으키는 반응에 따라 예측한다.

그러니 인간 뇌가 갖는 기본적인 원리가 있다면 무엇을 만들어내고 창의적인 예측을 한다는 것이다. 뇌는 패턴을 쉽고 빠르게 감지하며 그렇게 얻은 인상을 직관적으로 다음 사건을 추정하는 데 사용한다. 인간의 마음은 사물의 빈 틈새를 메워 일관성과 의미를 찾으며, 어디에서나 내러티브를 발견한다. 때로는 내러티브가 존재하지 않는 곳에서 그것을 찾아내기도 한다.

중요한 사실은 뇌가 환상이나 잘못된 계산에 기초한 가상세계 모델에 만족하지 않는다는 것이다. 실재를 정신 속에서 재현하고자 할 때 뇌는 최대한 정확도를 극대화하고 오류를 최소화하려 한다.

뇌는 진실을 갈망하며 일반적으로 진실만을 추구하곤 한다.

그렇다면 뇌가 그토록 정확성을 고집하는 이유가 무엇일까? 잘못된 예측을 하면 뭐가 그렇게 나쁠까?

혼돈에서 일관성 구축하기

영화 속 주인공 인디아나 존스처럼 인간의 마음은 교수이자 탐험가이다. 이론과 실용을 겸비했다. 뇌는 단순히 편안한 안락의자나 외떨어진 상아탑에 들어있어 가설을 뽑아내는 학구적인 산물이 아니다. 뇌는 실제 현장에 있고 끊임없이 행동에 대비한다. 뇌는 위험과 장애물을 기민하게 알아차리고, 주변 환경에 움직여 반응하도록 진화했다. 모든 관찰은 기회를 제공하며 행동을 유도하는 원천이다.

뇌는 기본적으로 행동을 위해 설계되었기에 정확성뿐만 아니라 속도를 추구하도록 맞춰져 있다. 빠르고 효율적으로 주변에 대응하고자 뇌는 과거의 경험을 바탕으로 행동에 대한 규칙을 추출한다. 그리고 간단하며 세부에 집착하지 않는 단순한 지침과 공식을 찾는다. 열심히 발견하고 계산해야 하는 숨겨진 연결고리나 복잡한 상관관계 없이 쉽게 따라갈 수 있는 체험적 발견법을 원한다. 기존의 잘 알려진 규칙을 따르는 것이 우연의 결과물을 처음부터 매번 파악하는 것보다 더 효율적이다. 예컨대 회색 구름은 곧 다가올 비를 알리는 신호이고, 화해를 한 뒤에는 서로 포옹하기를 기다린다. 선택의 교차로에 도달할 때마다 애매한 뉘앙스와 끝도 없이 이어지는 가능성을 하나하나 신경 쓰기란 몹시 피곤하다.

우리의 신체적, 사회적 삶을 뒷받침하는 규칙을 파악하면 뇌가 행동을 미세하게 조정하고 주변 환경을 통제하는 데 도움이 된다. 결국 지식은 숙달이며 숙달이 곧 힘이다. 세계와 그 안의 세세한 특수성을 정확하게 모델링하는 것은 세상을 성공적으로 살아가는 탁월한 전략이다. 이 전략은 다차원의 입체적 환경에서 자기 조절과 생존이라는 근본 과제를 완수하는 데 필요하다.

어떤 사람은 뇌가 지닌 예측 기술의 자동성, 정밀성, 강도를 인상적으로 표현하고자 뇌를 '예측 기계'라는 애칭으로 부른다. 하지만 다행인지 불행인지, 기계의 본터와 인간의 마음 사이에는 많은 차이가 있다. 기계가 도구, 톱니바퀴, 못 같은 무생물 또는 0과 1로 이루어졌다면 인간의 마음은 유기적으로 살아 있다. 뇌는 우리 머릿속 스펀지 같은 조직 안에서 복잡하고 계층적으로 배열된 수많은 세포로 이뤄졌으며, 이 세포들은 우리 몸의 나머지와 우아하고 풍부하게 엮여 있다. 또 세포를 이루는 물질로 구성된 '생물학적 엔진'인 뇌는 전기로 움직이는 아날로그 엔진에 비해 무작위성과 소음, 확률적 우연성이 크다. 세포 간의 상호작용은 언제나 같은 답을 내는 수학 계산에 비해 또렷하지 않고 불확실하다. 계산기라면 언제나 '5+4=9'라는 계산을 정확하게 해낼 것이다. 하지만 손가락으로 꼽아 계산하는 성인은 때때로 실수를 저질러 '8' 또는 '11'이라 답한다. 게다가 생물학은 순수 수학보다도 더 오류가 많다. 그래서 우리의 뇌는 요행과 기발한 결과물로 가득하다.

그럼에도 인간의 뇌는 이런 온갖 독특한 특성과 패턴화된 실수로 인한 인간적인 별난 점들 때문에 오히려 매우 강력해진다. 컴퓨터 과학자들은 오늘날의 기계가 단순해 보이는 작업이나 게임에서 인간과 경쟁하도록 훈련할 수 있는데, 이러한 계산을 하는 데 필요한 힘이 아주 커서 모델을 실행하려면 비용이 엄청나게 들 뿐 아니라 환경에도 해롭다. 엄청난 양의 전력이 필요하다는 점은 하나의 뇌가 아무렇지도 않게 간단히 하는 일을 실제로 재현하고 모방하기가 매우 어렵다는 것을 보여준다. 뇌가 혼돈에서 일관성을 구축하고 사건을 여러 겹의 이야기로 연결하여 예측 및 해석하는 능력을 시뮬레이션하는 작업은 이제 수십억 달러 규모의 산업이 되었다. 학습하기, 일반화하기, 인과관계가 반영된 내러티브를 정확도 높게 창작하기 같은 인간의 능력을 담아낼 복잡한 알고리즘을 설계하기 위한 경쟁은 이미 시작됐다. 지금 당장은 인간과 인공지능의 격차가 꽤 커서, 인터넷에서 다리나 신호등 따위의 조잡한 이미지를 제대로 고르기만 해도 우리가 인간이라는 신호를 보낼 수 있다.

뇌는 자신을 포함한 세계와 그 안의 거주민을 능동적이고 역동적으로 예측하는 중이다. 우리는 세상에서 일어날 수 있는 사건들의 확률을 매핑하고 온갖 확증과 반증을 거쳐 예측을 업데이트해 머릿속에 실재의 복제물을 구축한다. 세계가 어떤 모습이고 앞으로 어떻게 될 것인지에 대한 이러한 표상을 통해 우리는 평화롭고 희망적으로, 스스로에게 이득이 되도록 삶의 방향을 찾을 수 있다.

하지만 이야기는 여기서 끝나지 않는다. 뇌에는 또 하나의 특징이 있는데 이 특징은 예측 능력과 결합할 경우 우리 안의 가장 좋은 것과 가장 나쁜 것을 모두 끌어낸다. 이는 가장 부드러운 입맞춤과 가장 무자비한 전쟁의 근원이 되는 양날의 검이다.

관심받고 싶어 하는 뇌

뇌가 근본적으로 외부와 소통할 수 있다는 것이 이 두 번째 원리다. 사회생활에 참여하는 것이 생존과 재생산에 필수이기에 뇌는 타인의 관심을 원한다. 그리고 상호주의를 비롯해 서로를 인정하고 연결되는 흐름이 파도처럼 계속 이어지기를 갈망한다.

많은 동물들이 그렇듯 인간의 뇌도 관계를 지향한다. 개는 처음에 의심하며 쿵쿵 냄새를 맡다가도 나중에는 어울려 논다. 인간이 서로의 첫인상을 정립한 뒤에 나중에 그것을 두고 웃는 것처럼 말이다. 고래가 폭풍우가 몰아치는 바다 아래에서 서로에게 노래를 부르듯, 우리 인간은 자장가를 불러 상대를 진정시키거나 멀리서 휘파람을 불어 시선을 끈다. 젖은 수련 잎 위에 모여 앉은 반짝이는 개구리 한 쌍은 공원 벤치에 앉아 휴식을 취하는 두 노인을 연상시킨다. 수많은 동물이 시각이나 청각 신호를 활용해 짝을 유혹하고 자신의 성적 능력을 드러내거나 친척 관계임을 알린다. 동물들은 몸단장하고 달래며, 넘어지고, 놀고, 원을 그리며 달린다. 심지어 투우사나 체육관의 우락부락한 남성처럼 춤을 추거나 공연하고, 포즈를 취하기도 한다. 우리들처럼 동물들 역시 끊임없이 소통하며 자신의 존재와 능력, 필요로 하는 바를 알리고 있다.

동물과 인간은 모두 고통에 처했을 때 서로를 위로하고 어루만지며 포용한다. 우는 부모를 위로하는 어린아이라든가 땅에 떨어져 아파하는 기수에게 코를 가져다 대고자 몸을 구부리는 말의 사진이나 동영상을 보면 우리는 감탄한다. 어린아이가 어른처럼 누군가를 돌보거나 동물이 사람처럼 행동하는 듯한 모습을 보면 우리는 매료되고 감동을 받곤 한다.

하지만 이렇게 동물에게서 사람의 모습이 겹쳐 보이는 사례의 일부는 피상적이거나 우연이다. 개구리가 과연 수련 잎을 나눠 쓰거나 서로를 신경 쓰는 것을 즐길지는 확실하지 않다. (물론 여러 연구에 따르면 수컷 개구리가 암컷 짝을 유혹하고자 우는 것은[2] 경쟁자가 존재하는지의 여부에 달려 있는 만큼, 개구리는 실제로 상대방에게 신경을 쓰고 있을지도 모른다.) 한편, 인간과 비인간 동물이 보이는 의사소통 방식이 갖는 공통점 가운데는 보다 깊은 구조적 유사성에 기인하는 것들도 있다. 이렇듯 깊거나 얕은 이러한 공통점은 다른 존재와 교감하고 관계를 맺으려는 충동을 드러낸다. 여기에 대해 1937년에 철학자 마르틴 부버Martin Buber는 저서 《나와 너》에서 다음과 같이 시적으로 표현했다. "진정으로 살아간다는 건 무언가와 만나는 것이다.[3] 누군가와 나누고 공유하지 않는다면 거기에는 현실이 없다."[4]

의사소통을 뜻하는 단어 'communicate'는 '공유하다'라는 뜻을 지닌 라틴어 동사에서 유래했다. 우리가 말하거나 몸짓을 취하거나 들을 때, 우리는 주의 집중을 나누는 행위를 한다. 예컨대 우리는 악수를 하거나 주먹과 팔꿈치를 부딪치고, 동시에 고개를 숙여 절을 하거나 코와 코, 뺨과 뺨을 맞대 얼굴을 가까이 느끼며 인사한다. 우리는 신뢰할 수 있는 친구들에게 마음을 열고 교류를 시작하면서 신체적, 정서적으로 취약해진다.

인간은 누구와 어떻게 대화를 시작해야 하는지 드러내고자 의식을 발전시켰다. 사회적 의식은 우리가 서로 교감할 것을 요구하기에 서로 신뢰를 쌓도록 한다. 충성 맹세, 스카우트의 경례, 사랑스럽게 노래하는 국가, 신성한 상징이나 토템, 피어싱 같은 일상적인 장식물이 그렇다. 효과적으로 소통하는 신뢰의 신호가 되려면 의식은 전염성이 있고 배타적이어야 한다. 우리는 시각적, 음악적, 언어적, 촉각적으로 고유한 특징을 통해 '이게 바로 그 누구도 아닌 나다! 이게 바로 우리다!'라고 외치는 신호를 만든다. 비밀 암호와 마찬가지로 의식은 서로가 공유하는 고유한 정체성을 뜻한다. 내가 당신과 같이 행동하니 나는 당신을 좋아하는 셈이고, 따라서 어쩌면 내가 당신을 우리 안으로 초대할지도 모른다. 의식은 동기화synchrony를 촉진한다. 의식은 우리가 단결해서 똑같이 움직이도록 강요하고, 우리의 생각과 감정을 조율하며, 우리가 공유하는 현실의 기초를 이루는 자연스럽고 관용적인 만트라mantra를 반복하도록 한다. 함께 노래하고 리듬에 맞춰 행진하거나 춤을 추고, 몸을 흔들고, 기도하거나 주문을 외고, 같이 숨을 내쉴 때 우리 사이의 경계가 흐려진다. 모임이나 사회운동에 참여한 후 "내가 나보다 더 큰 존재의 일부가 된 느낌을 받았다"라고 술회하는 사람들이 많다. 이들은 신체의 경계가 녹고 구멍이 뚫리듯 외부의 것이 쏟아져 들어오던 기억을 떠올리며 눈을 반짝인다. 타인과 함께하면 개인은 더 크고, 힘이 세며, 더 나은 존재가 될 수도 있다.

사회학자 에밀 뒤르켐Émile Durkheim은 1912년, 사람들이 집단을 이뤄 소통하는 활기찬 분위기와 그때 주고받는 정서적 에너지를 가리켜 '집합적 열광collective effervescence'이라고 불렀다.[5] 가수에게 큰 박수를 보내 앙코르를 청하는 시끌벅적하고 흥에 겨운 분위기를 좋아하지 않는 사람이 얼마나 될까? 한 곡 더! 한 곡 더! 우리는 공동의 목적과 사명으로 하나가 된다. 우리의 움직임은 거울처럼 반사되어 서로를 삼키며 더욱 커진다. 자신감을 얻은 우리는 새로운 종류의 기쁨이나 열정, 평화를 전해 받은 것처럼 더욱 대담하게 행진하고, 더 큰 소리로 노래하고, 더 열정적으로 춤을 춘다. 우리의 욕망은 합쳐져 더 거대해지며, 그 결과 발생하는 물결은 부분의 합보다 강하다.

연대는 전염성이 있다. 우리의 사회적 뇌는 이야기의 일부, 집단의 일부가 되는 기분을 느끼고 싶어 한다. 마음은 소통할 때 두개골과 피부의 물리적 경계를 뛰어넘는다. 그러면 아무도 혼자가 아니고, 모두가 서로를 이해할 수 있다. 모든 것이 공유된다.

인간의 뇌가 지닌 소통 능력은 어딘가에 관여하고 돌보려는 마음으로 절정에 달한다. 마치 집처럼 편안함을 느끼고, 소속감을 느끼려는 마음이다. 이 삶에 값진 의미가 있다는 느낌이야말로 우리에게 중요하다.

다시 말하면 뇌를 위해 우리는 반드시 중요한 존재여야 하고, 우리의 주관성도 인정받아야 한다. 그렇지 않으면 우리가 만든 세계의 모델, 즉 우리가 행동하고, 예측하고, 설명하고, 기대를 수정하고 불만을 전달하고, 서로 이야기를 나누며 정체성을 쌓아 올리고,

복잡하고 때로는 불편한 사회생활을 꾸역꾸역 해나가는 터전인 그 모델은, 이 모든 예측 및 소통에 따르는 고역과 더불어 헛수고가 되고 말 것이다. 가치와 의미를 얻는 대가인 온갖 심리적 부담을 감당하려면 우리는 중요한 존재여야 한다. 뇌가 살아가는 의미가 있어야 하기 때문이다.

뇌는 사회생활을 이해하고 거기에 참여하는 데 드는 에너지를 보상받고자 이해와 인정을 바란다. 뇌는 조사하고 분석하는 대가로 자기도 부드럽고 친절하게 분석을 받고 싶어 한다. 소크라테스가 말했듯이 "음미하지 않는 인생은 살 가치가 없다."[6] 무뚝뚝한 알제리계 프랑스 철학자 알베르 카뮈 또한 "진정으로 심각한 철학적 문제가 하나 있다면 다름 아닌 자살이다"라는 유명한 말을 남긴 바 있다.[7]

그렇기에 죽지 않고, 죽이지 않고, 죽임당하지 않고, 자살하지 않으려면 뇌가 세상에 관심을 가질 때 그 뇌 역시 세상의 관심을 받고 있다는 느낌이 수반되어야 한다. 우리는 세상의 작동 방식을 이해하고 있다는 감각이 필요하고, 현실에 대한 신뢰할 만한 표상이 있어야 하며 다른 사람들도 그것을 이해하고 있음을 느껴야 한다. 그래서 우리에게는 의사소통이 필요하다.

실존은 우리의 행동 뒤에 잔물결이 일듯 반응이 뒤따른다고 가르친다. 우리는 말할 때 귀를 기울이며, 무언가를 받을 때 보답하고, 무언가를 물을 때 대답을 기대하는 법을 배운다.

이데올로기는 예측과 의사소통 문제에 대해 뇌가 내놓은 군침

도는 해답이다. 이데올로기는 우리의 질문, 우리가 따를 대본, 우리가 속할 집단이 무엇인지에 대한 손쉬운 해결책을 제공한다. 생각과 행동을 안내하는 이데올로기는 세상을 이해하고, 다시 나자신도 이해받고자 하는 우리의 열망을 충족해주는 빠른 지름길이다.

하지만 지름길이라 여겼던 숱한 길은 뜻하지 않게 더 먼 길로 우리를 이끌곤 했다. 해결책은 대부분 새로운 문제점을 수반한다. 쉬운 해결책이란 거의 존재하지 않는다. 이러한 난제를 알고 있던 고대 그리스인들은 약학을 뜻하는 단어 'pharmacy'의 어원인 'pharmakon(파르마콘)'을 치료제이자 독약이라는 의미로 사용했다. 다시 말해 의술은 병을 고치기도 하고 해를 입히기도 한다. 모든 약물은 때로는 치료제로, 때로는 독소로 작용한다. 그 두 가지 작용이 동시에 일어나며 고통스러운 부작용과 구토 반응을 유발하는 경우도 많다.

아마도 이데올로기는 정교한 파르마콘일지도 모른다. 뇌가 겪는 예측과 의사소통이라는 문제를 해결할 뿐 아니라, 원래 상태보다 더 심각한 새로운 합병증을 일으킬 가능성도 있기 때문이다.

의사의 엄격함과 예비 환자가 가진 희망과 불안은 이데올로기에 똑같이 적용된다. 우리는 이데올로기가, 우리가 우리 자신과 주변 환경에 대해 기술하는 다른 이야기들과 어떻게 다른지 질문을 던질 수 있다. 그리고 이데올로기의 효과를 분석하려면 이데올로기적 사고가 그동안 거쳐온 모든 달콤하고 쓸쓸한 영광을 정면으

로 마주해야 한다. 또 뇌의 딜레마에 대한 해독제로 여겨졌던 것이
어떻게 비극적인 실패를 초래했는지도 탐구해야 한다.

7

이데올로기적 사고

이데올로기적 교리의 내부보다 깔끔하고 질서정연한 곳은 없을 것이다. '이데올로기적'이라는 단어 안에 '논리적'이라는 의미가 들어앉아 있는 것은 역사적 우연일지도 모른다. 하지만 그 효과는 엄청났다. 이데올로기적 사고는 이름에 충실하다. 그것은 초-논리적이고 강력하게 논리적이어서 매우 흥미롭고 또 동시에 위험하다. 사람을 이데올로기적 사고로 이끄는 것은 비이성이 아니라 완벽하고 실패할 염려가 없는 논리를 갖고자 하는 열망이다. 여기에 대해 한나 아렌트는 다음과 같이 올바르게 관찰했다. "이데올로기적 사고는 공리적으로 인정되는 전제에서 출발해 다른 모든 것을 추론하는 완벽한 논리에 따라 사실을 내놓도록 지시한다. 다시 말해 그것은 실제 현실의 영역 그 어디에도 존재하지 않는 일관성을 지닌 채 나아간다."[1]

모든 것을 아우르는 전제는 자신이 모든 것을 설명할 수 있다고 주장한다. 모든 것을 예측하고 설명하는 만물의 이론이라는 것이다. 그것은 과거, 현재, 미래를 비롯해 우리가 가진 기존의 조건과 곧 닥칠 전망, 불안과 좌절의 연원에 대해 답한다. 또 우리가 어떻게 행동해야 하며 누구와 상호작용해서는 안 되는지 지시하고, 인류가 그동안 고군분투해온 이유와 이 투쟁을 멈출 방법을 알려준다. 누가 비난받을 만하고 누가 칭찬받을 만한가? 이 모든 '어떻게'와 '왜', '누구'로 시작하는 질문에 대해 이데올로기적 사고는 단호하게 대답한다.

삶이란 이미 결정된 것이다. 여기서 '결정'은 우리에게 발견되었다는 뜻이다. 과거와 미래의 진리, 도덕적 선으로 가는 길은 논리적 추론 또는 신비로운 발견의 산물이다. 이렇듯 삶은 결정되었기에 이미 정해져 있다. 개인은 인생에서 다른 길을 택할 수 없으며, 그렇게 될 운명이거나 그렇게 되지 않을 운명이다. 개인은 또한 특정한 방식으로 우주에 딱 들어맞으며, 이 운명을 거부하거나 피할 수 없다. 운명을 회피하다가는 최소한 벌을 받게 될 것이다.

성별, 지리, 인종, 계급, 카스트에 뿌리를 둔 오래된 권력 위계를 보존하거나 복원하려는 퇴행적 이데올로기는 폭력이나 물질적 박탈(이 또한 다른 종류의 폭력이다)로 추종자들을 위협하고 통제한다. 진보적 이데올로기는 이보다 더 간접적이고 완곡하게 비판자들을 타격하는 경우가 많다. 진보적 이데올로기에서도 그것이 설파하는 유토피아의 불가피성을 거부하고 항상 도덕적으로 일관되게 행동하지 않는 사람은 오명을 뒤집어쓰고 손가락질을 당해도 싸다고 간주된다. 잘못된 집단과 손을 잡거나 잘못된 생산물을 소비하는 등 일관성 없이 행동하는 것은 돌이킬 수 없는 오점이다. 퇴행적이든 진보적이든, 이데올로기는 선과 악의 이분법에 사람들을 몰아넣으며 그 사이나 그 너머에는 아무것도 없는 것처럼 간주한다.

이데올로기적으로 사고하는 것은 도덕이 변하거나 움직이지 않는다고 여기는 것과 같다. 변화 가능성은 곧 의심스러운 무언가로 여겨진다. 사람들은 진정으로 변하지 않으며 오직 바보들만 미리 결정된 것을 부정한다고 가정한다.

우리는 그 안에 몸을 담근다

이렇듯 모든 이데올로기는 필연성에 관한 이야기다. 그런데 그 역逆도 사실일까? 필연성에 관한 이야기 역시 모두 이데올로기일까? 공식적인 이름표가 붙지 않았더라도 모든 종류의 인과적, 도덕적 필연성에 대한 이론은 일종의 결정론일 것이다. 과학에서는 전문가가 불확실성의 범위를 상정하지 않은 채 예측하면, 그것은 확률을 추정하는 게 아니라 예언에 가까워진다. 예컨대 가족이 그렇다. 가족이라는 신성한 실체 안에서는 아무리 장애물이나 잘못된 뒤틀림이 생기더라도 부부는 함께 그것을 해결해야 한다고 믿는다. 또 부모가 자녀를 반복해서 잔인하게 학대하더라도 핏줄인

이상 자녀는 그 부모를 따라야 한다는 주장도 있다. 이럴 때 불가 피성이 적용된다. 비단 이뿐 아니다. 사회생활에서 어떤 사람이 의무 때문에, 또는 불편함을 무릅쓰고 반드시 특정한 방식을 따라야 한다는 기대 때문에 감옥에 갇혔다는 느낌을 받을 때, 여기에는 경직성이 존재한다. 이 때문에 미래는 쪼그라들고 대안적 가능성은 봉쇄된다. 또 상황이 바뀌거나 달라질 수 있다는 사실도 부정된다.

여기에는 독단의 가능성이 잠재된 결정론만 있을 뿐이다. 이것은 곧 독단적 교리의 수순을 밟는다.

《전체주의의 기원》에서 한나 아렌트는 전체주의 정권이 가진 지나치게 일관되고 경쟁적인 사고를 파헤친다. 나치의 전체주의는 인종 간의 싸움으로, 스탈린의 전체주의는 경제적 계층 간의 싸움으로 비화하며 삶에 집착했다. 대부분의 이데올로기는 국가, 경제 계급, 성별, 인종, 자연과 인류, 신과 세속적인 변절자 간의 싸움이 사람들의 삶을 지배한다는 설명을 전제로 한다. 이런 이데올로기적인 전제를 그 논리적 결론까지 따라가면 신념, 도덕규범, 규약으로 이뤄진 전체 시스템을 구축할 수 있다.

이데올로기가 지닌 전제는 의심이나 주저 없이 세계의 현 상태를 설명하고 어떤 행동을 취해야 그 세계의 더 나은 버전으로 나아갈 수 있을지 처방한다. 이상적인 세상, 즉 유토피아는 현재의 상태에 대응하기 위한 수단이다. 현재가 끔찍한 디스토피아거나, 다가오는 위협으로부터 보존되고 보호되어야 할 최적의 상태로 묘사되기 때문이다. 이런 설명은 이데올로기를 위한 것이다. 이데올로기의 추론은 승리와 희생 사이에서 진동하듯 왔다 갔다 하며, 그중 어느 것이 개인의 헌신과 행동을 보다 효과적으로 자극하는지에 따라 방향이 바뀐다.

사람들의 삶이 집단 간의 싸움이라고 여기는 게 이데올로기의 전제라면, 모든 것은 희소한 자원을 얻기 위한 실존적 투쟁이자 지배력과 자기결정권을 위한 투쟁으로 인식된다. 이것은 제로섬 게임이다. 승리로 이어지는 모든 행동은 합법적으로 용인된다. 이것은 사람들이 열광적으로 옹호하는 이데올로기의 가장 매력적인 특징이다. 유토피아에 도달하기 위해서라면 뭐든 허용된다. 누군가 국경을 사이에 두고 양쪽에 거주하는 사람들에게 둘 사이에 뛰어넘을 수 없는 차이가 있다는 민족주의적 교리를 내면화했다면, 국가를 위협하는 잠재 요인이 생겼을 때 두 집단은 무고한 상대 민간인을 살해해도 괜찮다고 주장할 것이다. 또 생태계 붕괴를 막는 것이 유일한 실존적 관심사인 사람은 환경을 위해 싸우는 것이 극단적이거나 불필요한 희생이라고 여기지 않는다. 기후 재앙이 일으키는 혼란에 대해 사람들의 관심을 유도하다 보면 무고한 생명이 위험에 처할 수도 있지만 말이다. 이데올로기적인 전제는 어째서 행동이 필요한지 설명하고 그에 따르는 불쾌한 결과를 변명한다. 긴급한 논리에 따르다 보면 승리로 이어지는 모든 행동이 용인된다. 가장 급진적인 전제가 정당화될 때 이데올로기의 실천은 극단으로 치닫기 시작한다.

물론 그렇다고 해서 모순이 이데올로기적으로 생각하는 사람의 머릿속을 괴롭히지 않는 건 아니다. 그들은 분명 괴로워한다! 현실에 대한 설명을 단순화하다 보면 모순이 가득 넘친다. 이데올로기에 매몰된 사람들은 반대 증거의 중요성을 가볍게 여기고 그것을 골라내 몰아내려 한다. 하지만 그렇게 한다고 해서 그 반박 증거가 머릿속에서 완전히 튕겨 나가는 것은 아니다. 그들은 실제로 반박 증거를 마주했을 때 냉정하게 무관심한 태도를 보이는 경우가 거의 없다. 보통은 짜증을 내며 성가시게 여긴다. 이들이 이런 증거를 귀찮아하는 것은 불협화음에 대처하는 과정 중 하나다. 예측하는 뇌가 진실을 추구하고 추적하는 경향을 억누르기 위해서는 인지적 노력이 필요하기 때문이다. 예측은 인간의 인식과 해석을 특정 방향으로 구조화하지만, 그럼에도 뇌는 여전히 반대 증거를 수집하고 기억할 수 있다. 암암리에 기록된 모순과 비일관성은 눈에 띄지 않는 구석에서 인내심을 갖고 조용히 기다린다. 그러다 실존적, 정치적, 가족적, 재정적인 위기의 순간에 이런 모순이 표면으로 떠올라 믿음이 흔들리거나 조정이 일어나기도 한다. 그때까지 이데올로기 추종자는 모든 영역에 걸쳐 반대 증거를 골라내 보이지 않는 곳으로 치우려 든다.

스탈린의 말을 빌리자면, 전체주의 지도자들은 이데올로기의 수사학을 지배하는 '거부할 수 없는 논리적 힘'을 정확하게 인식하고 있었다.[2] 그 힘은 "강력한 촉수처럼 사방에서 당신을 사로잡고, 여기에 붙잡힌 당신은 도저히 자기 자신을 떼어낼 수 없다." 매끄럽고 끈적이는 촉수는 우리를 단단히 껴안아 안쪽으로 끌어들인다. 우리도 촉수를 부둥켜안으며 열심히 매달린다. 이런 포옹은 우리를 위로한다. 우리는 저항하고 싶지 않다. 우리를 사로잡은 건 이성의 힘이고 그 힘에 자기 자신을 밀어붙인다. 우리는 그 안에 몸을 담근다.

독단주의와 지적 겸손

이데올로기적 내러티브가 하는 두 가지 일인 예측과 의사소통은 뇌가 하고자 하는 작업이기도 하다. 뇌는 확실성을 추구하기에 세상 만물에 관한 체계적인 이론이 멋지다고 여긴다. 또 뇌는 공동체를 사랑하기에 세계에 관한 이론 중에서도 사람들이 공유하는 이론을 환상적이라고 느낀다. 이데올로기의 내부 구조를 살펴보면, 인간의 인지능력과 이데올로기는 서로 유사한 속성들을 지닌다는 사실을 알게 된다. 이데올로기에는 **경직된 교리**와 **경직된 정체성**이라는 두 가지 본질적 특성이 있는 것처럼 보인다.

먼저 모든 이데올로기는 현존하는 사회적, 실존적 조건에 대한 단 하나의 진정한 설명과 여기에 상응하는 해결책을 모종의 경직된 교리로 받아들인다. 이데올로기는 세계에 대한 절대주의적 설명과 함께, 우리가 타인과 함께 사고하고 행동하며 상호작용하는 방법에 대한 처방을 제공한다. 이런 교리는 인간의 삶을 선과 악, 진실과 거짓, 옳고 그름이라는 고정된 도덕적 범주로 조직화한다.

이 교리는 처방과 금지, 처벌과 보상을 합리화한다. 완벽한 논리적 체계성 덕분에 교리는 의심의 여지가 없는 것으로 간주된다. 여기에 대해 문화이론가 테리 이글턴Terry Eagleton은 이렇게 말했다. "이데올로기는 봉인된 우주와 같다. 질서 있는 우주처럼 기다란 호를 그리며 출발점으로 되돌아오고 자기가 아닌 외부나 대안을 인정하지 않는다."[3] 이데올로기적 신조와 방침은 증거나 심문을 거부한다. 반대 증거의 신빙성에 의문을 제기하거나 그 결론이 터무니없고 모욕적이라고 여겨 아예 말도 안 된다고 간주한다. 나는 이것을 이데올로기의 **교리적 차원**이라고 부른다. 이데올로기 신봉자의 사고와 행동, 유토피아적 희망, 재앙에 대한 상상 등에 지침을 제공하며 올바른 증거를 거부하는 절대주의적 설명 및 처방이 바로 이 영역에 있다.

한 사람이 지닌 독단주의의 수준은 신념을 얼마나 엄격하게 고수하고 다른 의견에 대해 얼마나 적대감을 느끼는지에 달렸다. 독단에 빠진 사람은 반대 의견이나 모순을 처단하려고 하며, 반대되는 증거가 나와도 신념을 바꾸지 않을 가능성이 높다.

그런데 독단주의에는 천사 같은 쌍둥이 도플갱어가 있다. 폐쇄성과 정반대에 놓인 지적 겸손이다. 지적으로 겸손한 사람은 신뢰할 수 있는 증거나 강력한 반론이 등장하면 신념을 수정한다. 이들은 다양한 관점을 받아들이며 논쟁에 임할 때 다원성에 마음을 연다. 이들은 누군가 자신의 의견에 동의하지 않을지라도 그것을 자신에 대한 공격이라 여기지 않는다. 이들의 지적 자아는 연약하지 않으며, 자기 신념을 반박하는 내러티브에 마음을 완전히 닫아두지 않는다.

반면에 지적으로 겸손하지 않고 독단주의에 치우친 사람은 미묘한 차이에 대해서도 민감하게 반응한다. 이들은 명확한 해결책과 절대적인 무언가를 선호한다. 또 세상이 어떻게 존재해야 하는지에 대한 일반화된 설명을 믿고, 모호한 증거의 미로를 헤쳐 나가는 일을 꺼린다.

개인의 독단주의는 일종의 지적인 **노예** 상태에서 비롯할 수도 있다. 독립된 성찰을 하기보다는 다수의 의견에 복종하고 다른 사람의 권위에 의존하는 경향이다. 지적 소심성을 선택적으로 발휘하거나 무비판적으로 설득된다. 타인이 무언가를 결정하고 자기를 이끌어도 괜찮다는 것이다.

또 다른 유형의 독단주의는 지적인 **과신**에서 비롯한다. 자신의 사고방식이 다른 모두의 사고방식보다 우월하다는 오만한 확신이다. 이들은 자신이 진실에 대한 특별한 접근 권한을 가졌다고 생각한다. 아마도 희귀한 예언자적 지능을 타고난 덕분에, 깊은 철학적 고찰과 과학적 탐구를 거쳤기 때문에, 아니면 올바른 가족이나 종교 또는 정치 집단에 속하는 특별한 행운 덕분에, 이들은 자신이 진실을 인지하고 전달하는 독보적 위치에 서 있다고 여긴다. 철학자 아미아 스리니바산Amia Srinivasan에 따르면 이들은 자신이 "계보상 운이 좋다"[4]고 여긴다. 마치 올바른 세계관의 품에 안기도록, 태어날 때부터 제대로 된 위치에 놓인 별과 같다. 이들은 잘못된 가족이나 부족에서 태어난 불운한 대다수와 달리 축복을 받은 존재다.

이데올로기는 자신이 제공하는 진리를 따르는 사람과 그렇지 않은 사람을 칼같이 구분한다. 그에 따라 추종자와 추종자 아닌 이들, 믿는 자와 그렇지 않은 자, 내집단과 외집단의 차이가 생긴다. 즉, 이데올로기에는 규칙에 얽매인 교의 말고도 사회적 요소가 존재한다. 이데올로기의 내집단에 속하는 '우리'와 그렇지 않은 사람들, 즉 '그들'에 속하는 사람들 사이의 분열이 그것이다.

그 결과 경직된 교리를 받아들이는 것은 종종 경직된 정체성을 수용하는 것과 떼려야 뗄 수 없이 얽혀 있다.

이 두 번째 특징은 일반적으로 집단에 가입해 헌신하고 있음을 알리는 깃발이나 상징, 노래, 국가, 의상, 의식 같은 독특한 정체성의 표식을 만드는 과정에서 달성된다. 이러한 표식을 공유하고 겉으로 드러내다 보면 이데올로기 집단에 대해 더 열성으로 몰입하게 되고 구성원 사이의 연대감이 한층 짙어진다. 실제로 사람들은 깃발이 찢어지거나 상징물이 훼손되었다는 이유로 목숨이 위태로워지기도, 더 나아가 누군가를 살해하기도 한다.

이때 친족이나 가족 관계에서 사용하는 언어가 이데올로기 운동에서 종종 등장한다. 예컨대 이데올로기적 동지를 '팔짱을 낀 자매와 형제'로, 종교 지도자를 '어머니와 아버지'로, 국가를 '어머니나 아버지의 나라, 조국'으로, 혁명가를 이데올로기적 대의의 '아들과 딸'이라고 은유적으로 묘사하는 것이다. 이데올로기는 가족이나 소속감, 집이 가진 친밀성을 정서적으로 모방해 우리가 가족에게 바치는 헌신이나 자기희생을 불러일으키려 한다.

이러한 배타적 정체성exclusive identity이라는 범주를 통해 비순응자는 거부되거나 외면당하고, 적대와 편견의 대상이 된다. 이데올로기는 집단에 대한 복종과 헌신을 얻고자 구성원들이 일회성 의식뿐 아니라 되풀이되는 의식에도 참여하도록 요구한다. 이러한 의식은 비용이 많이 들거나 굴욕스럽고 육체적으로 고통을 안길 수 있다. 크고 작은 여러 이데올로기 집단에서는 신체를 영구히 변형시켜 트라우마를 일으키는 의식을 활용해 구성원을 길러내고 집단에 소속될 자격을 시험했다. 통과의례라든가 신고식, 영적인 의미를 지닌 피어싱과 문신, 종교적 할례와 신체 훼손, 고된 순례와 군대 복무, 자발적인 감금과 단식, 식이 제한, 묵언 수행 같은 자기부정이 그런 예다. 거의 모든 이데올로기 집단이 구성원들이 정체성을 확립하고 시험하도록 피를 흘리거나 스스로 고통을 가하는 의식을 치르게 한다.

개인의 믿음이 가짜이거나 반신반의하고 있다면 이런 의식에 따르는 행위를 마치기 힘들다. 제대로 된 신념을 동반해야만 견딜 수 있을 만큼 고통이 크기 때문이다. 따라서 그것은 낯선 사람과 형제자매로 간주해야 할 사람을 구분할 최고의 정체성 감식 장치가 된다. 나는 이것을 이데올로기의 **관계적인 차원**으로 여긴다. 동료 지지자들에 대한 강한 호감과 비지지자들에 대한 적대감으로 이어지기 때문인데, 후자는 불신과 편견, 차별, 더 나아가 궁극적으로 폭력으로 이어지곤 한다.

실체보다 구조에 초점 맞추기

이데올로기적이라는 것은 그저 어떤 '이즘ism'을 찬양하거나 특정 집단과 동일시하는 것처럼 단순한 문제가 아니다. 엄격한 교리와 정체성을 받아들이는 과정이다. 따라서 **이데올로기적으로 사고하는 것**은 교리를 엄격하게 고수하고, 되도록 새로운 증거에 비추어 신념을 업데이트하지 않으려 저항하며, 내집단과 외집단 구성원의 정체성에 철저하게 주의를 기울이는 일을 포함한다. 교리적 차원과 관계적 차원은 둘 다 이데올로기적 사고의 필요조건이지 충분조건이 아니다.[5]

그렇다면 한 개인이 경직된 정체성 없이 경직된 교리를 가질 수 있을까? 아니면 경직된 교리 없이 경직된 정체성을 지닐 수 있을까?

원리적으로 말하자면 가능하다. 사람들은 경직된 교리와 신념을 지지하지 않고도 경직된 정체성을 받아들일 수 있다. 스포츠팀이나 가수의 열렬한 팬이 그런 대표적 예다. 유명한 집단이나 아티스트의 팬클럽은 서로 강한 소속감을 느끼며 다른 팬들을 경멸하고 악마화하는 것이 일반적이다. 스포츠, 음악, 문학, 패션은 물론 고등학교 파벌에 이르기까지 여러 배타적인 사회적 정체성의 기반은 바로 이 같은 공통의 관심사와 열정이다. 이때 사람들은 서로를 구분 짓고 분열되며 때로는 편견의 대상이 되거나 누군가를 차별하지만, 이런 경직된 정체성을 뒷받침하는 명료한 교리나 신념 체계는 거의 없다.

그 반대도 존재한다. 경직된 정체성을 수반하지 않는 경직된 교리가 있다. 사회적 정체성을 갖추지 않고도 어떤 생각을 고집스럽게 믿는 것은 가능하다. 이러한 교리는 체계적이고 반대 증거를 물리치려 하지만, 믿는 자의 미덕과 믿지 않는 자의 부도덕에 대해 대놓고 갈라치기를 하지는 않는다. 경제 또는 기술에 관한 교리가 인류의 번영을 이룩할 방법을 단정적으로 선포할 때 이 같은 형태를 취하곤 한다. 예를 들어 신자유주의는 정부 개입이 공익적 성과 또는 사람 및 돈의 도덕적 가치와 맺는 인과관계를 특정한 방식으로 가정하는, 명시적이거나 암묵적인 교의로서 실천되곤 한다. 신자유주의는 시장 자본주의와 정부 규제에 대한 처방을 내놓지만, 그것을 믿는 사람들이 서로 가족 같은 관계를 구축하도록 하지는 않는다. 신자유주의를 지지하는 사람들은 공직에 출마하지 않는 한 자신을 정체화하는 일이 거의 없다. 경제 신조가 개인의 자아와 직접적 상관관계를 맺지 않는 경우도 있다. 또한 반드시 사회적 정체성을 뚜렷하게 불러일으키는 것도 아니다.

이러한 극과 극 사이에는 한결 더 모호한 사례도 많다. 개인이 사적으로 실천하는 경직된 행동이 그중 한 가지 예다. 장기간 음식 섭취량을 극단적으로 줄이거나 식단과 운동을 제한하는 요법을 지속할 경우 멈추기 어려운 강박관념에 빠질 수 있다. 이런 예는 사적이며 정치적이지 않은 유형의 이데올로기로 발전할지도 모른다. 반드시 지켜야 하는 사적 규칙, 또는 실수나 실패를 저지를 때 느끼는 죄책감이 되는 식으로 말이다. 개인이 스스로를 검열하고 제재하는 규제 담당자가 되는 셈이다.

　이런 식의 정체성 없는 교리나 교리 없는 정체성의 사례들은 이데올로기적 사고의 심리적 차원을 완벽히 포착하지는 못한다. 개인이 완전한 의미에서 이데올로기적 사고를 발휘하려면, 절대주의적 교리와 융통성 없는 사회적 정체성을 동시에 모두 내면화해야 한다.

　이렇듯 개인이 경직된 정체성 없이 경직된 교리를 지닐 수도 있고 그 반대의 경우도 있지만, 중요한 것은 한 종류의 경직성은 다른 종류의 경직성으로 이어지는 경우가 많다는 점이다. 믿지 않는 사람들을 위협하기 시작하고 비판자에 대해 적대감을 드러내는 신자유주의 이데올로그들은 심리학적 의미에서 보면 완전히 이데올로기적이다. 식단에 집착해 타인에게 그것을 전도하고, 여기에 의문을 제기하는 사람들을 자기 마음대로 판단하고 회피하며 식단이 추구하는 목표를 이루겠다는 명분하에 자신과 타인에게 해를 끼치는 사람들은 식단이라는 경직된 교리에 단단히 결부된 경직된 정체성을 발전시키는 중이다. 응원하는 팀의 대표 색상 옷을 입고 다른 팀 팬들을 향해 공격적으로 굴면서 자기 팀이 눈앞에서 몇 번이고 실패해도 애써 기술적 우월성에 의문을 제기하지 않으려 하는 스포츠 팬도 마찬가지다. 이 팬은 자신의 결정과 관찰을 왜곡하며 올바른 증거를 거부하는 교리를 발전시키는 중이다. 이런 경직된 교리의 상당수는 곧 이데올로기로 변신할 중간 지점에 있다.

이데올로기적인 사고에는 비탈길 같은 경향성이 있다. 이데올로기적으로 극단에 빠진 사람은 경직된 교리를 열렬히 수용해 절대주의적이며 증거를 거부하는 세계관을 받아들인다. 그리고 자신과 타인이 어떻게 살고 행동해야 하는지에 대한 융통성 없는 처방을 강력하게 고집하기도 한다. 그뿐만 아니라 이데올로기적으로 극단에 빠진 사람은 경직된 정체성을 열렬히 받아들여 동료 지지자들과 자신을 강렬하게 동일시하고, 교리를 지지하지 않는 사람들에게 대놓고 악의를 드러내곤 한다.

반면, 이데올로기적으로 온건한 사람(당파성이 약하거나 상황에 따라 이데올로기를 믿는 사람)이 어떤 사람인지 정의하기란 조금 더 까다롭다. 이데올로기적 온건파는 구성도 다양하고 독단주의나 정체성의 강도 역시 다양하다. 이데올로기 온건파의 모습은 우리가 그들을 극단주의의 반대편에 있다고 보는지 그렇지 않은지에 따라 달라진다. 또한 우리가 이데올로기적 온건파를 언제나 이데올로기적 사고를 적대시하는 비이데올로기적 입장으로 건너가기 전의 디딤돌로 보는지 그렇지 않은지에 달려 있기도 하다. 이때 엄격한 교리와 정체성에 저항하는 인물에 대해 상상하는 것은 스펙트럼의 반대편을 이해하는 한 가지 방법이다. 이런 비이데올로기적 인물은 교리적으로 봤을 때 증거에 유연하게 반응하며, 권위적인 생활 규칙을 스스로 따르지 않고 타인에게 강제하지도 않는 경향이 있다. 그리고 비슷한 세계관을 믿는 사람들과 스스로를 크게 동일시하지도 않으며 자기와 같은 세계관을 공유하지 않는다고 해서 이에 대해 증오나 편견을 드러내지 않는다. 이들은 신뢰할 수 있는 증거에 비추어 자신의 신념을 업데이트하고, 집단적 행동을 표출하려는 사람들에 대해서도 인간적인 동정심을 보이며, 건강한 회의론으로 근거 없는 이야기를 배격해 균형을 맞추는 등 지적 겸손을 달성하고자 지속적으로 노력한다.

우리는 우리의 안팎에서 수많은 이데올로기와 함께 살아간다. 이데올로기 중 일부는 눈에 띄고 사랑받으며 점점 강렬해진다. 경쟁적 성격을 띤 사건이나 국가 단위의 투표, 낯선 것으로 여겨지는 인물 또는 아이디어와의 조우 등을 기다리며 한쪽에 도사리고 있는 이데올로기도 있다. 누군가 독단적이고 편협한 사고 패턴과 반응을 보일 때, 우리는 그들이 무엇을 위해 싸우고 있는지뿐만 아니라 어떻게 생각하고 있는지에도 주의를 기울여야 한다.

어떤 이의 이데올로기가 인종이나 성별, 계급, 기후변화, 종교, 국적, 정치와 관련이 있는지 없는지는 당사자를 이데올로기적으로 극단적인 사람 또는 온건한 사람으로 분류하는 것과 무관하다. 이렇게 이데올로기적 사고의 실체보다는 구조structure에 초점을 맞추어 접근하면 어떤 개인이 이데올로기적으로 극단적인지, 또 어떤 개인이 자신의 세계관을 수립하는 데 보다 덜 이데올로기적인지 파악하는 데 도움이 된다.

이런 식의 규정짓기framing는 쉽사리 파악하기 힘든 상대주의에 직면했을 때 더 큰 융통성을 보인다. 상대주의자들은 서로 다른 문화적, 이데올로기적 관행은 각기 고유하므로 우리가 판단하거나 비교할 수 없다고 가정한다. 그럼에도 우리는 이데올로기적 사고라는 현상을 신념의 내용과 무관한 형태로 설명할 수 있어야 비로소 공적 생활에서 억압을 비판하고 식별하거나 극단주의를 규탄할 수 있다. 그 목표가 무엇이든 극단주의에 빠진 이데올로기가 어떤 양상을 띠는지 인식하지 못하면, 우리는 기본적인 인권 추구를 폭압이라고 규정하거나 '문화culture'를 불의의 방패로 삼는 선동가들에 맞서는 데 어려움을 겪을 것이다. 선동가들은 이렇게 말한다. **결국은 다 상대적인 거야.**

명확한 정의가 없는 곳에는 관용이 저절로 끼어든다. 그렇게 편협함을 용인하다 보면 끝내는 편협함이 다시 지배하기에 이른다. 극단주의가 무엇인지 객관적으로 진단하는 작업은 과거를 이해하고 미래의 이데올로기 전쟁에 참여하는 데 필수다. 이데올로기적 사고와 그렇지 않은 사고를 구분하고 그 사이에 존재하는 다양한 중간 단계를 살피다 보면 휴머니즘의 틀 안에서 이데올로기들이 서로 얼마나 대립각을 세우는지 잘 이해할 수 있다. 스티븐 핑커 Steven Pinker가 《지금 다시 계몽》에서 조언하는 것처럼, 우리는 "합리적인 설득을 포기하고 선동에 대해 똑같은 선동으로 맞서 싸우는 게 낫다"[6]라는 생각의 희생양이 되어서는 안 된다.

이데올로기가 사실인지 아닌지, 또는 그것이 환상인지 깨달음인지의 여부에 덜 집중할 때 우리는 비로소 이데올로기적 사고의 얼개를 더욱 또렷이 파악할 수 있으며, 이는 사회학적 역사나 좌파적 또는 우파적 근원성에 구애받지 않고 이데올로기에 몰입하는 것의 의미 역시 마찬가지다. 또한 이데올로기적 극단주의에 대해 살피다 보면 한 개인의 내면에서 극단주의가 어떻게 출현하고 발달하는지, 즉 일찌감치 시작된 세뇌가 정치적 신념과 도덕적 명령으로 발전해 어떻게 뇌의 '비정치적인 삶'까지 전파되는지 파악할 수 있다.

사회심리학자 고든 올포트Gordon Allport는 1954년에 출간한《편견》에서 이렇게 말했다. "한 사람의 편견은 특정 집단에 대한 특정한 태도일 뿐 아니라, 세상에 대해 사고하는 그 사람의 습관 전체를 반영할 가능성이 높다."[7] 즉, 우리의 정치적 편견과 이데올로기적 신념은 일반적인 사고 습관의 특수 사례일지도 모른다.

명확성과 연결성에 열광하는 인간의 본성을 이용해, 이데올로기는 뇌 전체를 매료시킨다. 이데올로기의 교리라는 섹시한 유혹자는 한쪽 귀에 대고 속삭인다. 어떻게 생각해야 할지 알고 싶은가요? 그리고 다른 쪽 귀에 대고는 이렇게 말한다. 누구를 사랑해야 할지, 누구를 미워해야 할지 알고 싶나요? 다음 목적지가 어딘지도?

이제 누가 이런 유혹에 넘어올지 살펴보자. 모든 사람이 쉽게 매혹되는 것은 아니다.

PART
3

기원

[타고나는 것일까,
만들어지는 것일까]

8

닭이 먼저냐, 달걀이 먼저냐

"바로 오늘 우리나라에서 가장 큰 문제는 무엇일까요?"

교수가 질문을 던지자 열한 살짜리 아이가 생각에 잠긴다.

플라스틱 의자에 앉은 아이가 자세를 고쳐 잡는다. 아이의 시선
은 탁자 한가운데 놓인 구식 테이프 레코더에 고정되어 있다.

"온갖 것에 붙은 세금과 값비싼 생활비가 문제예요."

"세금이라." 교수는 중얼거리며 연필로 재빨리 슥삭 적는다.

"좋아, 고마워요. 이제 다음 질문입니다. 이 나라를 어떻게 바꿔
야 할까요?"

테이프 레코더의 회전하는 바퀴를 쳐다보던, 약간 사시가 있는
아이의 눈은 텅 비어 보인다. 그러다 어떤 깨달음이나 생생한 기억
이 떠오른 것처럼 동공이 커지더니 밝게 빛나기 시작한다. 그리고

고개를 들어 교수와 눈을 마주친다.

아이는 자신 있게 외친다. "거리를 깨끗이 청소해야 해요! 여기 저기 떨어진 쓰레기를 치우고요." 아이의 표정이 일순간 혐오로 일그러진다. "모든 걸 깔끔하게 정돈해야 해요!"

열한 살짜리 아이의 말이 텅 빈 실내에 부드럽게 울려 퍼진다.

교수는 이전보다 위협적인 시선을 보내는 아이에게 계속 눈을 맞추고자 애쓴다. 마치 주도권이 바뀐 것 같다.

아이는 눈을 돌리지 않은 채 삐져나온 자기 머리카락에 손을 뻗어 가지런히 쓰다듬은 뒤 젤을 바른 머리카락 사이에 집어넣는다.

결국 질문을 던지던 교수는 몸을 웅크려 다시 메모를 시작한다. **순수성과 규율, 그리고 혼란에 대한 두려움이 엿보임. 그러다 갑자기 생각난 것처럼 덧붙인다. 혹시 잠재적인 파시스트?**

옆방에서 열세 살짜리 아이가 같은 질문을 받고 곰곰이 생각에 잠긴다.

"가장 큰 문제는 다른 유럽 나라의 굶주린 사람이에요. 우리나라 사람들은 이들을 신경 쓰지도 않죠. 마땅히 그래야 하는데도요." 아이가 부드러운 어조로 설명한다.

애정과 연민으로 기울어지는 성격. 교수가 분류한다.

"나라를 어떻게 바꾸고 싶나요?"

"더 이상 전쟁이 일어나지 않도록 국제 경찰이 있어야 해요." 아이가 대답한다.

"왜죠?" 인과관계에 대한 아이의 상상력에 놀란 교수가 캐묻는다. 폭력에 대한 해결책으로 경찰을 선택하다니.

열세 살짜리 아이는 잠시 가만히 생각에 잠긴다. "하긴 우리는 평화를 사랑해야 하죠. 권력을 추구할 게 아니라 말이에요."

권력에 반대하는 의지. 교수는 만족스러운 미소를 지으며 끄적인다. 지배 대신 협력.

교수는 맞은편에 앉은 아이를 바라보다 이내 고개를 숙이고 메모장의 여백에 다시 적는다. 전형적인 진보주의 성향의 아이일까? 아니면 진보주의 성향의 부모를 모방한 걸까?

하지만 진보주의자들 가운데 독립적으로 사고하는 사람과 타인을 모방할 뿐인 순응주의자를 구분하는 게 가능할까?

이제 인터뷰는 충분하다고 교수는 생각한다. 조금 더 깊이 파고들어야 한다. 다음에 연구할 주제는 다음과 같다. 무의식적 신념을 정확하게 평가하기 위한 인지 테스트 실시.

잠재적 파시스트를 찾아서

이것은 사고 실험일까, 패러디일까? 실제로 일어날 법하지 않은 대화다. 아이들에게 정치적 신념은 물론이고 일관된 이데올로기적 입장이 있을 리가 없다. 하지만 사실 이것은 1944년에 한 호기심 많은 교수와 놀랄 만큼 자기주장이 또렷한 아이들 사이에 이뤄진 실제 인터뷰를 각색한 내용이다.[1] 지금은 과학사의 파편이 되어 잊힌 이 인터뷰는 편견의 기본적인 징후를 밝히는 선구적 연구에 참여한 아이들의 실제 이야기와 의견을 그대로 문서화했다. 편견이 얼마나 빨리, 어떤 형태로 나타나는지를 탐구한 연구다.

오스트리아를 점령한 나치를 피해 막 미국에 망명한 연구자 엘제 프렌켈-브룬즈비크Else Frenkel-Brunswik는 아동이 보이는 편견에 대해 역사상 최대 규모의 연구를 수행했다. 브룬즈비크는 '자기 민족 중심적인 아동이 잠재적 파시스트로 거듭나는 방식과 시기'[2]를 탐구하려 했다. 외국인 혐오와 권위주의적 사고에 가장 많이 물든 건 어떤 아이들일까? 이 질문에 답하고자 브룬즈비크는 캘리포니아에 거주하는 수백 명의 평범한 아이들을 실험 참가자로 삼아 폭넓은 연구를 진행했다.[3] 브룬즈비크는 다음과 같은 도발적인 가설을 세우고 있었다. 청소년기를 맞이한 아이들이 보이는 반응은, 외국인을 혐오하고 자신의 인종적, 문화적 정체성이 절대적으로 우월하다고 믿는 훗날의 경향성을 미리 보여주는 전조라는 가설이었다.

여기서 브룬즈비크는 10세에서 15세 사이의 어린이 1,500명 이상을 대상으로 설문지를 작성해 급변하는 캘리포니아주의 사회 분위기와 관련 있는 소수자 집단에 대해 아이들이 어떠한 태도를 보이는지 테스트했다. 설문 내용은 인종차별 및 이민에 대한 신념, 일본계 또는 중국계 이웃, 유대계 인구, 아는 사이 또는 모르는 사이인 흑인을 보는 관점 등이었다. 설문지 답변에서 몇몇 어린이들은 날것 그대로의 외국인 혐오증을 보인 반면, 몇몇 어린이들은 진부한 고정관념에 저항했다. 그리고 이 답변을 바탕으로 수백 명의 어린이가 심층 인터뷰에 참여했다. 가장 편견이 많고 소수자 집단에 대한 혐오감이 높은 그룹, 그리고 가장 편견이 적고 타인을 가장 자유롭게 받아들이는 그룹에서 긱각 후보자를 선정했다.

브룬즈비크는 아동들을 (정신과 의사의 소파에 해당하는 정신분석가들의 도구인) 인터뷰용 탁자 앞에 초대해 파시스트가 될지도 모르는 개인의 발달 과정을 살피고자 했다. 그리고 아이의 보고서나 이야기를 통해 아이의 정치적 취약성에 대한 통찰을 얻을 수 있을 것이라 추측했다. 아이가 모순과 혼란을 해결하는 방법, 적응하고 경직되는 시점을 기록하면 어떤 아이가 이데올로기적 내러티브와 이데올로기 지도자들의 유혹에 가장 쉽게 혹할지 해독할 수 있으리라는 것이었다. 인터뷰는 아이의 이데올로기적 신념은 물론 성격과 가정생활, 자신과 타인을 어떻게 바라보는지도 탐색했다. 아이들은 한 명씩 인터뷰실에 들어갔고 인터뷰 진행자는 아이들의 이전 점수를 참고하지 못했다. 인터뷰가 끝난 뒤에야 브룬즈비크는 아이들이 설문지에서 얻은 점수를 비롯해 가족과 자신에 대한 설명, 정치 문제에 대해 답할 때 들려준 이야기를 상호 참조할 수 있었다.

가장 외국인을 혐오했던 아이와 외국인을 가장 덜 싫어했던 아이를 나누었던 요인은 무엇이었을까? 단지 의견만이 아니라 아이들이 지닌 정신, 즉 뇌가 정보를 처리하고 결론에 도달하는 특정한 방식에도 차이가 존재할 수 있을까?

"장차 파시스트가 될 잠재력을 갖춘 사람이 존재한다면, 정확히 어떤 사람일까?"[4] 브룬즈비크와 버클리대학교의 동료 연구자들은 다음과 같이 물음을 던졌다. "그 사람의 내부를 조직화하는 힘은 무엇일까? 그런 사람은 우리 사회에 얼마나 흔하게 존재할까? 그리고 그런 사람을 만든 결정적 요인은 무엇이었고, 어떤 과정을 거쳐 발전했을까?"

잠재적 파시스트이자 전체주의 이데올로기를 쉽게 믿어버리는 사람이 존재한다면, 과연 어떤 성향을 지녔을까? 어린 시절부터 그 잠재적인 씨앗이 눈에 띌까?

인터뷰 데이터가 쌓이면서 한 가지 통찰이 명료하게 떠올랐다. 편견을 가진 아이와 편견을 갖지 않은 아이, 그리고 외국인을 혐오하는 아이와 진보적인 사고를 가진 아이를 구분하는 건 어렵지 않았다. 사실 이들을 구분하는 건 놀라울 만큼 간단했다.

브룬즈비크는 어떻게 그 차이를 발견할 수 있었을까? 아이들의 주장이나 표현을 살피면 알 수 있을까? 진부한 말이나 언어를 넘어선 어떤 표식(의식적인 보고의 영역 밖에 존재하는 미묘한 신체의 움직이나 반응)을 통해 아이가 말 한마디 하기도 전에 편견의 잠재적 가능성이 드러날까? 그 숨길 수 없는 징후는 무엇일까?

복종하는 뇌, 저항하는 뇌

최근에 영국의 한 가톨릭 계열 여자 초등학교는 우리가 '뇌를 스펀지가 아닌 근육으로 접근해야 한다'는 신조를 밝혔다.[5] 보고서에는 뇌가 역기를 들어 올리는 모습을 그린 만화가 첨부되었다. 충분한 훈련을 받으면 누구나 무엇이든 습득할 수 있다는 주장이다. 선천적인 차이가 있거나 성향, 선호가 다르다고 걱정할 필요가 없다. 아이를 키우며 강제력을 충분히 행사하면 아이의 본성은 굴복한다는 말이다.

위계적인 이데올로기—예언자나 우상, 구루를 순수하게 숭배하고 문자 그대로, 또는 은유적으로 무릎을 꿇어야 한다고 요구하는 이데올로기—는 아이러니하게도 어떤 아이도 뒤처지면 안 된다는 식의 평등을 주장하기도 한다. 실제로는 그렇지 않은데도 모두가 동일하다는 잘못된 선언은 결코 우연이 아니다. 우리를 서로 구별할 수 없다고 주장하는 것은 일종의 지배를 위한 장치다. 우리 모두가 같아야 모두를 개종하고, 교정하고, 통제할 수 있다. 우리가 가진 힘의 미묘한 차이나 한계를 인정한다면 설교하기가 더 힘들어진다.

실제로 우리의 뇌는 모두가 똑같이 열정적으로 권위에 굴복하지 않는다. 어떤 이는 재빨리 권위를 인정하고 이마가 완전히 땅에 닿도록 몸을 구부려 절한다. 반면 천천히 몸을 숙여 복종하면서도 갈비뼈에 저항의 기운이 보이는 사람도 있다. 또 극소수이긴 하지만 이데올로기적 교의에 굴복하지 않으려는 사람들은 밀치거나 쫓아내야 할 것이다. 뺨이 바닥에 닿은 채 꼼짝 못하도록 목덜미를 붙잡힌 상태이지만 그래도 이들은 반항 어리게 치켜뜬 눈길을 거두지 않을 것이다.

그렇다면 어떤 뇌가 복종하고 어떤 뇌가 저항할까?

어떤 마음이 이데올로기적 믿음에 자석처럼 이끌리는지에 대한 일반적인 경향성은 존재한다. 예컨대 예측하려는 뇌의 성향과 이데올로기의 예측적 구조 사이에는 관련이 있다. 하지만 어떤 사람은 다른 사람에 비해 이끌리는 힘이 더 강하다. 이런 취약성의 차이는 뇌의 개성과 독특함에서 비롯할 것이다.

결국 뇌는 각자 다르게 태어났다. 개인들 사이, 심지어 같은 가족 안에서도 놀라운 다양성을 자아낼 만큼 여러 차원에 걸쳐 다종다양한 차이가 존재한다. 어떤 사람은 충동적이지만 어떤 사람은 인내심이 강하며, 또 어떤 사람은 규칙을 사랑하지만 어떤 사람은 타고난 반항아다. 또 어떤 사람은 집단 지향적이고 충성심이 강한 반면 그 사람의 사촌은 고집이 세고 독립적이다. 어떤 사람은 다른 사람보다 빨리 퍼즐을 풀고, 어떤 사람은 신중하게 꾸준한 접근 방식을 택한다. 욱하는 성질 탓에 결단이 빠르지만 이 때문에 가끔 잘못된 결정을 내리는 사람도 있다. 또 어떤 이들은 환경에 예민해서 미세한 변화도 날카롭게 포착하는 청각과 미각으로 주변 세상을 감지한다. 불의를 보면 크게 화를 내며 반응하는 사람도 있고, 그런 불합리함에 적절히 대응하지 못하는 사람도 있다.

뇌도 우리 몸의 일부기 때문에 몸의 다른 부위가 그렇듯 모양과 크기, 비율이 제각각이다. 뇌는 각자 특정 대상에 대한 과민성 독특한 취향, 애호를 지닌다. 각각의 뇌는 독특하고 하나뿐인 구조를 가졌기 때문에 세계를 인식하고, 무언가를 배우며, 세계에 반응하는 방식도 각자 미묘하게 다르다.

이러한 개인차는 각자 이데올로기적 교리에 얼마나 강하게 이끌릴지에 대한 단서를 제공하기 때문에 중요하다. 우리 모두를 똑같이 통제할 수는 없다.

이제 문제는 그 이유를 아는 것이다. 왜 어떤 사람들은 이데올로기적 사고에 빠질 위험에 처한 반면 다른 사람들은 회복력이 있을까? 우리가 어떤 신념을 갖고 얼마나 극단적으로 파고들지 예측할 만한 특성과 경험이 존재할까? 그것은 우리의 성향에 달렸을까, 아니면 상황에 달렸을까? 타고난 별난 습벽일까, 아니면 학습한 습관일까?

원인과 결과를 분리하려면, 무엇이 먼저이고 무엇이 그다음인지 파악해야 한다. 우리의 뇌가 먼저일까, 정치가 먼저일까? 우리의 성격이 먼저일까, 이데올로기가 먼저일까? 특정 유형의 뇌와 기질을 가진 사람이 특정 이데올로기에 끌리는 걸까, 아니면 열정적으로 유지되는 이데올로기가 우리의 뇌와 성격을 형성하는 걸까?

이건 닭이 먼저냐, 달걀이 먼저냐 하는 수수께끼다. 인과관계의 문제이자 기원과 결과의 문제이기도 하다. 또한 여기에는 고정되고 불가피한 것은 무엇이고 유연하고 변동 가능한 것은 무엇인지에 관한 질문도 암묵적으로 포함되어 있다.

정치에 대한 신경과학에서 이 닭과 달걀 문제는, 우리가 어떤 사람의 정치적인 사고를 평가할 때 그 순간의 스냅사진을 단 한 장만 있는다는 사실에서 비롯한다.[6] 우리는 긴 인생에서 눈 깜짝할 순간에 한 개인의 이데올로기와 두뇌를 포착한다. 하지만 우리가 마음에 대한 스냅샷을 찍을 때 개인이 어떻게, 또 왜 그렇게 되었는지는 알 수가 없다. 스냅샷에는 이 시점보다 몇 분 전이나 며칠 전, 몇 년 전이나 몇 세대 전에 일어났던 일에 대한 정보가 숨겨져 있다. 그것은 사회화의 영향일까, 아니면 이미 존재하던 생물학적 취약성의 결과일까?

개인의 심리적 특성이 정치적, 종교적, 민족주의적 이데올로기를 결정하는지, 아니면 이데올로기에 세뇌된 결과로 우리 뇌와 신체가 변화되는지를 알아내는 것이 우리의 과제다.

화살은 과연 어디를 가리키고 있을까? 어쩌면 화살은 양방향을 가리킬지도 모른다. 다시 말해 우리의 뇌가 사적인 정치적 사고를 조각하기도 하지만, 동시에 이데올로기가 뇌의 기능을 형성하는 것일지도 모른다.

만약 우리가 선천적으로 취약하게 태어난다면, 우리는 사람을 취약하게 만드는 특성이 무엇인지 파악해야 한다. 개인의 인지적 특성과 생물학적 반응이 우리가 기꺼이 상처받고 상처를 주며 죽고 죽이는 원인이 될 강력한 '이즘'을 초래한다는 사실을 이해해야 한다.

한편, 우리의 취약성이 부분적으로는 살아가며 획득된 것이며 이데올로기의 신경생물학적 특징 또한 시간이 흐르면서 획득된다면, 우리 삶은 이데올로기에 몰입한 결과 때문에 우리가 일반적으로 생각하는 것보다 더 심오하고 강렬하게 변화할 것이다. 한나 아렌트가 보여준 가장 예리한 직관적 통찰 중 하나는 "전체주의 이데올로기가 목표로 하는 것은 외부 세계나 사회의 혁신적인 변화가 아니라 인간 본성 자체의 변화"라는 지적이다.[7] 아렌트는 전체주의가 사적인 것과 공적인 것, 그리고 개인적인 것과 정치적인 것 사이의 장벽을 어떻게 무너뜨리려 하는지에 대해 말하고자 했다. 하지만 내가 봤을 때 극단적인 이데올로기 시스템은 훨씬 더 심오한 변화를 불러일으킬 수 있다. 이데올로기는 단순히 우리의 뇌를 씻어내 묵은 개념을 없애고 새로운 개념으로 대체하지 않는다. 이데올로기는 우리의 인지와 반사작용, 본능, 생물학적 요인을 변화시킨다. 이러한 패턴으로 이어지는 원인과 결과를 분석하는 것이야말로 우리가 풀어야 할 퍼즐이다. 이데올로기에 점령되는 상태가 어디에서 비롯되는지, 이 사회적인 발명품이 얼마나 우리를 깊이 변화시키며 우리 내면을 차지하는지 알아내야 한다.

9

어린 권위주의자들

언뜻 보기에 아이들을 대상으로 정치적 신념이 어떤지 인터뷰하는 것은 우스꽝스러워 보인다. 아이들이 세계정세에 대해 무엇을 안단 말인가? 아이들이 자신의 관심사와 동떨어진 먼 나라의 전쟁과 지배구조, 정부와 불평등, 잔학 행위와 불공정에 대해 어떻게 이해할 수 있을까?

직접 물어보자. 앞서 등장했던 심리학자 엘제 프렌켈-브룬즈비크는 그렇게 생각했다. 1920년대에 빈의 유대인 가정에서 자랐던 브룬즈비크는[1] 날이 갈수록 더욱 인종차별적으로 변해가며 자신과 같은 사람들을 적대하는 세상을 지켜보았다. 그 세상은 지성의 황금시대에서 억압적이고 폭력적인 체제로 빠르게 변모해갔다. 어린 브룬즈비크는 코앞까지 쳐들어와 현관문을 조급하게 두들겨

대는 듯한 전쟁과 지배, 정부의 본질과 불평등, 잔인함과 불의의 문제에 대해 배워야 했다. 어른들의 심각한 세상을 이해하지 못하면 길을 잃게 될 터였다. 어른들의 거짓말과 마음속 의도, 조용한 중얼거림과 비밀스러운 일들을 읽어내지 못하면 곧장 위험에 빠질지도 몰랐다.

자기검열의 기술을 배우지 못한 아이들

조숙한 학생이었던 브룬즈비크는 22살에 빈대학교에서 심리학 박사학위를 마치고 전기적 심리학biographical psychology을 강의하기 시작했다. 브룬즈비크는 임박한 역사적 사건을 예지하듯 개인의 전기를 통해 어떠한 심리적 암시를 추측할 수 있는지 탐구했다.

히틀러가 오스트리아를 합병하기 이전에도 이미 브룬즈비크는 유대인 강사가 선생 노릇을 한다고 불평하는 인종차별주의자 학생들의 표적이 되었다. 1938년, 나치의 비밀경찰인 게슈타포에게 개인 신상과 관련된 심문을 받은 그는 개인에게 무자비하게 칼을 겨누고 피를 흘리게 하는 정치적인 힘을 느꼈다. 그래서 브룬즈비크는 동료 심리학자 에곤 브룬즈비크Egon Brunswik와 함께 배에 몸을 싣고 유럽을 탈출해 미국으로 향했다. 그리고 해안에 발을 딛기도 전에 두 사람은 결혼을 하고 캘리포니아주 버클리에 정착했다. 자유와 기회의 땅인 새로운 나라에서 브룬즈비크는 **부자유함**unfreedom이 주는 심리적 반향에 대해 탐구하기 시작했다.

캘리포니아대학교에서 연구자로 일하게 된 브룬즈비크는 자유롭지 못한 것이 무엇을 의미하는지를 기민하게 알려주리라 여겨지는 집단에 눈을 돌렸다. 바로 아이들이었다.

아이들이 구속된다는 게 뭔지 알까? 오늘날 대부분의 부모들은 그렇지 않다고 대답할 것이다. 가족이란 집단에서 높은 계급장을 단 아이들은 폭군처럼 점점 더 많은 것을 요구하며 떼쓴다. 장난감이며 재밌는 도구, 옷, 사탕, 개인적인 시간까지 아이들은 부모에게 끊임없이 원하는 것을 달라고 요청한다. 필요하다는 건 곧 그걸 원하고 그렇게 하겠다는 뜻이기도 하다. 이걸 사줘요! 날 여기로 데려가줘요! 저기까지 태워주세요! 날 좀 내버려둬요! 이제 나가주세요!

게다가 아이는 아마도 가장 중요한 의미에서 전체주의적 구조를 끊임없이 요구하는 주체일 것이다. 아이라는 실존적 조건은, 곧 계속해서 감시당하는 한편, 모든 것을 아는 지도자의 비위를 맞추어야 하는 위계적 이데올로기 체제에서 살아가는 것과 같다. 자원은 몇몇 강력한 권위자의 손에 집중되어 있다. 아이의 삶은 의미와 목적이 불분명하며, 설명할 수 없이 불투명한 규칙과 의식에 의해 지배된다.

가족은 근본적으로 불평등한 관계가 부딪치는 현장이며, 정의상 독립성과는 가장 멀 수밖에 없다. 가족 내 권력은 불균등하게 분포되어 있다. 아이는 혼자서는 생존할 수 없다는 사실 때문에 모든 것을 결정하고 간청한다. 보호자는 아이에게 끊임없이 무언가를 베풀며, 이런 보살핌이라는 선물은 결코 공짜가 아니다. 보답이 따르든 빚이 따르든 할 테니 말이다. 문학평론가 머브 엠리Merve Emre에 따르면 "어린이는 결국 세상에서 가장 무력한 존재이면서 아무렇지도 않게 잔인해지는 존재"이다.[2] 아이들은 누군가에게 협력하고 조화를 이루기도 하지만, 동시에 헌신을 바라며 상대를 억압하는 존재가 될 여지도 충분하다. 아이들에게 자유란 이처럼 원래부터 제한적이다.

브룬즈비크의 사고에는 돌봄과 창의성을 우선시하기보다 복종과 순응을 고집하는 가정에서 권위와 자유의 패턴을 배운 몇몇 아이들이 정치적 또는 종교적 권위주의에 취약해진다는 생각이 내재해 있었다. 가정에서 권력에 따른 위계와 내키는 대로 일어나는 폭력에 익숙해진 어린이는 나중에 권위주의 체제에 참가할 가능성이 더 높을 수 있다. 또 편견에 기반한 표현을 보다 잘 받아들이기도 한다. 반면에 상상력과 공감, 다원성에 대한 수용력을 키우는 가정의 어린이는 전체주의 이데올로기에 직면했을 때 쉽게 굴복하지 않을 수도 있다. 이들은 그때껏 자유를 만끽한 만큼 본능적으로 복종을 거부할 것이다. 다른 방식으로 상상할 수 있기 때문이다.

개중에는 수줍음이 많은 아이나 말을 부드럽게 하는 아이도 있었지만, 브룬즈비크는 인내심과 존중을 가져야 내성적이고 불안이 많은 아이로부터 가장 사적인 질문에 대한 답을 이끌어낼 수 있다고 여겼다. 어떤 의미에서 보면 아이는 어른보다 더 나은 시험 대상이었다. 아이들은 응답을 할 때 "더 직설적이고 거리낌없었다."[3] 결국 완곡하게 돌려 말하거나 치장하지 않은 가장 날것 그대로의 진실은 아직 자기검열의 기술을 배우지 못한 아이에게서 나오는 경우가 많다.

브룬즈비크는 인터뷰를 하다 보면 진실과 왜곡이 뒤섞인 답을 받을 수밖에 없다는 사실을 알았다. 사실과 허구, 투사와 열망은 한데 묶이고 엮여 있었다. 그럼에도, 어쩌면 아이들을 실험 참여자로 삼은 덕분에 겉으로 보이는 모습과 실제 현실을 구분할 더 나은 기회를 잡았는지도 모른다. 아이들의 지어낸 이야기와 삶에 대한 통속적인 철학 사이에서 일관성을 찾기란 어른의 독선적인 이야기에서 어떻게든 진실을 추출하는 것보다 간단해 보였다. 뒤늦은 변명과 비현실적인 희망으로 일그러진 어른들의 꿍꿍이속을 풀어내기란 어려웠다.

14세 소녀는 이렇게 말했다. "외국 출신인 사람과 이웃하며 살다 보면 화가 날 것 같아요. 그들은 원래 있던 곳으로 돌아가야 해요."
"그럼 외국인과 이민자들은 어디로 가야 할까요?"

교수가 던진 이 후속 질문은 거의 규칙 위반에 가깝다. 중립을 지키기보다 찬물을 끼얹으려는 의도가 다분하기 때문이다. 적대감이 드러나지 않는 질문을 던져야 한다. 하지만 청소년의 논리에 압박을 가해 그것이 갈라지고 부서지는지 살펴보고 싶은 유혹을 참기란 힘든 일이다. 10대 청소년의 논변에 실제로 금이 갈지 어떨지 지켜보는 것 말이다.

하지만 인터뷰 진행자 앞에 삐딱하게 앉은 소녀는 캐묻는 심문에도 당황하지 않는 모습이다.

"외국인은 출신 국가로 돌아가야죠. 덧붙이자면 이들 중 일부는 미국에서 태어났어요. 꽤 많죠. 저는 이 사람들 역시 자기네 나라로 돌아가야 한다고 생각합니다." 열네 살짜리 소녀는 열정적으로 말을 쏟아냈다.

교수는 답답한 듯 새어 나오는 한숨을 애써 누르며 묻는다. "어떻게?"

"글쎄요. 쫓아낼 수 있는 법을 만들어야 하겠죠."

쫓아낸다.

"그럼 전쟁통에 집이 무너진 실향민은 어떻게 하죠?"

그 물음에 소녀가 사무적인 어조로 반박한다. "전쟁이 괜히 시작되지는 않았을 거예요. 그 사람들이 뭘 잘못했겠죠." 소녀는 차분하고 매력적이며 잔인하게 무심한 태도로 쉽게 비난의 화살을 던진다.

가지런한 앞니 뒤에서 껌 덩어리가 불쑥 나온다. 혀를 껌 속에 쑥 넣은 소녀는 체리 향이 나는 작은 풍선을 분다. 껌이 아이의 코끝에 닿을락 말락 한다.

대답에 경악한 나머지, 교수는 숨도 제대로 쉬지 못한다. 도저히 논리라 할 수 없는 무언가가 널따랗게 늘어나 팽팽하게 부푼다.

소녀의 바주카포, 즉 커다랗게 부푼 분홍색 풍선이 마침내 펑 터진다.

공기가 귀에 들리지 않게 분출된다.

"어쨌든 그 사람들 집에 떨어진 폭탄은 제대로 배달된 게 맞잖아요." 소녀가 덧붙인다.

다음 인터뷰 대상자는 이 질문에 슬프게 한숨을 내쉬었다. "지금 제가 사는 곳에서는 외국인의 체류를 허용하지 않아요."

"그것에 대해 어떻게 생각하나요?"

"말도 안 돼요. 그런 규칙이 있어서는 안 된다고 생각합니다. 그 사람들은 형편없는 집에 살아요. 그들도 다른 누구 못지않게 이곳에서 부동산을 매매할 권리가 있어야 해요. 살 만한 괜찮은 거리에 새집이 필요해요."

인종차별 반대론자. 교수는 노란색 메모장에 이렇게 써넣었다. 소수자의 권리에 대한 공감.

"그 사람들에 대해 어떻게 생각하나요?"

"○○ 아이 한 명을 알아요. 정말 착한 애죠. 어떤 ○○ 사람들은 진짜 착해요, 그러니까 ○○ 라고 부르지도 말아야 해요."

꼬리표를 제거하면 문제 역시 없애버릴 수 있다. 아이는 언어를 뒤집어 편견을 우회하는 해결책에 도달한 듯했다.

"우리가 훨씬 더 관대해져야 한다고 생각해요. 부모에 대해서는 무리라 해도 아이들에 대해서만큼은 관용을 베풀어야 하죠." 아이가 다시 힘주어 이야기했다.

세대를 넘어 전파되는 편견의 고리를 끊자. 부정적인 부모의 영향을 답습하지 말자.

"왜 많은 사람들이 그 사람들을 좋아하지 않는다고 생각하나요?"

"몇몇 사람들은 ○○ 사람들이 미국에 들어와서는 안 된다고 얘기하죠." 아이가 슬픈 목소리로 기억을 떠올린다. 열 살짜리 아이의 눈썹이 구겨지면서 언성이 점점 높아진다. 무슨 스위치라도 켜진 것처럼 분노와 좌절감이 고개를 쳐들고, 아이는 점점 더 빠르고 크게 논변을 이어나간다.

"그런 생각을 하는 사람들이야말로 이 나라에서 사라져야 해요."

이런, 아이의 관용적인 추론이 살짝 흔들리는 걸까? 모순에 빠짐. 교수가 노트에 적는다.

"그런 말을 하는 사람들은 나라 밖으로 추방해야 해요. 더는 차별을 부추기지 않을 때 들어올 수 있게 하는 거죠."

분리주의자들을 분리함. 교수는 편견을 지닌 집단에 대해 아이가 어떤 처벌을 내렸는지 곰곰이 생각한다. 교실에서 공격적인 학생들을 내보내고, 학생들의 생각이 일정하게 균질화될 때까지 문을 닫고 걸어 잠근다. 인종차별적인 도전자들로부터 민주적인 가치를 보호하고자 경계를 세운다. 이것은 모순되는 처방일까, 아니면 **훌륭한 생각일까? 진보적인 사고를 적용한 사례일까, 아니면 경직된 부족주의이거나 단순한 미성숙함의 결과일까?**

경직성은 어디에나 존재한다

브룬즈비크의 퍼즐에서 첫 번째 핵심은 편견을 가진 아이들의 경직성이 한 가지 영역에만 머무르지 않는다는 점이었다. 경직성은 어디에나 존재했다. 이 경직성이 흘러넘쳐 온갖 반응과 추론적 사고, 잘못된 판단으로 스며들었다. 이전 설문지에서 편견 항목에 높은 점수를 기록한 어린이를 인터뷰한 결과, 아이는 세상을 이분법으로 바라보았다. 예컨대 흑인과 백인, 강자와 약자, 선과 악, 친구와 적수, 깨끗함과 더러움, 남성과 여성으로 나뉘는 식이다. 여기에 대해 브룬즈비크는 이렇게 말했다. "이런 절대적인 차이는 전부 자연스럽고 영원한 것으로 간주되었다. 그리고 개인이 한쪽에서 다른 쪽으로 넘나들 가능성은 배제되었다."[4] 집단과 범주 사이에 명확한 경계가 유지되어야 한다고 믿기 때문이다.

성 역할에 대한 질문을 받고도 자민족 중심적인 아이들은 여자아이들이 직업이나 창의적인 활동을 위해 노력해서는 안 된다고 주장했다. 한 소년은 "여자애는 집안일에 유용한 것만 배워야 한다"라고 말했으며, 한 열한 살짜리 소녀는 "여자아이는 숙녀처럼 행동해야 한다"고 말했다. 여성은 여자답게 굴어야 하기 때문에 남성에게 먼저 데이트를 요청해서도 안 되었다. 아이들은 자신의 행동 범위와 정체성을 제한하는 규칙이라 해도 그것이 옳다면 엄격하게 지켜야 하며 그에 따르는 불편은 감수해야 한다고 여겼다.

진보주의에 반대하는 한 소년은 "여성이 할 수 있는 일 가운데 최악의 일은 스스로 생계를 유지하는 것"이라고 얘기하기도 했다.

오늘날 우리는 이러한 정서를 예전 시대의 산물로 치부하기 쉽다. 1940년대에 캘리포니아에서 10대를 보낸 청소년들은 1960년대 미국 여성해방운동의 옹호자나 반대자로 성장할 기회가 없었기 때문이다. 하지만 그런 1940년대의 암울한 상황에서도 진보주의 성향의 남자아이들에게 성 역할에 대한 질문을 던지면 아이들은 이분법적 사고에 저항했다. 여자아이들이 남자아이들에게 어떻게 행동해야 하는지에 대한 질문을 받자 한 진보주의 성향의 꼬마 신사는 "여자아이들도 다른 남자아이들과 마찬가지로 자기가 좋아하는 주제에 대해 말할 수 있어야 한다"고 대답했다.

진보적인 한 소년에게 여성이 할 수 있는 최악의 일은 "하고 싶지 않은 일을 억지로 하는 것"이었다.

1940년대에 브룬즈비크와 대화를 나눈 진보주의 성향의 아이들에게 여자아이의 세계와 남자아이의 세계는 서로 겹치는 원에 보다 가까웠다. 서로 닿지 않고 나란히 머물면서도 확실히 떨어져 있는 두 원이 아니었다.

반면에 편견을 가진 아이들은 모든 관계는 불평등하며 자칫 잘못하면 학대에 가까워진다고 생각했다. 진보적인 아이들은 어른과 아이의 관계를 상호주의와 따뜻함이 적용되는(브룬즈비크가 '상호호혜적'이라 부르는) 관계로 여겼던 반면, 자민족 중심적인 아이들은 복종을 관계의 기반 논리로 여겼다. 또 이상적인 교사에 대해 물어보면 편견을 가진 아이들은 이렇게 답했다. "교사는 엄격할수록 좋으며, 아이들이 무엇을 원하는지 알아내려고 애쓰는 대신 아이들에게 무엇을 해야 하는지 명령해야 한다." 이러한 아이들은 윗사람이 교육 목적의 요구를 하거나 사적인 이유로 변덕을 부린다면 아이들이 필요로 하는 것은 외면당해도 괜찮다고 생각했다. 상당수는 엄격한 남성 교사를 선호했고, 여성 교사는 '매우 엄격할 때만' 받아들이겠다고 말했다. 완벽한 교사는 조금의 흐트러짐도 없이 훈육을 실시하는 사람이었다. 그리고 운동장이나 교실에서 아이들을 줄 세우고 기강을 잡는 사람이어야 했다.

마찬가지로 이상적인 부모에 대해 물었을 때도 편견을 가진 아이들은 '엄격하며 나에게 상냥하지 않은 사람'을 이상적인 아버지로 꼽고 그런 아버지를 존경한다고 답했다. 이들에 따르면 모범이 되는 아버지는 애정 표현에 알레르기가 있는 사람이었다. 한 12세 남자아이는 "아이가 무엇을 요구해도 바로 주면 안 된다"고 주장했다. 아버지는 감정적으로 냉정해야 하며 자녀가 잘못해도 쉽게 용서하지 말아야 했다. 다른 아이는 "자녀가 잘못을 저지르면 아버지가 엉덩이를 때려도 괜찮으며, 아이에게 너무 많은 용돈을 주면 안 된다. 부모에게 말대꾸하는 아이는 채찍으로 맞아야 한다"라고도 말했다. 한 소녀는 심지어 "자녀가 부모의 말에 주의를 기울이지 않으면 소년원에 보내야 한다"라고도 주장했다. 아이들은 사소한 잘못에 대해서도 어마어마하고 극적인 처벌을 제안했다. 처벌은 정의와 혼동되었고 정의는 고통과 동의어가 되었다.

더 나아가 이 아이들은 자기들을 규제하고 구속해달라고 애걸복걸하거나 울음을 터뜨렸다. 어른이 무심하게 대해주기를 원했고, 자신들에 대한 폭력을 합리화했으며 때로는 그것을 미화하기까지 했다. 이 아이들은 자신에 대한 억압, 그리고 상상력과 욕구에 대한 군대식 억압을 지극히 옳다고 여겼다. 취약하고, 장난기 많고, 틈만 나면 말을 듣지 않는 아이다운 모습과는 가장 거리가 먼 모습이었다.

10

세뇌당한 아기

아이를 세뇌하려면 어떻게 해야 할까? 마인드컨트롤이나 프로파간다 같은 정교한 기술이 필요할까? 이데올로기는 어떻게 학습되고 숙달될까? 세뇌는 언제나 명시적일까, 아니면 두뇌가 발달하고 성숙하는 과정에서 암묵적으로, 미묘하게, 또 통념과 어긋나게 사물의 연상 관계를 포착했다가 나중에 역류시켜 곱씹는 것일까? 세뇌는 얼마나 이른 시기부터 시작될까?

종교든, 혁명이든, 군국주의든 엄격하고 헌신적인 이데올로기 아래에서 자란 사람들은 서로 비슷한 점이 많다. 어떤 종류든 열성적인 이데올로기는 권위에 대해 경외심을 갖거나 순응하게 만들고, 의심을 품거나 자기 생각을 갖고 자유로이 행동하려는 사람들을 억누르려 한다. 철학자 존 스튜어트 밀John Stuart Mill이 제안한 것처럼, 이데올로기 공동체에서 삶은 일련의 아름다운 '삶의 실험experiments of living'[1]이 아니라 엄격한 프로토콜protocol과 같다. 엄한 규칙과 더불어 매우 중요시되는 외형이 둘 다 완벽하게 지속되어야 한다. 일탈이나 반란이 일어날 낌새만 보여도 재빨리, 때로는 폭력적으로 처리된다. 신체나 언어, 또는 분위기에 담긴 공격성은 권력을 입증하는 일반적인 도구다. 도덕과 미덕이라는 달콤한 외관 뒤에 숨어 있더라도, 독단주의와 편협성은 이데올로기적인 환경의 명확한 특징이다.

정치학자들은 부모와 자손이 이데올로기적 신념을 공유할 가능성이 높다는 사실을 오래전부터 눈치챘다. 통계로 볼 때 종교와 거리가 있고 평등을 중시하는 부모는 비슷한 자녀를 양육하며, 보수적이고 독실한 종교를 가진 부모 또한 비슷한 자녀를 양육한다. 이것은 직관적으로 알 수 있는 사실이며 결코 놀라운 일이 아니다. 가족은 생물학적, 사회적 재생산의 토대이기 때문이다. 유전자, 의식, 세계관은 세대를 넘나들며 반복되고, 복제되고, 재활용된다.

그럼에도 신념의 대물림은 단순한 모방과는 달리 미묘한 차이를 허용한다. 이데올로기는 복제 파이프라인을 따라 마음에서 마음으로 전달되는 것이 아니고, 아이에게 인격이나 정치적 성향을 각인하는 과정도 아니다. 비누 거품을 내고 막무가내로 거품을 뿌리면 짠, 하고 광신적인 아이가 탄생하는 식의 세뇌도 아니다. 다행히 그렇게 쉽게 이뤄지지는 않는다. 이데올로기에 정통해지는 것은 끊임없는 학습과 선택의 결과물이다. 대물림은 종종 부분적

이고 불완전하며, 대물림받는 쪽이 내용을 수정하거나 거부할 수
도 있다.

습관이 뇌에 깃들기 시작하면

이데올로기적 환경에서 성장하는 것은 특정한 습관에 대한 훈
련을 받는 것과 같다. 주의 집중이나 애착, 행동에 관한 습관, 즉
우리의 시선을 인도하고 말버릇을 단속하는 자동적이고 무조건
적인 '제2의 본성'이 되는 습관들 말이다. 습관은 반복에서 비롯한
다. 자극과 반응을 통해 형성된 밀접하고 반복된 연결고리가 습관
을 만든다. 익숙한 도화선이 나타날 때마다 특정한 행동을 실행하
게 된다. 우리를 감싼 맥락을 인지할 때마다 우리는 마치 반사작용
을 의인화한 것처럼 정확히 때를 맞추어 무언가를 수행한다.

습관은 끊임없이 정교하게 수행된다. 뇌는 습관적으로 신중한
검토 없이 어떤 단서가 눈에 띄면 그 단서와 행동 사이의 긴밀한
연결고리를 만들어 행동을 활성화한다. 집을 나서는 것과 동시에
열쇠를 챙기고, 새로운 사람을 만나면 자연스레 악수를 하거나 정
중하게 고개를 숙인다. 종교의식을 준비할 때는 목욕재계를 하고,
예배당에 들어가면 성호를 긋거나 신령한 상징에 입을 맞춘다. 방
아쇠를 당기는 무언가를 만나면 이미 학습된 순서에 따라 움직이
는 것이다.

습관을 통해 보이지 않는 손이 우리의 턱을 잡고 특정 방향으로

눈길을 틀어 우리가 무엇을 봐야 할지 감독한다. 그렇게 우리는 특정한 대상이나 감각, 모순을 무시하는 법을 배운다. 한번 요구에 따라 행동에 돌입하게 되면 그 연관성을 뼛속 깊이 익힌 터라 다른 방법으로는 거의 수행할 수 없고, 습관이 된 그대로 할 수밖에 없다.

목표가 보이지 않을 때에도 습관은 계속해서 지름길 역할을 한다. 개는 보통 간식을 주거나 위협하지 않아도 학습된 행동을 한다. 앉아, 뒤집어! 인간의 습관도 같은 방식으로 작동한다. 보상이 사라졌을 때도 우리는 습관 때문에 스스로 어떤 행동을 끝까지 수행한다. 심지어 우리가 계획하거나 원하지 않을 때도 마찬가지다. 이럴 때 우리는 자신에게 해를 끼칠 수도 있다. 우리가 스스로의 목표와 욕구를 무시하고 혐오나 고통 어린 후회, 강박, 설명할 수 없는 안도감 등을 느끼며 어떤 행동을 하는 순간이 있다. 바로 그 순간에 만나는 것이 우리 자신의 습관이다.

단어의 정의상 습관이나 관행은 흠잡을 데 없이 의식화된 동작 및 순차적 행동으로서, 늘 동일한 방식으로 수행된다. 영적인 의식을 수행할 때 신자는 마치 군대처럼 정확하게 움직여야 한다. 두 손바닥을 맞대 위로 들고, 발을 가지런히 하고, 목을 숙여 절할 준비를 하고, 지시에 따라 눈을 감거나 뜬다. 개인의 주체성을 포기하는 것이다. 비단 종교계뿐 아니다. 스포츠계 또한 가부장적인 관행을 따르느라 개인의 고통이나 불편함을 대수롭지 않게 여긴다. 굽 높은 신발을 신느라 물집이 잡힌 발이나 선수 몸에 남은 영구적 손상이 이러한 사실을 구체적으로 보여준다. 이데올로기를 위해 수행되는 의식은 사람 몸에 상처를 입히거나 제아무리 시대에 뒤떨어진 우스꽝스러운 것이라도 정의로운 것으로 간주된다.

습관은 절대적인 복제성과 불변성을 전제로 삼는다. 하지만 이와 동시에 습관을 이루는 행위와 수행이 그 위력과 신념을 강화하며 자극과 행동 사이의 연결을 굳건히 다진다. 습관은 사실 그리 안정적이지 않아서 반복을 통해서만 지속력을 얻을 수 있으며, 더욱 극단으로 나아갈 수 있다. 습관을 반복해서 수행하면 모종의 결과가 발생한다. 예컨대 우리 몸은 경험에 따라 바뀐다. 다섯 번 반복한 습관은 같은 행동이라도 100번 반복한 습관과 심리적으로 차이가 있다. 반복하면 할수록 습관은 더욱 고착화된다. 그래서 우리가 열정적으로 의식을 반복할수록 우리는 더욱 급진적으로 변한다.

습관에 관여하는 뇌는 목표를 추구하고자 행동하는 뇌와는 모습부터 달라진다. 습관이 뇌에 깃들기 시작하면, 우리의 행동을 지배하는 신경회로는 이마 뒤 전두엽 피질 속에 있는 심의 기관에서 벗어나 두개골 한가운데 깊숙이 자리한, 뇌의 보다 오래된 구조인 선조체로 이동한다. 습관에 반응해서 발화하는 뉴런의 패턴은, 의도적으로 목표 지향적인 행동을 할 때 뉴런이 보이는 활동 패턴과 다르다.

신경과학자들은 쥐와 생쥐, 비둘기, 원숭이가 목표나 인센티브가 더 이상 없을 때도 습관적으로 행동하도록 훈련할 수 있다. 동물은 보상이 사라진 후에도 같은 행동을 유지하도록 배우는 게 가능하다. 심지어 그 행동을 수행하는 데 처벌이 주어진다 해도 깊숙하게 뿌리 박힌 습관은 반복될 것이나.

이처럼 이데올로기 집단과 광신적 종교 집단은 사람들에게 의도적으로 습관을 심어주며 그들이 고통받는 순간에도 습관을 고수하는지 지켜본다. 진정한 신자라면 처벌을 견디면서도 습관을 이어나갈 것이다. **심지어 고통을 즐길 수도 있다.** 이것은 세뇌가 깊숙이 진행되었다는 신호이다. 신자들은 헌신적으로 믿음을 유지하고자 무엇이든 대가로 치를 수 있으며 목숨마저도 버릴 수 있다.

불편함이나 처벌에 굴하지 않는 가장 끈질긴 습관은 바로 중독이다. 신경과학자들은 이런 원리를 응용해서 쥐가 코카인에 중독되도록 훈련시킬 수 있다. 과학자들은 쥐들이 일련의 행동을 해내면 상으로 코카인을 주는데, 쥐들에게 습관이 만들어질 때까지 반복한다. 그러면 습관은 더 이상 목표 지향적인 행동이 되지 않는다. 쥐가 레버를 누를 때 코카인이 나오도록 하면 동시에 전기 충격이 가해진다 해도 쥐는 계속 레버를 누른다. 더는 코카인이 주어지지 않아도 마찬가지다. 혼란에 빠지고 전기에 감전돼도 여전히 멈출 수 없게 된 쥐는 보상이 더는 실현되지 않고 처벌만 주어지는 상황에서도 습관을 떨쳐내지 못한다. 중독된 쥐는 고통이 주어질 위험이 있는데도 습관을 반복해 결국 죽음에 이른다.

고칠 수 없을 만큼 강력한 습관은 극단적인 몰입의 다른 모습이다. 불만족, 배고픔, 무언가의 종결이나 확실성이 필요한 상황, 스스로에 대한 불안 등과 같은 불편함에서 벗어날 수 있으리라는 전망에 몰두하는 것이다. (안심을 주는 습관에 의존하게끔 우리를 이끄는 좌절감이 이 전망에 의해 반드시 중단되는 것은 아니다.)

이데올로기적인 환경에서 성장한다는 것은 헌신적인 의식을 치르는 훈련을 받는 것과 같다. 헌신이라고 하면 사랑스럽고 평화로운 단어로 들리기도 하고, 진지하고 경건하게 들리기도 하지만 사실 헌신은 많은 것을 요구하며 까다롭다. 무언가에 헌신한 우리는 개성을 잃고 서로 구별할 수 없게 된다. 모두가 무릎을 꿇고 기도하는 모습, 장화를 신고 군인처럼 열 맞춰 행진하는 모습, 찬송가를 부르며 함께 율동하는 모습을 상상해보라. 우리는 물에 잠긴 듯 헌신적으로 무언가에 푹 빠져 익명의 한 사람이 된다. 나 자신과 타인을 분리하는 경계를 지우고 타인과 한데 뭉쳐진다. 아무리 우리의 행복과 신체를 온전히 유지하기 힘든 대가를 치르게 된다 해도 우리는 어떤 전망을 제시하는 무언가에 맹목으로 헌신한다.

많은 사람들은, 헌신이 요구되는 나와 타인의 일치 상태가 매우 아름답고 기분 좋다고 생각한다. 주의력이 내면이 아니라 외부를 향하게끔 훈련하는 과정은 명상처럼 느껴질 수도 있다. 그것은 여러 사람이 협동하는 명상이다. 프랑스의 철학자 시몬 베유Simone Weil는 이를 해방으로 여겼다. 베유에 따르면 "주의 집중은 우리가 생각하기를 멈추고 거리를 두는 과정이며 스스로 텅 비어 무언가에 깊게 파고들 준비를 하는 것"이다.[2] 베유에게 주의 집중은 스스로를 비우는 한 가지 방식이자 일종의 기도다. 베유는 이러한 '자기

지우기self-emptying'가 품위와 우아함의 완벽한 본보기라고 생각했다.

하지만 이런 동기화 의식은 위험할 수 있다. 개인이 다양한 힘에 억눌리거나 그 힘을 받아들이도록 만들 수 있기 때문이다. 우리 몸과 주의력을 외부로 향하도록 훈련시킴으로써 사회적 의식은 우리로 하여금 타인의 필요와 판단, 겉모습에 집중하도록 한다. 외부가 내면보다 더 중요해지는 것이다. 의심이나 질문, 내적인 감각이 침묵하면 대항하고자 하는 충동도 힘을 잃어 저항 정신이 표면을 뚫고 나올 수 없다. 그렇게 되면 우리는 자신에게서 눈을 돌릴 것이다.

편견이 심한 아이들

이데올로기의 이미지는 종종 눈과 결부된다. 감시하는 눈, 주변을 둘러싸고 검열하며 비난하고 통제하는 눈. 이런 눈은 이따금 자애롭기도 하지만 대개는 우리 영역을 마음대로 침입한다. 소설이나 신화, 실제 현실에서 이러한 전지적인 눈은 생각이나 원하는 바를 숨기지 않는다. 조지 오웰의 소설에 등장하는 빅 브라더big brother나 제러미 벤담Jeremy Bentham이 이야기한 패놉티콘panopticon 감옥을 떠올려보자. 그뿐만 아니라 하늘 위에서 우리를 감시하는 위성, 주머니 속에서 우리를 감시하는 최신 기술 장치도 있다. 피라미드에 둘러싸여 모든 것을 볼 수 있는 '프로비던스의 눈the eye of providence'은 속눈썹에서 태양 광선이 발산되는 형상을 하고 있는데 기독교 교회나 유대인의 묘지, 베트남 카오다이교(베트남에서 발생한 신흥종교의 하나-옮긴이)의 도상학에 등장한다. 미국의 1달러 지폐 뒷면을 장식하는 이 눈은 비밀스러운 프리메이슨이나 일루미나티와 관련 있다는 음모론에도 등장한다. 모든 것을 지켜보며 그저 끊임없이 훈계하는 증인이 되는 것만으로 타인들의 행동을 변화시키거나 조작하는 자에게 권력이 깃드는 것이다.

하지만 우리가 이런 이미지를 반전시킬 때 어떤 일이 일어날지 생각해보거나 그렇게 질문해보는 것은 흥미로운 일이다. 언제나 우리를 주시하는 눈과 우리 쪽으로 기울인 귀에 감시당하는 느낌이 어떤 효과를 내는지 묻는 대신, 우리는 이데올로기가 우리 본연의 시각과 통찰력, 즉 우리 눈과 우리 '자신'을 어떻게 변화시키는지 생각할 수 있다. 이데올로기 시스템은 우리를 인지하는 데 그치지 않는다. 근본적으로 우리의 인식, 감각을 기르는 법, 시각적인 주의 집중의 범위에 초점을 맞추게 한다.

이데올로기가 우리의 의식, 심지어 비정치적인 의식까지 구조화한다는 이 관념은 1940~1950년대 초반에 걸쳐 수행한 브룬즈비크의 마지막 연구에서 암시적으로 드러났다. 브룬즈비크는 제각각 다른 수준의 편협성이 드러나는 아이들 수백 명을 대상으로 인터뷰를 진행한 뒤, 이야기나 보고에 의존하지 않고도 편견에 찬 아이들이 세상을 이분법으로 나누는 경향을 포착할 수 있을지 알아봤다. 감각적 인지를 직접 시험하면 아이들이 지닌 편견의 징후가 드러날지도 모른다. 인터뷰라는 방법론 자체를 버리고 시각적인 환각이나 다단계 문제 해결 과제 같은 비사회적인 시나리오를 아이들이 어떻게 분석하는지에 관한 인지 평가로 대체하는 게 좋았을지도 모른다.

이를 위해 브룬즈비크는 일련의 '임시 실험'을 설계해 이데올로기의 영향이 사회적 신념의 영역을 넘어 측정될 수 있는지를 정량적으로 평가했다. 브룬즈비크의 동료들은 인터뷰에 응한 아이들의 일부를 실험실로 다시 초대해 인지능력과 기억력을 시험했다.

연구진은 아이들에게 길고 복잡한 풀이가 필요한 수학 연습 문제를 먼저 풀게 하고는 뒤이어 더 간단한 방식으로 풀 수 있는 문제를 제시했다. 그러자 편견을 가진 아이들은 인내심을 가지고 오래되고 복잡한 방법을 고수한 반면, 편견을 갖지 않은 아이들은 새로운 방식을 채택해 문제를 유연하게 재평가한 뒤 빠르고 효율적으로 풀어냈다. 이 과제에서 나타난 경직성의 정도는 아이들이 도덕적 가치, 소수 민족과 성 역할에 대한 인터뷰에서 보인 경직성과 상관관계가 있었다.

사고의 유연성을 발휘해 복잡한 미로에서 빠져나오거나 어떤 이야기를 듣고 나중에 그 세부 사항을 떠올리는 기억력 테스트가 주어졌을 때도 사회적 편견과 정신적 경직성 사이에는 비슷한 상관관계가 발견되었다.

한 기억력 테스트에서는 등장인물이 전부 막 입학한 신입생이었다. 그리고 각 신입생에 대해 스포츠나 음악 실력 같은 개인적 성취와 더불어 경제적 지위나 인종 같은 추가 정보가 배경지식으로 주어졌다. 실험 참가자들은 이 신입생들의 진술을 들은 뒤 그에 대한 기억을 떠올리고 자신의 평가를 덧붙이도록(누가 선량한 사람이고 누가 악당인지) 요청받았다. 브룬즈비크는 이 실험에 대해 이렇게 설명했다. "신입생들의 진술은 현실의 일부로 생각할 수 있다. 그리고 이러한 현실이 아이들의 기억 속에서 어떻게 변화하는지, 특히 모호함이나 복잡성이 제거되는 방향으로 어떻게 달라지는지 알아볼 수 있다."[3] 아이들은 신입생들의 진술을 듣고 어떤 세부 사항을 기억할까? 또 얼마나 정확하게 들은 이야기를 다시 진술할 수 있을까?

이때 진보적인 아이는 바람직한 특성과 바람직하지 않은 특성의 비율을 보다 정확하게 기억하는 경향을 보였다. 이 아이들은 그렇지 않은 또래에 비해 원래 이야기에 더 충실하게 기억했다. 반면 편견이 많은 아이들은 소수 민족이라는 배경을 가진 신입생에게 바람직하지 않은 특성을 강조하거나 아예 없는 것을 지어내는 식으로 '내용을 왜곡하는 부정적인 경향'을 보였다.[4] 브룬즈비크에 따르면 "편견을 가진 아이들의 기억에서는 신입생들의 이야기가 보다 더 단순해지고 덜 풍성했다."[5]

참가자들의 회상을 면밀히 분석한 결과, 편견이 가장 심한 아이들은 "제시된 자료와 거의 관련 없는 이야기를 늘어놓는"[6] 경향이 있으며 동시에 원래 자료의 '특정한 세부 사항'을 앵무새처럼 반복하기도 했다. 편견을 가진 아이들은 눈앞의 자극을 소홀히 하는 대신 허구의 이야기를 지어내거나, 아니면 눈앞의 자극에 지나치게 몰입해 이야기를 섬뜩하리만치 완벽하게 재현해 들려주었다. 경직도에 따라 원래 이야기가 해체되는 이런 패턴을 해석하는 과성에서 브룬즈비크는 이렇게 덧붙였다. "주어진 현실에 집착하거나, 현실에서 벗어나고자 애쓰는 두 가지 패턴은 모두 우리가 불확실성을 피하는 데 도움이 된다."[7]

다음으로 브룬즈비크는 지각perception으로 눈을 돌렸다. 브룬즈비크는 편견이 있거나 편견이 없는 아이들이 색의 스펙트럼이나 고양이가 점차 개로 변하는 연속적인 이미지를 어떻게 평가하는지 연구하고자 했다. 모호한 혼합물을 받아들이는 쪽은 누구이고, 첫인상을 고수하며 해석을 바꾸지 않으려 하는 쪽은 누구일까? 어쩌면 아이의 눈을 들여다보는 것만으로도 근본주의의 잠재적인 경직성이 짙게 드리워진 것을 감지할 수 있을지 모른다.

교수가 인터뷰용 테이블에 카드 한 장을 올려놓는다.

"이 카드가 무슨 색인지 말해봐요."

"빨간색이요!"

아이가 이 정도는 다 안다는 듯이 만족감으로 빛나는 표정을 짓는다. 쉽다.

"그럼 이 카드는 무슨 색인가요?"

교수는 진한 마젠타색이 칠해진 정사각형 카드를 들어 올려 무표정하게 아이의 얼굴 가까이 가져다 댔다.

"그것도 빨간색이에요!"

"그럼 이 카드는요?" 이번에는 밝은 보라색이었다.

아이는 조금 기세가 꺾이더니 머뭇거리며 대답했다.

"그것도…… 역시 빨간색이네요."

"이 카드는?" 자두처럼 진한 자주색이었다.

"그건 아마 보라색 아닐까요?" 아이는 이제 자신이 없어졌다. 머리 위로 물음표가 점점 커지는 듯하다.

교수는 기운차게 다음 카드를 들어 올린다. "그럼 이 카드는 무슨 색일까요?"

인터뷰 대상자인 아이와 교수 사이에는 어두운 남색 카드가 있다.

"보라색이요."

그러자 교수는 카드를 섞고는 얼른 손을 뻗쳐 마지막 카드를 자기 얼굴 앞에 들어 올렸다. 하늘색 카드가 모습을 드러냈다. 교수는 아이가 한 가지 색에서 다음 색으로 얼마나 쉽게 이동하는지, 즉 색상 범주를 얼마나 빠르게 넘나들 수 있고 구분하기 힘들게 조금씩 달라지는 색조를 얼마나 기꺼이 받아들이는지를 알아보려는 중이었다. 색조가 점점 바뀔 때 어느 시점에서 더 이상 빨간색이 아니라 이제 보라색이라고 말해야 할까? 어떤 사람들은 변화에 빠르게 적응한다. 하지만 어떤 사람들에게는 색이 더는 처음의 범주와 일치하지 않는다고 인정하는 것이 견디기 힘들다. 이들에게 변화를 인정하는 것은 패배를 인정하는 것과 같다.

"그건 더 이상 보라색이 아닌 것 같아요." 아이가 눈을 깜박인다. "확실히 파란색이네요."

여기에는 패턴이 있었다. '예선전', 다시 말해 변화의 조짐이 있다. 그렇지만 통계는 교수의 가설을 뒷받침했다. 가장 편견이 심한 아이들은 명확한 분류를 선호했으며 모호성을 못 본 척하거나 그것이 중요하지 않은 척하면서 변화하는 색조를 판단하는 데 어려움을 겪었다. 반면에 진보적인 어린이들은 색의 변화에 민감하게 반응했고 최초의 판단에서 어렵지 않게 벗어나, 눈앞의 현상이 깔끔하게 떨어지는 이분법이 아닌 스펙트럼이라는 사실을 받아들였다. 순수한 색상의 영역만 따져봐도 진보적인 아이들은 모호성에 편안함을 느꼈고, 무지개색 스펙트럼을 자유로이 넘나들며 서로 섞이는 색상도 용인했다. 이때 색조는 뚜렷한 범주 안에만 머물지 않아도 된다. 모호한 상태에서 아무 문제도 없이 공존할 수 있는 것이다.

이번에도 역시 한 영역의 경직성은 다른 영역의 경직성으로 이어졌다. 무언가를 나누고 차별하려는 마음은 다른 모든 것을 갈라놓았다. 소수 집단을 다수 집단으로부터 사회적으로 구별 지으려는 경향은 색을 이분법으로 구분하려는 경향에 반영되었다. 지각 세계를 잘게 자르려는 사람은 정치적인 세계에서 각 집단을 무자비하게 구별 짓는 사람이기도 했다.

브룬즈비크에 따르면 아이들이 지각적 모호성을 해결하는 방식은 대인관계와 정치적인 모호성을 해결하려는 방법을 드러냈다. 브룬즈비크는 편견을 가진 실험 참가자들의 행동에 대해 이렇게 말했다. "이들에게는 어떤 자극이든(또는 당사자가 자극으로 해석한 것은 무엇이든) 마땅히 복종해야 하는 권위의 역할을 하는 듯했다. 이들이 보기에 확고한 안정성이 부족한 상황은 절대적인 결단력이 부족한 지도자와 마찬가지로, 이상하고 당황스러우며 편견을 흔들리게 하는 것 같다. 그 정도로 불안한 내적 갈등이 이들 집단에서 일어난다면 외부의 모호성을 할 수 있는 데까지 부정하려는 경향이 분명히 생겨날 것이다."[8]

브룬즈비크는 '이건 그저 임시 실험'이라고 밝히고 흥분된 어조를 조심스레 절제하며 글을 이어갔다. 참가자의 규모가 작고 이론이 아직 완전히 구체화되지 않았기 때문이었다. 크고 대담한 결론을 내릴 만큼 데이터가 무르익지 않았다. 무엇보다 정확성과 엄격성이 가장 중요했다. 하지만 이것이 유망한 발견인 것도 사실이었다. 아직은 '산발적이고' '예비적인' 결론이었지만 브룬즈비크는 편견에 사로잡힌 마음에 어떤 일이 일어나는지를 세상에 알리고 싶었다. 전체주의가 우리의 의식적 신념뿐만 아니라 무의식의 패턴까지 이끄는 이유가 무엇일까?

그렇지만 불행히도 이 예비적인 실험이 성숙 단계에 도달하지는 못했다. 브룬즈비크가 혁신적인 접근 방식으로 막 국제적 인정을 받을 무렵, 그의 남편은 고통스러운 질병과 오래 싸우던 끝에 스스로 생을 마감했다. 이 비극적인 사건 때문에 브룬즈비크는 더 이상 과학적 성과를 얻지 못했고 곧이어 1958년에 남편을 따라 스스로 세상을 떠났다. 이후 브룬즈비크의 연구와 발견들은 대부분 멈춘 채 잊혀졌다. 남성 동료나 학생들이 그 잔재를 잘못 가져다 쓰거나 서투르게 활용하는 정도였다.

브룬즈비크가 세상을 떠나기 전 그가 진행했던 프로젝트의 취지는 1951년에 출간된 유명한 저서 《권위주의적 성격*The Authoritarian Personality*》에 실렸다. 브룬즈비크는 저명한 정치이론가 테오도어 아도르노*Theodor Adorno*에 이어 이 책의 두 번째 저자로 이름을 올렸다. 이 책에 등장하는 개념이나 방법을 찬찬히 살펴보면 개인의 차이를 연구한 브룬즈비크의 접근 방식에 뿌리를 두고 있다는 것이 분명하다. 아도르노는 이 책이 출간되기 전까지만 해도 진지한 정량적 연구를 주도한 적이 없었다. 실제로 아도르노는 지식을 창출하고 검증하는 수단으로 과학 실험을 옹호하는 비엔나 학파의 논리 실증주의에 의구심을 표한 적이 있었다. 반면에 브룬즈비크는 《권위주의적 성격》을 구상하기 이미 10여 년 전부터 빈의 논리 실증주의자들에게 깊이 심취했다.

또 브룬즈비크는 평생 개성에 대한 연구에 전념한 반면 아도르노는 글에서 개성에 대한 언급을 거의 하지 않았다. 브룬즈비크가 수십 년 동안 애쓴 프로젝트에 대해 어째서 보다 많은 공로를 직접적으로 인정받지 못했는지는 확실하지 않다. 《권위주의적 성격》의 공저자 중 누구도 그 이후로 이 주제를 계속 이어가지 않았다.

비록 브룬즈비크의 공헌은 역사적으로 외면당하고 인정받지 못했지만 그는 미래의 연구자들이 따라야 할 길을 열었다. 브룬즈비크가 사망한 지 60년이 지난 2015년, 나는 그의 연구를 발견하고 이데올로기적 정신의 인지적 특성에 관한 나 자신의 연구와 놀랄 만큼 공감대가 크다는 사실을 발견했다. 비록 우리의 연구는 반세기 넘는 세월을 사이에 두고 진행되었지만 독단적 사고의 무의식적인 지표를 해독하고자 하는 관심사는 한곳으로 수렴했다. 새천년 들어 브룬즈비크가 떠난 유럽에서 자민족 중심주의와 외국인 혐오의 새로운 물결이 분명하게 드러나는 동안, 나는 인지과학과 뇌과학이라는 엄격한 방법론을 활용해 그의 선구적인 통찰을 바탕으로 연구를 쌓아갔다.

11

마음이 경직된 사람들

준비가 되면 '엔터'를 누르세요.

돌아온 것을 환영합니다! 당신이 이 게임을 즐겼으면 좋겠습니다. 이번 도전에서는 클립 같은 어떤 물체의 이미지가 화면에 표시됩니다. 2분 동안 이 물체를 사용하는 방법을 가능한 한 많이 떠올려보세요. 용도는 일상에서 자주 볼 수 있는 흔한 것이어도 좋고 파격적이거나 아방가르드해도 좋습니다.

예컨대 클립 사진이 제시되면 다음과 같은 쓰임새를 상상할 수 있습니다. 종이를 한데 묶는 데 쓰거나, 머리핀으로 쓰거나, 스마트폰을 리셋하는 데 쓰거나, 조금 불편한 이쑤시개로 쓰거나, 빡빡해서 열리지 않는 자물쇠를 따는 데 쓰거나, 다른 클립과 연결해 팔찌 장신구를 만들거나, 작은 해시계를 만들거나, 클립을 구부리고 연결해 쥐라든지 아주 날씬한 햄스터가 쓸 만한 작은 사다리를 만들 수 있죠.

이런 아이디어는 여러분의 상상력이 허락하는 만큼 다채로울 수도, 단순할 수도 있습니다. 기능적으로 실현할 수 있거나 이론적으로 실행이 가능하다면 어쨌든 가치 있는 아이디어로 간주합니다.

이제 여러분의 차례입니다. 준비되었나요?

앞으로 2분 동안 다음 물체의 용도를 가능한 한 많이 제시하세요. 바로 벽돌입니다.

여러분은 이렇게 적는다.
집 짓기.
굴뚝 만들기.
학교 짓기.
감시탑이 있는 감옥 짓기.
포로가 된 공주를 위해 성을 쌓기.
창문 부수기.
화분으로 활용하기.
문이 닫히지 않게 괴어두기.

종이가 날아가지 않게 눌러두기.

원두 갈기.

벽돌 먹는 괴물에게 먹이로 주기.

큼직한 거미를 으깨 죽이기.

삐빅!

시간이 다 되었다.

여러분은 성취감을 느낄 수도 있고 아쉽다고 느낄 수도 있다. 이런 다양한 해답을 내놓을 만큼 여러분의 마음이 여기저기 뻗어가다니 조금 놀랍다. 여러분이 놓친 아이디어를 붙잡거나 조금만 더 시간을 갖고 외부의 간섭을 줄이면 어떤 아이디어가 나올지 궁금할 것이다.

이 게임은 '다른 용도 찾기 테스트Alternative Uses Test'라고 불린다. 창의성을 측정하는 고전적인 시험으로, 개인이 얼마나 다양한 아이디어를 내놓을 수 있는지를 평가한다. 위스콘신 카드 분류 테스트가 '반응 유연성reactive flexibility', 즉 변하는 외부 세계에 얼마나 잘 적응하는지를 본다면, 다른 용도 찾기 테스트는 '생성 유연성generative flexibility'을 측정한다. 후자는 여러분이 약간의 외부 자극이 주어진 상황에서 즉흥으로 만들어진 여러 아이디어와 시각화된 시나리오를 통해 내적으로 얼마나 유연하게 사고할 수 있는지에 관한 것이다. 이 테스트는 여러분이 개념과 연관성으로 이루어진 의미론적 연결망을 얼마나 광범위하게 참고하는지, 해결책과 가능성을 얼마나 빠르고 유연하게 찾는지, 고정관념을 벗어나 얼마나 새로운 사고를 할 수 있는지를 정량적으로 평가한다.

이때 어떤 사람에게는 수많은 아이디어가 손끝에서 화면으로 흘러든다. 노아의 홍수를 일으킨 큰 비가 아니라 가벼운 소나기처럼 아이디어가 만들어지는 과정이 좀 더 느리고 덜 생산적인 사람도 있다.

인지과학자들은 아무렇게나 답하거나 횡설수설하는 텍스트 기반의 정성적인 응답을 정량적 데이터로 변환하기 위해 일단 제한 시간 안에 제출한 적정한 아이디어의 수를 센다. 이렇게 하면 실험 참가자의 '유창성'을 측정할 수 있다. 유창성이란 참가자가 실행 가능한 아이디어를 얼마나 빠르고 쉽게 생성할 수 있는지에 대한 척도다. 이 척도를 통해 참가자가 다양한 해결책을 만들어내고자 자신이 가진 기억과 개념의 연결망을 얼마나 빠르게 검색하는지 알 수 있다. 아이디어를 많이 제시할수록 유창성 지수가 높다.

이뿐만 아니라 과학자들은 참가자의 아이디어가 얼마나 복잡하고 세부적으로 표현되었는지를 파악하는 '정교화' 능력을 측정한다. 예컨대 여러분은 '포로가 된 공주를 위해 성을 쌓기'처럼 생생하고 상세한 답을 내놓는 경향이 있는가, 아니면 '무언가를 쌓아 올리기'처럼 단순하고 기초적인 답을 고수하는가? 명료하고 무언가를 자세히 기술하며 표현력이 뛰어난 아이디어는 정교화 지수가 높다.

또 연구자들은 참가자의 아이디어가 얼마나 특이하고 희귀한지 드러내는 '독창성' 지수를 알고자 한다. '상자 밖의 것', 즉 무언가

새로운 것을 생각하는 경향이 있고 소수만이 떠올릴 수 있는 아이디어를 내놓는다면 독창적인 사고방식을 가진 사람이다. 반면에 벽돌로 집이나 울타리를 짓는 정도만 떠올린다면 여러분은 고정관념에서 거의 벗어나지 못하는 셈이다. 흔치 않고 파격적인 아이디어를 제시하는 사람은 독창성 지수가 높다.

마지막으로 나에게 가장 흥미로운 사실은 이런 테스트를 통해 '유연성'을 정량화할 수 있다는 점이다. 유연성은 주어진 물체에 대해 얼마나 많은 쓰임새를 내놓을 수 있는지에 따라 측정된다. 유연한 사람은 다양한 기능을 갖춘 광범위한 해결책을 제시한다. 예컨대 이들은 벽돌을 건축용으로 쓰거나 무기, 정원 가꾸기에 사용할 뿐 아니라 벽돌을 먹는 가상의 괴물에게 줄 먹이로 쓰겠다고 제안한다. 반면에 유연하지 않은 사고방식을 가진 사람은 협소한 범위의 아이디어를 제시한다. 벽돌로 집이나 성, 학교처럼 무언가를 지을 수 있다고 이야기하지만 문이 닫히지 않게 괴거나 주방 도구로 활용하는 다른 쓰임새는 상상하지 못한다. 사고방식이 유연하지 않은 사람은 하나의 물체가 가질 수 있는 여러 기능을 떠올리기 위해 몹시 애써야 한다. 이들에게는 사물에는 하나의 고정된 본질이 있다. 여기에 비하면 유연한 사고방식을 가진 사람에게는 사물에 가장 일반적인 하나의 역할은 존재하지 않는다. 즉, 다양한 기능을 상상하는 능력이 유연성의 척도다.

과학자들은 수천 명의 실험자를 모은 다음 개인의 데이터를 분석할 열성적인 연구 보조원을 모집했고, 그 결과 이 과제에서 나타나는 정신적인 유연성은 독단주의의 반대인 지적 겸손과 독특한 방식으로 연결되어 있다는 사실을 알게 되었다.[1] 이 다른 용도 찾기 테스트를 여러 번 반복할수록 사람들은 대신할 수 있는 다른 관점에 유연하게 반응하고 신뢰할 수 있는 증거에 비추어 자신의 신념을 업데이트했다. 그렇지만 인지적으로 경직된 사람일수록 이데올로기적으로 경직되어 있었다. 이러한 상관관계는 연령이나 성별, 학력에 관계없이 사실로 드러났다. 인구 통계학적 특성에 관계없이 젊은이든 노인이든, 고학력자든 저학력자든 모두에게 이 패턴이 적용됐다.

특히 다른 용도 찾기 테스트에서 추출할 수 있는 여러 지표 가운데 유연성만이 독단주의를 예측하는 중요한 변수였다. 유창성이나 정교성, 독창성 같은 다른 지수는 지적 겸손에 대한 유의미한 예측 변수가 아니었다. 사고방식을 살필 때 유연성이라는 특성은 독특하다. 우리가 지능을 통계적으로 다룰 때에도 인지적 유연성은 지적 겸손의 중요한 변수이다. 아무리 지능이 낮은 사람이라도 유연한 사고방식을 갖고 있으면 외부의 증거나 변화를 수용할 수 있다.

사고의 유연성이 중요한 까닭

그렇다면 마음의 적응력, 즉 무언가에 반응하고 새로운 것을 생산하는 유연성은 왜 그렇게 중요할까?

상자나 벽돌, 클립을 보고 창의적으로 다른 용도를 발견하려면 겉으로 드러난 외관을 뛰어넘어야 하기 때문이다. 관습을 해체하고 고정된 본질을 깨부수며 불안정성과 유동성을 받아들여야 한다. 보이지 않는 것, 상상할 수 없는 것, 관찰할 수 없는 것을 볼 수 있는 것, 새로운 것으로 전환해야 한다. 유연한 사람들은 이런 전환이 쉽다. 이들은 정지 상태의 존재에 구애받지 않고 끊임없이 움직이는 과정에 초점을 맞춘다.

우리의 창의적인 상상력은 이데올로기적 상상력과 연결되어 있다. 유연한 상상력을 가진 사람은 이데올로기적인 주장을 평가할 때도 유연할 가능성이 높다. 경직되고 딱딱한 상상력은 경직된 이데올로기를 낳는다. 프랑스의 철학자 장 폴 사르트르Jean-Paul Sartre는 1945년 자신의 저서 《실존주의는 휴머니즘이다》에 대한 유명한 강연에서 이렇게 말했다. "예술과 도덕의 공통점은 그것이 창조이자 발명이라는 것이다.[2] 우리가 선험적으로 정립된 그림의 규칙을 따르지 않는다고 예술가를 비난하지는 않는다. 예술가에게는 어떤 종류의 그림을 그려야 한다는 정해진 규칙이 없다."[3] 전위적인 실험을 펼치는 예술가나 독단과 정통을 피하려는 이데올로기적이지 않은 사상가의 태도에서는 규범을 벗어날 수 있는 인지능력이 드러난다.

우리의 사고는 연상associations으로 가득 차 있다. 함께 등장하는 빈도가 높은 개념이나 물체는 서로 강하게 연결된다. 그에 따라 머릿속에서 벽돌의 이미지를 활성화하면 건물이나 집을 짓는 용도,

무언가를 방어하는 용도가 가장 흔하게 떠오른다. 생각을 완전히 다른 차원과 다른 평면으로 이동하려면, 즉 벽돌을 부수거나 밟고 마늘을 으깨거나 후추를 가는 데 사용하는 등 다른 쓰임새를 상상하려면 정신적인 궤적과 사고방식을 바꾸어서 저 멀리까지 연상을 이어가야 한다. 또 물체를 머릿속에 떠올린 상태에서 회전시켜 보고, 또 그 물체가 다른 모양과 질감, 윤곽, 구성을 갖도록 변형해 봐야 한다. 이것이 다른 용도 찾기 테스트의 묘미이다. 이 작업은 우리가 물체를 완전히 다른 것으로 대체하고 탈선시키며 변형시키기까지 하는 능력을 포착한다.

하지만 모든 사람이 이런 능력을 가치 있고 소중히 여기지는 않는다. 지각적 유연성과 이데올로기 사이의 연관성에 대한 연구를 따라가다 보면 인종차별의 역사를 만난다. 1930년대 나치 밑에서 연구하던 심리학자 에리히 루돌프 옌슈Erich Rudolf Jaensch는 인지 유형에 따라 사람을 나누는 성격유형학personality typology을 만들었다.[4] 에에 따라 어떤 사람은 나치 독일을 이상적으로 여기는 자질을 부여받았고, 어떤 사람은 나치 정권에 위협이 되는 특성을 가진다고 분류되었다. 옌슈에 따르면 'J 유형'은 지각 경험이 모호하지 않고 확고해서 기계와 비슷한 '통합적인integrated' 사람이다. 이들의 머릿속에서는 예측가능한 방식으로 연상이 한데 모여 있다. 이런 J 유형은 굳건하게 남성적이며 공격적이고, 신뢰할 수 있는 아리아 혈통의 나치 당원이다. 반면에 감각 동향이 비교적 자유롭고 세분화됐으며 감정의 영향을 더 많이 받는, 또한 옌슈와 나치가 혐오하는 온갖 방식의 '자유주의liberal'를 내면화한 'S 유형'이 있었다. S 유형은 독특하며 개인주의 성향일 가능성이 높았다. 옌슈는 S 유형이 유내인이나 인종적으로 혼합된 혈통을 가졌을 확률이 높다고 주장했다. 그리고 옌슈에 따르면 S 유형은 아마 공산주의자이거나 파리 사람, 아니면 아시아계이기 쉽다.[5] 이런 관점에서는 심리적 유연성이 적신호이며 인식의 편협함이야말로 미덕이었다.

물론 옌슈의 '과학'은 끔찍하게 인종차별적이었을 뿐 아니라 방법론적으로도 결함이 있었다(대부분의 인종차별에 기반한 연구가 그런 경향이 있다). 브룬즈비크에 따르면 "옌슈가 수행한 연구는 샘플링 기법과 통계적 유의성, 타당성 측면에서 그보다 더 조잡할 수 없으며 가볍게 살짝만 검토해도 단점이 드러난다."[6] 하지만 옌슈의 연구는 과학적 탐구가 도덕적 가치와 무관하지 않다는 사실을 일깨우는 중요한 역할을 했다. 우리가 유연한 마음과 경직된 마음, 즉 모호함을 견디는 마음과 모호함을 제거하려는 마음 가운데 어디에 가치를 두는지는 우리가 다채로운 세계를 원하는지, 아니면 변하지 않는 균질한 세계를 원하는지에 따라 달라진다.

경직성은 정신에 경계선을, 즉 우리가 오르기 어려운 높은 벽을 세운다. 때때로 이러한 정신적 경계를 가진 사람들이 직접 동원되어 실제로 지리적인 경계를 만들기도 한다. 이런 융통성 없는 경직된 성품이 정치 신념과 투표에 반영되는 만큼, 우리가 관념적인 도약을 할 수 있느냐 없느냐는 중요한 문제다. 나는 영국과 미국 참가자들을 대상으로 한 연구를 통해 인지적 경직성이 사람의 내면 세계뿐만 아니라 외부의 정치 현실에도 영향을 끼친다는 사실을 발견했다.

브렉시트와 민족주의 이데올로기

이제 잠시 연구자와 실험 참가자라는 역할을 바꿔보자. 내가 회색 의자에 앉아 있고, 여러분이 나에게 간단한 질문을 던질 수 있다. 무엇을 물을 것인가. '당신은 어디 출신인가요?' 만일 여러분이 이런 질문을 한다면 나는 순식간에 좌절감의 파도를 맞게 될 것이다. 나는 무심결에 아무렇게나 대답하지 않으려고 입을 꾹 다문 채 코를 찡그릴 것이다. 어쩌면 눈을 피하거나 괜히 목을 스트레칭하거나 불편한 표정으로 고개를 저을지도 모른다. 내 몸이 그 질문에 거부감을 느꼈기 때문이다. 나는 당신이 알아듣기 편한 대답을 들려주지 않을 것이다. 내가 어디에서 왔는지는 특정할 수 없다. 내 정체성을 설명하려면 한마디, 한 문장만으로는 부족하다. 이동이 자유로운 다문화 사회를 살아가는 사람들이라면 대부분 그럴 것이다. 나는 특정한 국가에 얽매이지 않으며 내 억양을 보고 조상의 혈통을 추정할 수도 없다. 나는 태어난 곳과 다른 곳에서 살고 있으며, 태어난 나라 역시 부모님이 자란 곳과는 다르다. 게다가 부모님이 자란 나라 또한 조부모님이 처음 정착해 언어를 습득한, 지금은 잊힌 어느 지역과는 또 다른 곳이다. 조부모님이 한 가지 언어를 구사하며 자랐다면 부모님은 다른 판본의 언어를 익혔고, 뒤이어 나는 완전히 다른 문자로 문법과 뉘앙스를 익혔다. 우리 가족은 서로 다른 대륙에서 세월을 보내며, 서로 다른 하늘 아래서 속상해하고, 서로 다른 바다를 내려다보며 자신의 비밀과 욕설을 각기 다른 언어로 중얼거렸다.

나는 '세계 시민'이다.

하지만 꽤 많은 사람들이 세계 시민이란 "어디에도 적을 두지 않은 시민"[7]이라고 생각한다. 영국이 유럽연합을 탈퇴하도록 주도한 전 영국 총리 테리사 메이Theresa May는 그렇게 표현했다.

2016년의 브렉시트 투표를 비롯해 그 이전과 이후의 다른 여러 사례에서 정치인들은 유권자에게 국경을 어떤 식으로 다시 긋고자 하는지 물었다. 이것은 매우 개인적인 질문이다. 개인의 정체성이 어떻게 밖으로 드러나는지, 개인의 경직성이 지정학적 지도에 어떻게 새겨지는지 확인할 수 있는 질문이기도 하다.

브렉시트는 전통적인 정당들의 노선과 연관되지 않았기 때문에 가히 전례 없는 일이었다. 이 국민투표는 개인이 어떤 정당에 속해 있다거나 그가 엘리트라는 사실이 투표로 명확하게 이어지지 않는 독특한 사례였다. 영국의 주요 정당들은 일관된 지침을 거의 제공하지 않았다. 사람들은 의존할 닻이 없는 상태에서 스스로 결정해야 했다. 개인이 따라야 할 이데올로기적인 방향과 경로가 존재하지 않았던 것이다. 그렇기에 브렉시트는 사람들이 지닌 진정한 이데올로기적 입장에 대해, 또는 적어도 개인이 과거의 정체성에 의존하지 않고 자신을 둘러싼 이데올로기 논쟁을 독립적으로 처리하는 방식에 대해 연구할 절호의 기회를 제공했다.

브렉시트에는 보수주의 특유의 신중하게 망설이는 면모가 없었다. 오히려 현상을 뒤집고 극적인 변화를 요구했다. 하지만 동시에 그것은 상상 속 과거에 대한 향수를 불러일으켰으며, 이동성과 다문화주의의 관점에서는 후퇴이기도 했다. 결국 영국의 유럽연합 탈퇴는 회귀와 변화의 움직임이었다.

이러한 변화는 정치적인 좌파가 사랑하는 진보적인 혁명 정신과 닮지 않았다. 하지만 일부 좌파는 이 변화를 반란의 기회로 여겼다. 유럽연합의 관료주의와 비효율성, 일반 시민으로부터 멀어지는 과도한 중앙집권적 통제를 뒤집을 수 있는 기회였다. 이렇게 동일한 정치적 사건을 두고 그 의미와 결과에 대한 여러 해석이 퍼지면서, 브렉시트는 영국의 정치에 완전히 새로운 중심축이 되었다.

그렇지만 올바른 정보와 잘못된 정보가 뒤섞인 소용돌이 속에서 사람들은 진실과 거짓, 왜곡된 통계, 기만적인 주장을 구분하기 힘들어졌다. 개인은 명확히 나뉜 국경(주권과 통제력, 영국다움을 강조하는)을 지지할지, 아니면 자유롭게 교차하고 쥐락펴락할 수 있는 명확히 정의되지 않은 국경을 지지할지 결정해야 했다. 당신은 어느 편인가?

많은 정치 지도자들은 닫힌 영국이야말로 더 큰 영국이라고 외쳤다. "탈퇴에 투표하라Vote Leave"는 두 단어로 이루어진 구호는 재미있고 급진적이었으며 사람들을 끌어당겼다. 이 구호는 '유럽 안에 있을 때 영국은 더 강해진다'는 투박하고 지루한 구호를 뒤덮어 보이지 않게 가렸다. "탈퇴에 투표하라"는 구호는 딱딱한 마찰음을 반복해야 하기에 매번 말할 때마다 윗니로 아랫입술을 가볍게 깨물어야 했고 거의 의성어에 가까웠다. 여기에는 단절감, 자해, 숨가쁜 후퇴의 감각이 동반되었다.

민족주의는 대개 정치 신념 측면에서 좌파보다는 우파와 상관관계를 가진다. 하지만 반드시 그런 것은 아니다. 민족주의에 집착하는 것은 원칙적으로 정치 이데올로기와 구별되기 때문이다. 민족주의는 주로 자기 국가의 우월성, 국가에 대한 이상화, 국가의 지배력과 역사에 대한 인식에 초점을 맞추는 경향이 있지만, 정당 정치에는 그 밖에도 다양한 이슈가 모여 있다. 예컨대 보수 대 진보라는 축은 경제정책, 교육, 환경보호, 종교의 우선권, 시민권처럼 다방면에 걸쳐 서로 큰 관련이 없는 여러 관점을 다룬다. 한 국가의 여러 정당에서 이슈로 삼는 정책의 묶음은 그 나라의 문화와 역사, 선거구 제도, 시스템을 괴롭히는 경제적 불평등에 따라 달라진다.

그렇기에 민족주의가 보다 더 명료하다. 모든 민족은 신화 속에서 독립을 위해 싸운다. '우리'와 '그들'을 분리해야 한다. 미국의 작가 어슐러 르 귄Ursula K. Le Guin의 소설 《어둠의 왼손》에서 한 등장인물은 이런 질문을 던진다. "자신의 조국을 사랑한다는 것은 무엇인가? 그것은 조국이 아닌 다른 나라에 대한 증오인가?"[8]

민족주의 이데올로기의 핵심에는 자기 국가나 민족문화에 해당하는 것과 아닌 것을 가르는 엄격한 범주와 규칙이 있다. 2016년 영국이 유럽연합을 탈퇴하는 투표를 실시한 이후, 나는 엄격한 민족 정체성이 인지적 경직성과 관련 있는지에 대해 연구하게 되었다. 나는 민족주의적 사고가 정보를 융통성 없이 분류하고 처리하는 경향성의 한 가지 사례이며, 영국인의 브렉시트 지지 여부는 인지적 경직성의 개인차를 근거로 예측할 수 있다는 가설을 세웠다.[9]

나는 국민투표를 마친 수백 명의 영국인들을 설문조사에 참여시켜 연구했고, 이로써 경직된 인지 성향을 띤 사람이 브렉시트 상황에서 민족주의적 신념을 가질 가능성이 높다는 사실을 발견했다. 즉, 그러한 사람은 유럽연합을 탈퇴하는 쪽에 투표하기 쉬웠다. 인지 성향이 경직된 사람은 "세계 시민이란 어디에도 소속되지 않은 시민이다" 같은 발언에 더욱 동의했다. 그뿐만 아니라 한 국가의 시민권은 쉽사리 바뀌지 않는 범주이며, 국가 간에 넘기 힘든 튼튼한 국경을 쌓아야 한다고 여길 가능성도 높았다. 아무도 들이지 말라!

이 실험에서 내가 발견한 바는 다음과 같다. 뇌가 변화에 적응하고 개념적 표상들 간의 경계를 엄격하게 구축하는 정도는, 국가 기관에 대외적 경계가 부과되며 내부의 문화적인 동질성이 커지기를 바라는 개인의 욕구와 관련이 있다. 개인이 지닌 인지 성향의 스타일은 그들이 가진 이데올로기의 스타일과 일치했다.

정신적인 경직성은 사람들이 국가 행정이라는 과제를 얼마나 엄격하게 해석하는지와도 관련이 있었다. "만약 탈퇴할 경우에 치러야 하는 비용이 지나치게 크다면 영국 정부는 유럽연합에 남아야 한다"라는 진술에 얼마나 동의하는지 묻자, 인지 성향이 경직된 참가자들은 영국 정부는 유럽연합 탈퇴에 필요한 모든 조치를 다 해야 하며 여기에 타협의 여지는 없다고 못 박았다. 그들은 정부가 유럽연합을 탈퇴함으로써 효율적이고 윤리적이며 슬기로운 행정 구조를 포기해야 한다 해도, 차라리 마비되는 편이 낫다고 여겼다. 이들의 머릿속에 이 비용은 그렇게 크지 않았다.

위스콘신 카드 분류 테스트 같은 과제에서 나타나는 인지적 경직성과 브렉시트 상황에서 나타나는 이데올로기적 경직성 사이의 긴밀한 관계는 연령, 성별, 학력 등의 통계 수치를 추가로 고려해도 바뀌지 않았다. 이는 지각 정보 및 언어 정보를 다루는 정보 처리 스타일을 정치 정보를 다룰 때에도 적용할 수 있다는 점을 보여준다. 경직된 정신은 감각을 이용한 놀이, 상상력을 동반한 행동, 옳고 그름에 대한 신념 등에서 전부 융통성을 보이지 않았다.

따라서 우리는 경직된 정신이 우파와 좌파 가운데 어느 쪽과 더 친근한지 물을 수밖에 없다. 강경한 민주당원과 흔들리지 않는 공화당원은 사고하는 방식에서 차이보다 유사성이 더 많을 수 있을까?

우파는 당연히 경직되었다?

정치심리학이 발달하던 초창기부터 우파는 당연히 경직되었다는 가정이 존재했다.[10] 우파 이데올로기는 전통과 위계질서를 강화하고 변화에 저항하는 경향이 있으므로 그 이데올로기를 지지하는 마음은 비단 정치 문제뿐만 아니라 다른 문제에서도 대개 융통성이 없을 가능성이 높다는 것이다. 브룬즈비크가 아도르노와 함께 쓴《권위주의적 성격》에서도 융통성 없음은 보수화로 기울어지고 외국인 혐오를 불러일으키는 특유의 현상이라고 암시했다. 사회나 성격을 연구하는 심리학자들은 그들이 가장 좋아하는 도구인 자기 보고 설문지를 통해 경직성의 개인차를 측정해 실제로 '우파는 경직되었다'라는 명제를 증명하려 했다.

하지만 이것은 지나치게 느슨하고 낙관적인 접근 방식이었다. 자기 보고 설문지에는 단점이 있었다. 사람들이 자신이 실제보다 더 유연하거나 경직되었다고 생각하는 등 자기 통찰이 부족하다는 문제였다. 그 밖에도 사람들은 사회적으로 바람직하다고 인식되는 가치에 따라 응답을 수정할 수 있었다. 안정성과 불변성을 중요시하는 우파 커뮤니티에서는 구성원들이 자신의 유연성을 솔직하게 보고하도록 장려하지 않을지도 모른다. 반면에 관습 파괴와 변화를 옹호하는 좌파 커뮤니티에서는 구성원들이 융통성 없고 틀에 박힌 무언가를 좋아한다고 여기지 않으려 할 것이다.[11] 즉, 실험 참가자들에게 자신의 경직성과 유연성을 평가하도록 요청하면 진짜 자신의 인지 유형이 밝혀지기보다는 기존의 사회적 표상을 강화하는 답변을 이끌어내기 쉽다. 그렇기 때문에 신뢰할 만한 결론을 내리려면 객관적이고 무의식적인 방식으로 인지적 특성을 측정하는 방식을 택하는 것이 매우 중요하다.[12]

한 개인의 이데올로기를 기술할 때도 비슷한 문제가 두드러지게 드러난다. 스스로 보고한 소속 집단이 자기 보고에 따른 편향성과 한계로 오염되기 때문이다. 정치적으로 어느 편에 속했는지 스스로 정체화하도록 하는 방법으로는 그 사람의 정책 선호도라든지(애초에 명확한 정책 선호도를 가져야겠지만) 이데올로기의 극단성에 대해 거의 알기 힘들다. 이렇게 복잡하게 얽힌 문제 때문에 몇몇 사상가들은 우리가 개인의 이데올로기를 절대 알아낼 수 없다고 가정하기도 했다. 예컨대 이탈리아의 마르크스주의 사상가 안토니오 그람시Antonio Gramsci는 이데올로기가 단순히 집단적이고 무의식적인 존재라는 관념에 일침을 놓았다.[13] 저서 《그람시의 옥중수고》에서 그람시는 이렇게 코웃음 쳤다. "개인의 사고방식과 의견에 대한 통계자료를 내는 건 확실히 불가능하다." 또 정치학자 필립 컨버스Philip Converse는 보다 사색적인 논조로 이렇게 말했다. "개인의 믿음 체계는 경험적 연구나 정량화에 쉽게 굴복한 적이 없다. 그것은, 연구할 만한 가치가 있는 것은 측정할 수 없고 측정할 수 있는 것은 연구할 만한 가치가 없다는 원칙을 뒷받침하는 주요 증거였다."[14]

한 개인이 얼마나 진보적인지 측정하는 작업은 진보주의를 포착하고 경험적 분석에 굴복시키려는 과학자의 도전 과제가 되었다. 누군가 스스로 진보주의자라고 정의하면 이 이름표에 대해 다음과 같은 두 가지 일반적인 해석이 존재한다. 첫 번째는 개방성, 과학에 대한 선호, 증거에 대한 수용성, 다원성과 개인의 자유를 존중하는 태도다. 여기에는 모든 형태의 이데올로기에 대한 반감이 반영되어 있다. 두 번째는 진보주의를 좌파적 세계관과 동일시하는 해석으로서, 이러한 세계관은 전통적으로 개인의 자유 및 다양성에 관심을 둘 뿐 아니라 자원 분배 및 불우한 소외 계층에 대한 연민, 시민들을 지원하고 사회생활을 평등주의적으로 조직하는 국가의 역할 등과 관련해 그러한 관심이 노골적으로 드러나는 정책을 수반한다.

이 좌파 진보주의가 지향하는 세계관과 그것의 구체적인 내용은 국가나 정당마다 다르고 10년 주기로 달라지기도 한다. 라틴 아메리카의 여러 나라가 그 예다.[15] 이들 나라의 정부는 좌파 정치를 수용하지만, 공공 서비스 및 산업을 얼마만큼 국유화하거나 자유 시장 원리에 개방할지에 대해서는 저마다 현저히 다른 정책적 입장을 취한다. 선거가 바뀌고 분위기가 달라지고 정치 언어의 뒷받침을 받으면 우파 정당이 좌파의 대의를 가져갈 수도 있다. 좌파 정당은 공공 지출을 늘리고 우파 정당은 긴축을 장려하는 편이지만, 공산주의 국가였던 여러 유럽 국가에서는 1989년부터 2004년 사이에 사회주의에서 민주주의로 전환하면서 이런 패턴이 뒤집혔다.[16] 좌파 성향의 정당이 보건과 교육 부분에 정부 지출을 줄이는 반면, 우파 정당은 사회와 국가가 보다 많은 자원을 제공하고 개입하기를 바라는 유권자의 욕구에 굴복하는 경향이 생겼다. 유권자들을 여러 선택지 가운데 특정한 정책 및 정당 강령으로 몰아가는 힘은 시간과 장소, 그리고 신체에 상당히 의존한다.

실제로 서구 민주주의 국가에서 시민들이 우파의 견해를 채택하도록 유도하는 심리적 특성은, 공산주의 국가라면 사람들에게 좌파의 견해를 채택하도록 유도하는 특성이기도 했다.[17] 다시 말해 맥락이 중요하다. '현 상태'는 끊임없이 바뀐다. 개인의 성격과 정치의 연관성은 상황에 따라 달라진다. 어떤 구조라든가 틀에 박힌 일상을 바라는 성격은 미국과 유럽에서 사람들을 우파 전통으로 이끄는 경향이 있지만, 구소련 국가나 라틴 아메리카의 여러 나라들처럼 한때 권위주의적인 좌파 정권이 번성했던 곳에서는 같은 특성을 가진 사람이 좌파 전통으로, 즉 과거 정권의 집단주의 이데올로기에 더욱 매력을 느낄 수 있다.

상당수의 진보주의자들은 두 가지 해석을 동시에 아우른다. 열린 마음으로 과학적인 사고를 하는 동시에 좌파의 대의를 열렬히 지지하는 것이다. 하지만 이 가운데 주로 한 가지에 속하는 정체성을 지닌 진보주의자들도 있다. 예컨대 독단적이고 편협하며 대의명분을 들어 폭력을 저지르려는 진보적이지 않은 좌파가 존재한다. 이들은 경직된 교리와 정체성에 열정적으로 집착하는 좌파 극단주의자가 될 수 있다. 하지만 진보주의를 증거와 논쟁에 대해 열려 있는 태도라고 정의한다면, '진보적인 극단주의자'라는 표현은 모순이다. 다름을 인정하고 증거를 기반으로 사고하는 것은 극단주의와 정반대에 있기 때문이다.

심리학자들이 개인의 정치 이데올로기를 분석하고자 할 때 가장 널리 쓰는 방법은 '매우 진보적', '진보적', '어느 정도 진보적', '보수적', '매우 보수적' 같은 척도로 스스로를 평가하도록 하는 것이다. 그런데 이 점을 고려하면 정의와 측정의 문제는 더욱 까다로워진다. 사람마다 '진보적'이라는 용어를 해석하는 방식이 매우 다양하기 때문이다. 일반적인 의미에서 진보주의에 진심인 사람은 다원적인 증거 기반 사고와 논쟁을 중시하는 태도를 보여주기 위해, 또한 경직된 정체성을 가진 집단과 다르다는 것을 보여주기 위해 자신이 '매우 진보적'이라고 주장한다. 하지만 동시에 심각한 편협성을 보이는 독단적인 좌파 이데올로그 또한 스스로를 '매우 진보적'이라고 생각할 수도 있다. 그에 따라 '매우 진보적'이라는 이름의 양동이는 서로 모순되는 경우도 있는 다양한 성격을 지닌 사람들로 가득하다. 그래서 우리는 자칭 보수주의자와 진보주의자를 비교하는 경험적 연구를 살피는 데 신중을 기해야 한다. 이러한 집단 안팎으로 여러 개의 축을 지닌 차이가 존재한다. 이데올로기의 실체와 양상은 혼란스럽다. '진보주의'라는 범주에는 서로 다른 버전의 관용과 불관용이 얽혀 있는 만큼, 만약 이데올로기의 이름표에 의존해 연구를 진행한다면 진보주의 철학이나 좌파 이데올로기가 아니라 오히려 보수 이데올로기에 더 가까워질 수도 있다.

이렇듯 엉킨 매듭을 풀고 인지적 경직성과 당파적 정체성 사이의 관계를 엄격하게 테스트하기 위해서는 측정 방식부터 완전히 바뀌어야 한다. 내가 도입한 한 가지 방법은 한 개인의 정체성이 어떻게 융합되어 있는지 살피는 것이다.[18] 참가자들은 큰 원 하나를 그리고 가장 선호하는 정치 집단, 또는 가장 불쾌감을 덜 느끼는 정치 집단의 이름을 적으라는 지시를 받는다. 진보 지향의 미국인 참가자는 이 원에 '민주당'이라는 이름을 적었다. 그리고 큰 원에서 왼쪽으로 조금 떨어진 곳에 '나'라는 이름이 붙은 작은 원을 그렸다. 이제 참가자들은 '나'라는 작은 원을 '민주당'이라는 원 쪽으로 옮기다가 적당한 자리에 두라는 요청을 받는다. 이 자리는 개인 정체성과 집단 정체성 사이의 관계를 정확하게 포착한다.

만약 여러분이라면 어떻게 하겠는가? '나'라는 작은 원을 선호하는 정당인 커다란 원 주변 어디에 배치하고 싶은가? 두 원이 서로 맞닿는가? 서로 겹치는가? 사적 영역을 그보다 더 큰 공적 영역에 완전히 통합시킬 것인가? 집단에 완전히 흡수되어 정체성까지 단단히 융합될 것인가?

'정체성 융합identity flusion'이라는 이런 시각적 척도를 사용하면[19] 여러분이 자신의 정체성을 집단에 얼마나 깊이 침잠시켰는지 파악할 수 있다. 개중에는 완전히 집단 내부에 잠겨 있어서 몸의 윤곽이나 손가락, 발가락조차 보이지 않는 사람도 있다. 그리고 개중에는 집단의 정치적 정체성과 조금 겹치지만 지나치게 겹치지는 않는 사람도 있다. 더 나아가 '나'를 상징하는 원이 집단 원에서 완전히 **벗어난** 사람도 있다. 이들은 두 원 사이의 거리가 아주 멀고 서로 겹치지 않는다.

극과 극은 통한다

2016년, 700명 이상의 미국인을 대상으로 한 연구에서[20] 나는 참가자들에게 이 정체성 융합 모형을 두 번 작성해달라고 요청했다. 한 번은 민주당으로, 다른 한 번은 공화당으로 해야 했다. 나는 사람들의 선호 정당과 정체성이 융합된 부분에서 비선호 정당과 정체성이 융합된 부분을 뺐다. 그러고 나니 사람들에게 정치적 꼬리표를 붙이거나 두 집단으로 칼같이 나누지 않고도 강한 좌파 당파주의에서 강한 우파 당파주의에 이르는 스펙트럼을 구성할 수 있었다. 이 연속체는 극좌파에서 시작해 온건파와 초당파로 확장되었다가 극우파로 끝났다. 강한 당파의 정체성은 정치적 우파 또는 정치적 좌파에만 배타적으로 나타났다. 지지하는 당이 없는 초당파의 경우, 개인의 정체성이 융합된 부분은 0에 가까웠고 어느 쪽으로든 압도적인 선호는 없었다.

그런 다음 나는 참가자들이 정신적 유연성 테스트에서 각각 어떻게 해냈는지 살폈다. 스펙트럼의 중간 정도에 머무는 사람들이 사고의 유연성을 테스트하는 이 실험에서 가장 우수한 결과를 낸 반면, 스펙트럼의 끄트머리 쪽에 있는 사람들은 가장 나쁜 결과를 거둔 것으로 나타났다.

이제 나는 정치적 당파성을 하나의 축으로 삼아 참가자의 인지적 유연성을 매핑하기 시작했다. 각 참가자는 그래프에서 하나의 점에 해당한다. 수백 명의 참가자를 그래프에 점으로 찍자 무지개처럼 호를 그리는 포물선이 만들어졌다. 선형을 그리는 쪽은 융통성 없이 경직된 우파가 아니라 '경직된 극단주의자'라고 해야 옳았다. 가장 극단적인 좌파는 호의 정점에 자리한 초당파에 비해 인지적 유연성이 낮다고 평가받았다. 초당파에서 오른쪽으로 더 나아간 극우파의 경우 역시 인지적 유연성이 또 한 번 떨어졌다. 극우파는 시각적 인지와 언어 퍼즐처럼 적응력을 검사하는 여러 테스트에서도 사고의 유연성이 떨어지는 것으로 드러났다.

극우와 극좌는 인지적으로 서로 비슷했다. 두 극단 모두 중립적이고 정치와 관계 없는 상황에서도 머릿속의 도식 체계를 새롭게 적응시키고, 새로 만들어내고 변화시키는 데 어려움을 겪었다. 극단주의가 가진 이러한 경직성은 파시즘과 공산주의가 결국 가장자리에서 만나게 된다는 오래된 '말발굽 이론horseshoe theories'으로 우리를 데려다 놓는다. 편협성과 경직성이라는 측면에서 극좌와 극우가 비슷하다는 이론이다.

개인의 관점에서 볼 때, 이러한 결과는 인지적 유연성을 높이는 조치가 좌파든 우파든 모든 종류의 극단주의에 대한 방어 장벽이 될 수 없다는 것을 시사한다. 언뜻 보면 이제는 '극단주의의 경직성 가설'이 우세하고 '우파의 경직성 가설'은 명확히 역사 속으로 사라질 운명인 것처럼 보인다. 하지만 잠깐, 그런 **결론을 내리기엔 아직 이르다.** 무지개 모양의 곡선을 자세히 살펴보면 좌파에서 우파에 이르는 연속체에서 곡선의 정점이 정중앙에 있지 않다는 사실을 알 수 있다. 정점은 왼쪽으로 살짝 벗어나 있다. 다시 말해 가장 유연한 사람은 좌파로 기울어지는 초당파적 성향을 가진다. '극단주의의 경직성 가설'은 '우파의 경직성 가설'과 적대하지 않고 서로 양립할 수 있다. 심리 측면에서 가장 유연성이 떨어지는 사람들은 당파와 관련 없이 한쪽으로 지나치게 치우친 성향을 지닌다. 반면에 가장 유연한 사람들은 자신의 정체성이 기존 정당에 지나치게 흡수되는 데 저항하면서 약간 좌파 쪽으로 기운 초당파적 성향을 지닌다.

추가 연구에서 나는 인지적 경직성이 사회적 정체성과 관련해 이데올로기의 극단성을 미리 보여줄 뿐 아니라, 극단적인 행동을 저지를 의도 또한 반영한다는 사실을 발견했다. 가장 극단적인 행위, 즉 이데올로기 집단의 이름으로 타인에게 해를 끼치고 죽이거나 죽을 다짐을 하는 행동을 들여다보면, 이 결론은 훨씬 더 부정적인 메시지를 우리에게 던진다. 이제 보다 더 불길한 이야기를 살펴보자.

여러분은 다리 위 웅웅거리는 기차선로 위에 서 있다. 트롤리 손수레 한 대가 통제력을 잃고 철로를 따라 질주하는 중이고, 이 트롤리는 여러분과 같은 집단의 구성원, 즉 같은 나라 국민이나 같은 지역사회 주민 5명을 덮치려 한다. 여러분이 개입하지 않으면 이 익명의 무고한 사람들이 무자비한 트롤리에 치여 죽음을 맞을 것이다.

여러분에게는 두 가지 선택지가 있다. 선로에 있는 5명이 이 빠르게 질주하는 트롤리 바퀴에 깔려 죽도록 내버려둘 것인가? 아니면 트롤리 앞에 뛰어들어 여러분의 목숨을 바치고 5명의 목숨을 구할 것인가?

이것은 '트롤리 문제trolley problem'로 알려진 유명한 철학적 난제를 조금 변형시킨 상황이다.[21] 시계바늘이 똑딱똑딱 움직일 때마다 잔인한 죽음의 순간이 1초씩 가까워진다. 이제 선택해야 한다. 시간이 없다. 어떻게 하겠는가? 목숨을 바치고 같은 집단의 동료 구성원들을 구하겠는가? 아니면 목숨을 보전하고 구성원들의 목숨을 희생하겠는가? 죽느냐, 사느냐의 문제다. 여러분 개인의 안전인가, 집단을 위한 순교인가?

자, 시간이 다 되었다. 여러분은 나름의 선택을 했다.

무엇을 선택했는가?

오직 당신만이(그리고 내가) 그 답을 알고 있다.

이제 나는 다음과 같은 질문을 던지고자 한다. 여러분은 결정을 내릴 때 얼마나 확신했는가? 0%에서 100%까지의 확실성 척도에서, 여러분은 얼마만큼의 확신을 갖고 선택한 대로 행동할 것인가?

1,000명의 참가자가 나에게 이 도덕적 딜레마에 대한 답을 주었다.[22] 1,000가지의 다양한 반응과 확실성의 정도가 등장했다. 내가 발견한 것은 스스로를 희생하고자 하는 성향이 높은 사람, 다시 말해 집단을 위해 기꺼이 죽겠다고 답한 사람들은 인지적 유연성 테스트에서 좀 더 경직성을 띠었다는 것이다. 인지적 경직성은 개인이 자신을 희생하도록 이끄는 경향이 있는 반면, 인지적 유연성은 이 희생으로부터 개인을 보호한다. 흥미로운 부분은 더 있다. 희

생을 하겠다는 결정에 대해 확신을 가질수록 그 사람은 인지적으로 경직되어 있었다. 반면에 자기 보존에 대한 확신은 경직성 여부와는 관련이 없었다. 누군가는 순교라고 칭하고 누군가는 이타주의라고 말하는 자기희생의 신념이 유독 인지적 경직성과 연결되었다.

이 도덕적 딜레마를 통해 나는 사람들이 가진 개인적이고 이데올로기적인 공감의 범위, 소속감이라는 도덕적 영역이 시작되고 끝나는 곳, 흐릿해지거나 반대로 초점의 중심이 되는 그 경계부의 윤곽을 그릴 수 있었다. 누구를 위해서라면 죽을 가치가 있을까? 우리에게 신성하다고 여겨지는 것은 무엇인가? 그리고 그것은 왜 신성할까?

이 맥락에서 보면 자신에 대한 폭력은 명확히 분석하기 힘들다. 세상에 대한 다양하고 서로 경합하는 관점이 거기에 나타나기 때문이다. 그것은 5명의 목숨을 1명의 목숨보다 더 가치 있게 여기는 공리주의적 접근 방식을 반영할까? 아니면 자기희생을 우상화되어야 마땅한 영광스럽고 용기 있는 행동으로 여기는 신념을 배신하는 것일까?

자신에 대한 폭력보다는 타인에 대한 폭력이 보다 흔하고 분석하기도 용이하다. 이제 자신을 위협하는 것으로 보이는 외집단에 대한 폭력을 얼마나 지지하는지에 대한 척도를 살펴보자. 외집단의 구성원들이 여러분의 이데올로기 집단을 조롱한다면 그들을 밀어낼 것인가? 여러분은 자신이 속한 국가나 종교, 이웃, 팀을 모욕한 사람을 다치게 할 것인가? 여러분은 자신이 속한 이데올로기 집단의 명예를 지키기 위해 얼마나 확신을 가지고 신속하게 타인에게 해를 끼칠 수 있는가?

실험 연구를 통해 나는 외집단에 대한 이데올로기적 폭력을 지지하는 것과 인지적 경직성 사이에 상관관계가 있다는 사실을 다시 한번 확인했다. 융통성이 없을수록 집단의 이름으로 타인에게 해를 끼치려는 의지가 강하다. 우리의 인지적 경향은 이데올로기적 성향과 맞물려 있다.

우리가 지닌 가장 내밀한 신념의 기원을 좇다 보면 인지 유형이나 성격으로 거슬러 올라간다. 그런데 이런 것들에도 고유한 기원이 존재한다. 우리가 조상에 대해 자랑스럽게 여기든 양가감정을 갖든, 우리가 살고 있는 육체는 조상들의 계보로 수놓아져 있다. 우리를 설명하는 생물학적 지식에는 역사가 깃들어 있어, 여기서부터 우리가 현재에 소중하게 여기는 것들과 미래의 가능성을 점칠 수 있다.

12

경직성은 유전자에 새겨져 있는가

속삭임: 그것은 유전적인가요?

대답하는 속삭임: 유전적이라는 게 무슨 뜻인가요?

아까 그 속삭임: 경직성 말입니다. 내가 지닌 경직성의 정도는 유전
자에 의해 결정되나요?

부드러운 속삭임: 네, 부분적으로 그렇습니다.

[숨 막히는 정적]

또 다른 속삭임: 그게 무슨 뜻일까요?

부드러운 속삭임: 사람마다 경직된 사고에 대한 감수성이 다른데, 이
감수성이 유전자에 부분적으로 암호화되어 있다는 의미입니다.

다시 속삭이는 목소리[불안하게]: 그걸 어떻게 아나요?

자신감 넘치는 속삭임: 과학자들은 그동안 경직된 행동이 어떤 신경

회로를 바탕으로 하는지 연구했습니다. 동물의 경우나 무언가에 중독된 사람의 경우, 강박 행동이나 반복 사고로 특징지어지는 정신과석 상태, 기능적 유언성 및 이례직 경직성의 진체 스펙트럼 등 다양한 사례에서 말이지요. 그 결과 적응하고, 발견하고, 전환하며 업데이트하는 능력은 대부분 어떤 하나의 화학물질에 의해 좌우된다는 사실을 발견했습니다.

속삭임[점점 흥분되고 덜 불안한 목소리로]: 제가 그 화학물질에 대해 들어본 적이 있을까요?

대답하는 속삭임[기쁘게]: 물론 들어본 적이 있죠. 그건 바로…….

심리적 경직성의 생물학적 토대

여러분은 도파민에 대해 들어봤을 것이다. 도파민dopamin은 기분을 좋아지게 하는 신경전달물질로 우리가 보상을 받거나 스릴, 즐거움, 흥분을 느낄 때 방출되는 화학물질이다. 그래서 기분이 좋을 때와 저조할 때를 알려주는 화학적 메신저이기도 하다. 도파민은 우리의 기대치가 충족되거나 우리의 예측에 오류가 있을 때 그 사실을 알려준다. 이 화학물질은 보상 시스템을 지휘해 우리가 무엇을 좋아하는지, 무엇을 싫어하는지, 누구를 경멸하는지, 언제 놀라는지 제어한다. 한마디로 도파민은 학습과 반응, 습관과 중독을 이끈다.

나는 사고가 가장 경직된 사람들은 도파민이 뇌 전체에 분포하는 방식에 영향을 미치는 특정 유전자를 가지고 있다는 사실을 발견했다.[1] 지금까지 수천 명의 영국인 참가자를 대상으로 수행된 대규모 연구에서, 나는 사고가 매우 경직된 사람들은 뇌의 의사결정 중심인 전전두엽 피질에 도파민이 비교적 덜 집중된다는 사실을 알게 되었다. 그 대신 이들은 즉각적인 본능을 제어하는 중뇌의 한 구조인 선조체에 도파민이 보다 많이 집중되는 유전적 성향을 지니고 있었다. 여기에는 중요한 의미가 있다. 우리의 심리적 경직성이 뇌가 도파민을 생성하는 방식과 같은 생물학적 토대에 기반한다면, 생물학과 이데올로기 사이를 잇는 경로를 추적할 수 있기 때문이다.

속삭임: 우리를 독단적이게 만드는 유전자가 있나요?
또 다른 속삭임: 그리고 왜 그 단서가 도파민에 있을까요?

도파민은 탄소, 수소, 질소, 산소로 이루어진 3차원 분자구조가 못생긴 막대사탕과 닮은 유기화학물질이다. 모양도 그렇지만 기능 역시 막대사탕과 비슷하다. 도파민은 우리가 달콤한 보상과 고통스러운 처벌에 어떻게 반응하는지, 우리가 무엇을 예상하고 무엇을 회피하는지 조절하는 물질로 잘 알려져 있다. 뇌의 화학물질인 도파민은 근본적으로 뉴런 사이에서 메신저 역할을 한다. 뉴런 사이의 의사소통은 틈새의 시냅스synapse에서 이루어진다. 시냅스 전 뉴런은 세로토닌serotonin이나 글루타메이트glutamate 같은 신경전달물질, 아니면 도파민이 든 주머니를 시냅스에 방출해 다른 뉴런을 자극하고 메시지나 사고, 전기화학적 파동을 전달한다. 도파민 분자는 작지만 강력하다. 소포vesicle라 불리는 주머니에는 수많은 도파민 분자가 담겨 있으며, 이 주머니는 뉴런 사이의 틈새를 헤엄쳐 다음 뉴런에 결합할 준비가 되어 있다.

신경전달물질은 시냅스에 둥둥 떠다니다가 시냅스 후 뉴런의 세포막에 박힌 수용체에 들러붙는다. 도파민 분자는 이 화학물질을 받아들이도록 완벽하게 형성된 특별한 도파민 수용체에 결합한다. 마치 특별한 자물쇠와 딱 들어맞도록 설계된 열쇠와도 같다. 일단 도파민에 의해 활성화되면 이러한 도파민 수용체는 활동 전위라고 불리는 전기화학적 신호의 연쇄반응을 유발해, 우리의 의식이나 학습, 기대, 열망을 구성하는 생물학적 메시지를 전달한다.[2]

도파민은 과학자들이 'D$_1$, D$_2$ 수용체'라고 그다지 창의적이지 않은 이름을 붙인 두 종류의 수용체에 딱 들어맞는다. 각각의 수용체들은 조금씩 다른 생리적 특성과 친화력을 가졌고 뇌 안에서 다른 방식으로 분포한다. D$_1$ 수용체는 전두엽의 한 부분인 전전두엽 피질에 비교적 더 풍부하게 분포하는데, 이곳은 보통 목표 지향적 의사결정, 인지적 제어, 높은 수준의 추론과 관련이 있는 부위다. 반면 D$_2$ 수용체는 중뇌에서 도파민 신경 말단을 가장 많이 수용하는 달팽이 모양의 뉴런 집단인 선조체에 집중적으로 발현된다.[3] 선조체는 우리 행동이 불러일으키는 결과에 대한 기대치를 계산한다. 그리고 보상과 자극, 보상과 그것을 달성하기 위해 취하는 행동을 서로 연관 짓는다.

사람의 뇌에는 23만 개에서 43만 개에 이르는 도파민 뉴런이 존
재하는 것으로 추정된다.[4] 하지만 과학자들은 이 정도는 그렇게
큰 숫자가 아니라고 여긴다. 뇌에는 자그마치 800억 개가 넘는 뉴
런이 있기 때문이다. 별 모양의 신경체와 발화하는 섬유로 이루어
진 이 은하계에서 고작 25만 개의 도파민 뉴런은 거의 아무것도
아니다. 뇌라는 양동이에서 한 방울의 액체에 불과하다.

하지만 수는 적어도 능력만큼은 대단하다. 중뇌의 도파민 뉴런
에는 세포체에서 다른 뉴런으로 뻗어가는 긴 신경섬유인 축삭이
최대 4미터까지 이어진다.[5] 하나의 뉴런에서 4미터나 되는 긴 신경
섬유가 뭉쳐서 단단히 감기며 나아간다고 상상해보라. 일부는 잣
이나 참깨보다 작은 공간에 접혀 들어가고, 일부는 중추신경계에서
말초신경계까지 멀리 뻗어 나와 눈, 신장, 위장, 심장을 비롯해 스
펀지 모양의 귓바퀴와 부드럽게 아치를 그리는 발바닥에 이른다.

각각의 도파민 뉴런은 수만 개의 다른 세포에 영향을 미치며,[6]
이 세포들은 다른 세포와 동기화되어 신호가 전파되고 결국 행동
으로 이어진다. 도파민 뉴런은 밀리초 단위로 신호를 전달하는데

이러한 신호는 전체 길이가 아마존 밀림의 가장 높은 나무와 맞먹을 만큼 기다란 뉴런 간 연결고리를 따라 전달된다. 사람의 몸에서는 이렇게 **끊임없이** 전기를 미세하게 포장해서 재빨리 전송하고 있다. 시스템이 윙윙거리며 제어되면 우리 몸은 생기가 돈다.

도파민 뉴런은 아름다울 만큼 길고, 여기저기 넉넉하게 가지를 뻗으며, 게다가 강력하다. 그리고 우리의 행동을 지배하는 도파민의 장엄하고 때로는 무서운 이런 힘 때문에 과학자들은 도파민에 대해 연구하고자 애썼으며 그 결과 숱한 발견을 이끌었다. 개개인의 몸에서 저마다 다른 목적으로 작동하는 도파민의 메커니즘에 관해 더 많은 사실을 밝히기 위해서였다.

오랫동안 연구자들은 인지적 유연성의 개인차가 신경화학적으로 도파민에 뿌리를 두었을 것이라는 가설을 세웠다.[7] 인지적 유연성이 도파민에 근거한다는 가설의 증거는 일찍부터 존재했다. 도파민의 수준이나 전달을 조절하는 약물이 경직성, 강박성, 확고한 신념을 특징으로 하는 다양한 정신과적 증세를 치료할 수 있다는 연구가 그런 증거였다. 특정한 유전자의 효과를 없애는 '녹아웃knock-out' 기법으로 쥐를 처리한 결과,[8] 유전자의 발현에 변화를 주어 도파민 회로를 파괴하면 경직된 습관이 형성되어 오래된 규칙을 쉽게 포기하기 어려워진다는 사실이 밝혀졌다. 이러한 녹아웃 쥐는[9] 중독에 더 취약해져서 보상이 제거된 후에도 계속해서 인내하는 반응을 보였다. 또 보상을 추구할 때마다 전기 충격을 견뎌야 하는 상황에서도 경직된 습관을 버리지 못했다. 쥐뿐만 아니라 인간 남성, 여성의 몸에서 도파민 시스템은 외부의 신호와 변화하는 상황에 따라 행동을 전환하는 능력을 형성하는 것으로 보인다.

COMT 유전자와 도파민 농도

학생들이 인체 생물학 수업에서 가장 먼저 배우는 것과 같이 효소, 신경전달물질, 수용체를 포함해 우리 몸의 세포에서 만들어지는 모든 단백질은 유전자의 암호에서 전사된다. 아데닌adenine, 타이민thymine, 사이토신cytosine, 구아닌guanine이라는 네 가지 염기 중 하나를 포함하는 뉴클레오티드 서열로 구성되는 각각의 유전자는 서로 힘을 합쳐 세포가 내부의 기계장치를 구성하는 요소를 합성하도록 한다.

그런데 일부 유전자에는 타이민 대신 아데닌이 들어가거나 사이토신 대신 구아닌이 들어가는 것처럼 약간의 변이가 생기며, 이러한 변이가 있으면 사람마다 형질에 차이가 나타난다. 유전자의 뉴클레오티드 하나에 변이가 있는 경우를 '단일 염기 다형성(SNP, 또는 스닙)'이라고 부른다. SNP는 우리가 초록색이나 갈색 눈동자를 갖고 태어나는지, 비뚤어지거나 곧은 치아를 갖고 태어나는지, 짧거나 길고 매혹적인 속눈썹을 갖고 태어나는지의 여부에 영향을 미친다. 우리가 서로 다르게 맛을 느끼는 현상[10] 또한 혀에 연결된 신경세포로 하여금 단맛, 쓴맛, 짠맛, 기름진 감칠맛 분자를 인식하게 하는 수용체의 발현 정도를 SNP가 어떻게 제어하는지에 따라 달라진다고 부분적으로 설명할 수 있다. 이런 유전적 차이 때문에 어떤 사람은 쓴맛을 누구보다 강하게 느끼는 '절대 미각'이 되는 반면, 어떤 사람은 차이를 잘 감별하지 못하고 심지어 아예 맛을 느끼지 못하기도 한다.[11] 이처럼 우리가 커피 원두의 흙 맛, 시금치의 쌉쌀한 맛, 톡 쏘는 감귤류의 맛을 얼마나 음미할 수 있는지는 적어도 부분적으로 유전자에 달렸다.[12]

생물학자들이 신체적 속성과 감각 선호도를 결정하는 SNP를 찾아내는 것과 동일한 방식으로, 연구자들은 도파민의 분포, 방출, 대사 과정에 영향을 미치는 유전적 변이를 발견했다.

신경과학자들에게 알려진 가장 유명한 유전자 중 하나가 카테콜-O-메틸기전이효소 유전자이다. 줄여서 'COMT'라고도 한다. 1958년 노벨상 수상자인 줄리어스 액설로드Julius Axelrod가 발견한 COMT 유전자는 전전두엽 피질의 도파민 수치를 조절하는 데 도움을 준다.[13] 특히 COMT 유전자는 전전두엽 피질에서 도파민 분해 작업의 60% 이상을 담당하는 효소를 만드는 레시피를 가지고 있다. COMT 효소가 풍부하면 시냅스에 떠다니는 여분의 도파민이 '제거'되기 때문에 평소의 도파민 수치가 낮게 유지된다. 반면에 COMT 효소가 부족하면 도파민이 시냅스에 쌓이고 오래 머문다. 여분의 도파민이 빨리 휩쓸려 제거되지 않으면 평소의 도파민 수치가 높아지면서 전전두엽 피질의 도파민 뉴런 세포막 속 수용체를 계속해서 자극한다.

사람의 22번 염색체(사람의 염색체 가운데 가장 작고 아름다운 염색체다)에 자리 잡은 COMT 유전자는 두 가지 형태로 존재한다. Met 대립유전자와 Val 대립유전자다. 우리는 부모로부터 염색체를 하나씩 물려받아 2개의 사본을 가지기 때문에 경우의 수는 다음과 같다. Met 대립유전자 2개, Val 대립유전자 2개, 또는 각각의 대립유전자를 하나씩 갖는 경우다. 한 사람이 이 두 대립유전자를 어떤 조합으로 가졌는지, 즉 유전자형genotype이 어떤지에 따라 전전두엽 피질에서 일상적으로 이루어지는 도파민의 대사 작용 및 분비 조절 방식에 큰 차이가 생긴다.

이때 Val 대립유전자는 Met 대립유전자보다 효소 활성이 4배나 더 높다.[14] 이것은 활성이 높은 Val 대립유전자를 가진 개인은 COMT 효소에 의해 도파민이 보다 많이 제거된다는 뜻이다. 즉, Val 대립유전자의 COMT 활성이 높다는 것은 이 대립유전자를 가진 사람의 시냅스에 도파민이 보다 짧게 머물며, 그에 따라 전전두엽 피질에서 도파민의 신경전달이 적게 일어난다는 뜻이다. 반면에 COMT 활성이 낮아 도파민을 완전히 제거하지 못하는 Met 대립유전자를 가진 개인은 시냅스에 도파민이 오래 머물기 때문에, 보다 많은 도파민 뉴런으로 전기화학적 파동을 전달할 채비를 한다.

속삭임: 이제 거의 다 끝났나요?

대답하는 속삭임: 무슨 말이죠?

속삭임: 이 복잡한 과학 이야기가 이제 끝났냐고요! 대강 무슨 말인지는 이해했습니다. 어떤 사람들은 전전두엽 시냅스에 머무는 도

파민이 좀 더 많은 반면 그렇지 않은 사람들도 있다는 것이죠? 그 래서 그게 뭐 어쨌다는 건가요?

도파민이 많이 머무는 Met 대립유전자를 가진 사람은 충동적이 지 않고 추론, 여러 항목을 동시에 생각해야 하는 복잡한 인지 테 스트에서 더 좋은 성과를 내는 경향이 있다.[15] 그렇기에 신경과학 자들은 Met 대립유전자를 가진 사람이 그렇지 않은 사람보다 유연 한 사고방식을 타고나는지 궁금해하는 중이다. 하지만 여기에서도 개인의 특수성 문제를 고려해야 한다. 신경과학자들은 COMT 유 전자가 사람의 사고를 유연하게 만드는 예측 인자인지, 아니면 이 와는 무관하게 그저 다양한 정신 과정을 촉진하는 더 포괄적인 인 지능력에 관여하는 유전자인지 오랫동안 논쟁해왔다. 이를 정확히 알기 위해서는 정신적 유연성과 정신적 능력을 분리해야 한다.

지능이 높은 사람의 경우에는 데이터에 나타나는 흥미로운 패 턴을 높은 지능이 가릴 수도 있기 때문에 인지능력은 다루기 까다 로운 변수다. 인지능력이 뛰어난 사람은 사고 과정의 취약한 부분 을 보완할 수 있다. 나는 사람의 인지능력에 대해 연구하면서 다음 과 같은 사실을 발견했다. 다른 용도 찾기 테스트에서 사고가 경직 된 사람이라 해도 높은 지능을 가졌다면 증거와 대안 관점에 균형 잡힌 시각과 열린 태도를 보였다. 그래서 사고의 유연성과 관련한 유전학적 연구에서 나는 지능이 높은 참가자를 일부러 배제했다. 인지적 유연성에만 확실히 초점을 맞추기 위해서였다. 인지적 유연성과 일반적인 인지능력을 뒤섞거나 혼동하고 싶지 않았다.

그리고 참가자들의 COMT 유전자형을 살펴보니 위스콘신 카드 분류 테스트에서 Met 대립유전자를 가진 사람들이 Val/Val 유전자형을 가진 사람들보다 사고가 유연하다는 사실을 알게 되었다. 즉, 전전두엽 피질에 보다 많은 도파민이 담겨 있는 사람은 대개 규칙이 바뀌는 게임에 더 잘 적응했다. 연령, 성별, IQ를 통제했을 때도 이러한 패턴은 유지되었다. 다시 말해 유연한 사고방식을 가진 사람은 전전두엽의 도파민 수치가 더 높은 경향이 있었다. 개인의 특수성은 존재했다.

하지만 전전두엽의 도파민은 이 이야기의 절반도 채 말해주지 못한다. 선조체에는 전전두엽 피질에 비해 도파민 뉴런이 훨씬 더 많다.[16] 동물을 대상으로 한 실험에 따르면 선조체에서 도파민이 고갈되는 경우 동물들은 규칙을 학습했다가 반대로 되돌리는 작업에서 어려움을 겪었다. 동물의 적응력을 연구하는 데는 전전두엽뿐만 아니라 중뇌의 도파민도 꽤 중요할지 모른다.

나는 선조체에 퍼진 D_2 도파민 수용체(DRD_2)를 암호화하는 유전자를 연구해 선조체 도파민의 기본 농도에 대한 개인차를 살폈다. 핀란드의 한 연구팀은[17] DRD_2 유전자의 SNP를 보면 선조체에서 사용 가능한 D_2 수용체의 양을 알 수 있다는 사실을 설득력 있게 보여주었다. DRD_2 유전자 서열의 특정 위치에서 어떤 사람은 사이토신(C)을, 어떤 사람은 타이민(T)을 가지는데 각각의 개인은 2개의 사본을 지니기 때문에 어떤 사람은 C/C, 어떤 사람은 T/T,

어떤 사람은 C/T 유전자형을 가진다. C/C 유전자형을 가진 사람
은 C/T, 또는 T/T 유전자형을 가진 사람에 비해 선조체에서 사용
할 수 있는 D_2 수용체가 적다. 이때 사용 가능한 D_2 수용체가 적을
수록 보다 많은 도파민 분자가 시냅스에 모여, 상대적으로 부족한
수용체에 결합하기 위해 차례를 기다린다. 따라서 C 대립유전자를
가진 사람은 T 대립유전자를 가진 사람에 비해 선조체의 기본 도
파민 농도가 높을 것이라 추정된다. T 대립유전자 사본을 가진 사
람은 상대적으로 도파민 농도가 낮을 것이다. 내가 발견한 바에 따
르면 C 대립유전자를 가져서 선조체의 도파민 농도가 높은 사람
은 위스콘신 카드 분류 테스트에서 저조한 성적을 거뒀지만, T 대
립유전자를 가져서 선조체 도파민 농도가 낮은 사람은 변화에 더
잘 적응하고 반응했다.

전전두엽과 선조체에서 도파민 수치를 암호화하는 두 유전자형
을 조합한 결과, 유전자형에 따라 전전두엽 도파민 수치가 낮고
(COMT 유전자의 Val 대립유전자를 가진) 동시에 선조체 도파민 수치는
높은(D₂ 수용체 유전자의 C 대립유전자를 가진) 사람들이 가장 유연성이
떨어지고 경직되어 있다는 사실이 드러났다. 이러한 유전자 프로
필을 가진 사람들은 사고방식이 경직될 위험성이 높다.[18]

이 연구 덕분에 인지적 경직성과 연관된 형질을 만들어내는 도
파민 유전자 간의 상호작용 방식을 둘러싼 논쟁이 해결됐다. 참가
자 수를 대규모로 늘린 끝에 적은 수의 샘플로는 식별하기 힘들었
던 유전자 사이의 미묘한 상호작용을 탐구할 수 있었다. 비록 단

한 번의 연구였기 때문에 보다 방법을 더 정교하게 가다듬고 여러 번 반복할 필요가 있었지만, 이 연구는 여러 과학적 탐구에서 얻은 결과를 결합한 메타 분석과도 부합했다.

도파민이 보상 학습 회로에서 존재하는 방식을 보면, 개인이 얼마나 변화에 유연하게 적응할 수 있는지 예측할 수 있다. 즉, 한 사람의 인지적 경직성 뒤에는 유전적 차이가 숨어 있을 가능성이 존재한다.

다시 속삭이는 소리: 자, 그럼 이제 모든 게 해결된 건가요? 모든 것은 결국 유전자, 즉 다 이미 결정돼 있다는 건가요?

부드러운 속삭임: 뭐가요?

속삭임[분노에 휩싸여]: 힘센 전전두엽 피질보다 중뇌의 선조체에 나의 도파민이 집중되어 분포한다면, 나는 사고가 경직될 운명을 타고났다는 것이잖아요?

조금 덜 부드러운 속삭임: 아니요, 유전적 영향이 있다는 것은 모든 게 완전히 결정되어 있다는 뜻이 아니에요. 다만 유전자가 무언가에 대한 잠재적 발현을 형성한다는 의미죠. 그게 뭐냐면……

속삭임[피어오르는 두려움을 분노로 가린 말투로]: 운이 좋아 전전두엽의 기본 도파민 수치가 높고 선조체의 수치가 낮다면, 평생 사고가 유연하다는 것이잖아요?

대답하는 속삭임[짜증이 난 채로]: 아니요, 제 말 뜻은 그게 아닙니다.

속삭임[더욱 열광적인 말투로]: 그럼 우리에게는 자유의지도, 주체성도 없는 셈이네요. 이중 나선이 지정하는 뒤틀리고 잔인한 운명에 손이 묶인 채…….

대답하는 속삭임: 그건 비약이에요!

속삭임[연극적인 고뇌에 싸여]: ……우리의 독단주의는 야만적인 운명 속에서 도파민에 의해 결정되는 거예요! 우리가 도저히 통제하거나 피할 수 없는…….

외침: 그만!

[누군가 끼어들자 과장된 목소리가 깜짝 놀라면서도 다소 안도하는 표정으로 돌아본다.]

[평정을 되찾은 과학자의 목소리가 다시 말한다.]

대답하는 속삭임: 유전자는 상호작용해서 확률로 이루어진 범위인 가능성을 만들고, 생물학적 메커니즘을 서로 다른 기능의 패턴으로 기울게 하죠. 하지만 잠재력과 현실 사이에는 차이가 있습니다.

[중단]

속삭임: 그렇다면 우리 유전자와 인생의 성취 사이에 미리 정해진 경로가 없다는 말씀인가요?

대답하는 속삭임: 바로 그겁니다. 가능한 경로와 궤적이 많이 있죠.

속삭임: 하지만 그렇다 해도 우리의 유전적 성향의 발현 여부에 영향을 주는 요인이 존재하지 않나요?

대답하는 속삭임: 흠, 그건 확실히 상황에 따라 달라집니다. 우연히 달라지기도 하고요.

속삭임[겁에 질려]: 우연이라고요?

대답하는 속삭임: ……그리고 선택에 따라 달라지기도 하죠.

속삭임[눈살을 찌푸리며]: 선택이라니요?

극단주의의 후성유전학

사고의 경직성은 아무런 배경 없이 일어나는 것도 아니고, 어떤 형이상학적인 영혼의 샘에서 비롯한 것도 아니다. 경직성의 개인 차이는 상호작용하는 생물학적 표지를 통해 나타난다. 독단주의를 야기하는 단일한 유전자는 존재하지 않는다. 모든 심리적인 특성은 여러 유전적 메커니즘에 의해 형성된다. 카리스마나 유머 감각, 가학적 성향, 얼마나 쉽게 울거나 웃는지 결정하는 단일 유전자가 없는 것처럼, 우리의 호전성을 하나의 유전자로 설명할 수는 없다.

유전자는 서로 얽혀 상호작용한다. 친구나 연인, 낯선 사람 사이에 골치 아플 만큼 복잡한 관계가 존재하듯이, 유전자 사이의 상호작용 또한 다양한 집합체 안에서 발생한다. 그 속에서 몇몇 유전적 효과는 증폭되어 뚜렷한 형질을 낳지만 몇몇 유전적 효과는 서로 상쇄된다. 어떤 유전적 효과는 서로 증식하고 가속화되어 그 결과가 비선형적으로 축적되거나, 유전자 사이의 상호작용으로 부모에게서 보이지 않았던 표현형적 형질이 나타나기도 한다(평범하기 그지없는 부모에게서 태어난 재능 넘치는 천재가 그렇다).[19]

가끔은 어떤 유전자가 일으킨 후속 효과가 다른 유전자의 변이를 보상하기도 한다. 유연성에 대한 유전자 연구에서 이러한 보상적 상호작용의 한 사례가 보고되었다. 전전두엽에서 도파민이 낮은 유전자형과 선조체에서 도파민이 높은 유전자형이 동시에 나다니면 인지적인 경직을 초래하는데, 이때 두 가지가 동시에 필요했으며 한 가지만으로는 충분하지 않았다. 그리고 어떤 사람이 유연성이 있는 유전자형과 경직성이 있는 유전자형을 동시에 갖는다면, 유연성 있는 유전자형이 지배적인 경우가 많았다. 이러한 보상 효과는 우리 뇌가 가진 고유한 가소성plasticity을 암시한다. 하나의 시스템이 적응력을 높이느라 애를 먹을 때 다른 시스템이 대체하는 것이다.

인체의 생물학적 원리는 서로 협력하고 충돌하는 역동적인 과정으로 이루어진다. 각 개인은 외부 세계에 반응하며 상호작용에 따라 변화하는 생물학적 힘들의 특별한 모임이다. 실제로 환경에 대한 반응과 환경과의 **상호작용**이 궁극적으로 우리를 구성한다. 각각의 개인이 가진 유전자형은 특정한 인지 유형이나 능력을 갖추도록 이끌지도 모르지만, 궁극적으로 관찰되는 성격이나 체격, 성과, 성공, 실패, 습관, 두려움 같은 **표현형**은 유전적 소인뿐 아니라 그가 겪은 두드러진 경험의 상호작용에서 비롯된다. 그래서 우리는 다양한 버전의 자신이 될 수 있는 범위 안에 존재한다.

과학자들은 어떤 유전적 효과에 대해 말할 때 후성유전학epigenetic 효과도 함께 주시한다. 후성유전학 효과가 존재한다는 것은 유전자의 발현이 완전히 고정되어 있지 않다는 사실을 의미한다. 시간이 지남에 따라 특정 유전자가 활성화될 수도 억제될 수도 있는데,

이는 순전히 한 개인이 세상을 살아가면서 겪는 경험에 달려 있다. 후성유전학적 변형은 DNA 자체를 바꾸는 것이 아니다. 그보다는 DNA가 분자로 전사되는 과정을 촉진하거나 억제하는 요인을 변형하는 것이다. 후성유전학을 뜻하는 단어 'epigenetics'의 'epi'란 무언가의 위를 덮고 있다는 뜻이다. DNA의 위쪽에 자리하는 이러한 후성유전학적 변화는 평생에 걸친 경험에 의해 발생하며, 우리의 감성에 콜라주처럼 질감을 더한다. 경험은 상황에 따라 좋게든 나쁘게든 몸에 새겨진다. 종종 좋은 효과와 나쁜 효과가 함께 나타나기도 한다. 매우 예민한 감각은 어떤 맥락에서는 분별력과 창의력을 높이지만, 다른 맥락에서는 취약성과 고통으로 이어진다.

나는 이데올로기적인 사고를 분석할 때 후성유전학에 따라 이데올로기적 경직성이 출현하는 과정을 고려해야 한다고 생각한다. 여기서 이데올로기적 사고란 융통성 없이 특정 생각에 지나치게 치우친 독단, 꽉 막힌 사회적 정체성을 특징으로 하는 사고 유형이다. 다시 말해 우리는 '극단주의의 후성유전학'을 밝혀야 한다.

극단주의의 후성유전학은 생물학적, 인지적인 취약성이 여러 서로 다른 환경 맥락에서 한 사람의 사고 과정에 얼마나 큰 영향을 미치는지를 설명해준다. 또한 기본적인 심리적 형질과 이데올로기적 경험 사이에 이루어지는 상호작용에 대해서도 시사점을 준다. 반복적인 의례를 행할 뿐 아니라 행동 및 상상력을 엄격히 규제하는 독단적이고 절대주의적인 환경에서, 유연성을 촉진하는 유전자형을 가진 사람은 어떻게 행동할까? 반대로 이런 독단적인 환경에서 경직되기 쉬운 유전자형을 가진 사람은 어떻게 될까? 또 경직되기 쉬운 유전자형을 가진 사람이라 해도 세속적이고 진보적이며 개방적, 관용적, 반인종주의적, 반성차별적인 환경 속에 있다면 이 사람은 독단적이고, 편견에 차 있고 권위에 무조건 따라야 하는 환경에 놓인 동일한 유전자형의 도플갱어보다 덜 경직될까?

극단주의의 후성유전학은 '닭이 먼저냐, 달걀이 먼저냐' 같은 기본 전제에 도전하도록 우리를 북돋는다. 이것은 독단주의가 생물학적 취약성의 산물이거나 세뇌의 결과라는 관념에서 벗어난 것이다. 우리는 상호 배타적인 인과관계를 고려하는 대신 역학과 상호작용을 살필 수 있다. 즉, 서로 다른 뇌가 서로 다른 교리에 어떻게 꼬임을 당하고 영향을 받는지 관찰할 수 있다. 그리고 우리는 경직된 이데올로기의 교리에 가장 영향받기 쉬운 사람이 누구인지, 그 결과 이들의 뇌와 신체가 어떤 변화를 겪는지 질문할 수 있다. 이제 우리는 '기원'이 아니라 '결과'에 대한 질문으로 주의를 돌릴 수 있게 되었다.

속삭임: 하지만 잠깐만요. [갑자기 소심해진다.] 애초에 우리는 왜 속삭이는 걸까요?

대답하는 속삭임: [평소 같지 않게 주저하며] 그건 우리가 넌지시 드러내는 불편한 아이디어가 하나 있기 때문입니다. 표면 바로 아래에 숨겨진 불안한 암시죠…….

PART
4

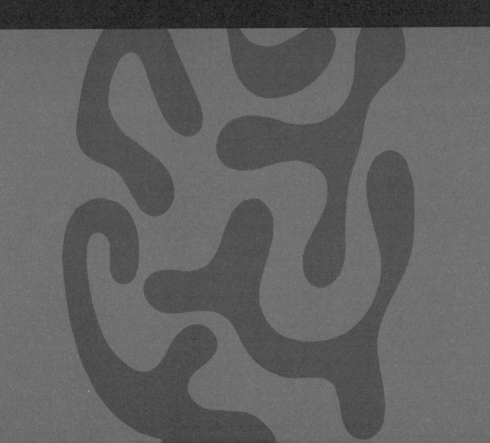

결과

[
이데올로기는 어떻게
우리 몸과 뇌를 형성하는가
]

13

다윈을 잠 못 들게 한 생각

나는 종종 밤마다 그가 얼마나 불안했는지 상상한다. 고요한 어둠은 불타는 듯한 그의 활발한 사고와 대조적이었다. 수다스러운 감정이 내는 불협화음은 전부 부드러운 그림자로 뒤덮였다. 조용하지만 동시에 천둥 같은 심장 박동은 불면증 환자가 겪는 고된 시간의 경과를 알려주었다.

하지만 일이 다른 방향으로 풀렸을 수도 있다. 상황이 앞서와 정반대였다면 이런 식이었을 것이다. 아침을 맞은 집안의 소음과 귀에 거슬리는 시끄러운 움직임 속에서 그의 고요하고 사려 깊은 고뇌가 느껴졌다. 식기가 무신경하게 달가닥거리는 동안 이 노인이 체념한 채 직면한, 다루기 힘든 인생의 갈등은 슬프게도 애증이 엇갈리는 가운데 그를 둘러싸고 있었다.

과학사에서 지워질 뻔했던 한 구절

시간이 정오였다면 다윈은 서재의 두터운 유리창을 통해 정원에서 신약성경을 읽고 있는 아내 엠마를 바라보았을지도 모른다. 주석이 잔뜩 달린 낡아빠진 엠마의 성경은 역사를 품고 있는 거친 지질학적 퇴적물처럼 책장 사이사이에 메모지가 겹겹이 쌓여 있었고, 그 속에는 나중에 발굴될 유물과 비밀이 숨겨져 있었다. 엠마는 자신이 다윈에게 "사랑과 헌신을 비롯한 온갖 아름다운 느낌으로 가득 차 있다"고 묘사했던 요한복음의 책장을 넘기고 있었을 것이다.[1]

거의 40년 전, 약혼한 지 얼마 안 되어 두 사람의 마음이 아직 싱숭생숭했던 시기에 엠마는 다윈의 종교적 회의론이 "둘 사이에 고통스러운 공허함"을 초래할 것이라 한탄하며 걱정했다.[2] 그래서 엠마는 다윈에게 요한복음 13장을 읽어달라고 권고하며 자선과 미덕이 담긴 메시지가 다윈의 신앙을 단단히 다지고 무신론에 빠질 위험으로부터 멀어지게 하기를 기도했다. 그리고 엠마는 이렇게 편지를 써 보냈다. "무언가 증명될 때까지는 아무것도 믿지 않는 과학적인 탐구 정신을 습관으로 삼지 않기를 바랍니다. 또한 증명할 수 없는 다른 것들에 지나치게 마음 쓰지 않기를 바라요."[3]

종교는 두 사람이 결합하기 위한 전제 조건이었다. 종교에 의심을 품었다가는 그 결합이 결판날 수도 있었다.

지금은 1876년 7월, 켄트의 시골집에서 보내는 시원한 여름밤이었고 찰스 다윈은 거의 40년 동안 엠마와 함께했다. 다윈은 이제 더 이상 흠모하는 표정을 띤 채 누군가를 설득할 에너지로 가득 찬 젊은이가 아니었다. 67세가 된 다윈은 흰 수염을 기른 사색적인 이론가로, 오래된 서신을 다시 살펴보고 경건하게 주석을 달면서 자신의 주장과 밝혀낸 진실을 담을 최종적인 자서전을 저술하는 중이었다.

수십 년에 걸친 과학적 발견과 논쟁 끝에 찰스 다윈은 과거에 했던 약속을 떠올리려 자신의 내면으로 돌아가고 있었다. 그리고 그 약속을 지키지 못했으며 그럴 수도 없었다는 사실을 깨달았다.

젊은 시절 다윈은, 처음에는 신앙이라는 환상을 통해 조화로운 가정생활을 이루라는 아버지의 권고에 동의했다. 하지만 서른 살이 된 다윈은 충동적으로 엠마에게 종교적 회의론을 털어놓고 말았다. 지나치게 낙관적이었을 뿐 아니라 자신들의 사랑에 대한 확신 또한 지나치게 컸던 다윈은 엠마가 자신의 의견에 끝내 동의하지 않으리라는 것을 눈치채지 못했다. 훗날 '지성의 거인'이라 불린 다윈이었지만, 이때만큼은 신성한 설계나 신의 전지전능함에 대한 의구심을 없애겠다고 엠마 앞에서 맹세한 채 백기를 들어야 했다. 두 사람 사이엔 암묵적인 계약이 체결되었다. 다윈은 열심히 애썼지만 실패하고 말았다.

이제 삶이 끝나갈 무렵이 된 지금, 다윈이 엠마에게 구애할 때 입에 담았던 모든 약속과 의심, 확신과 오해가 그를 다시 괴롭히고 있었다.

동이 트는 새벽의 끝자락에 잠에서 깨어 별이 뜬 쪽으로 머리를 둔 채 평소와 같은 자세로 목을 감싼 다윈은, 잠깐 피곤함을 느끼다가 기운을 찾고 이제 더는 참을 수 없다는 사실을 깨달았을 것이다.[4] 이제 완곡한 표현이나 섬세한 회피에 얽매이는 대신 그동안 머릿속을 질주했던 아이디어를 글로 써야만 했다.

다윈은 침대에 누워 잠든 사랑하는 엠마를 바라보았을 것이다. 엠마의 곁에서 평생을 보냈지만 결국 이러한 최종 결론을 내렸다는 사실을 안다면 엠마는 남편의 골치 아픈 숙고에 대해 뭐라고 했을까? 다윈은 조심스럽게 침대에서 일어나 서재로 향했고 손끝에서 흥분과 불안이 소용돌이쳤을 것이다. 곧 그는 어둠 속에서 날카롭게 깎은 연필을 쥐고 이렇게 쓴다.

> 우리가 아직 완전히 발달하지 않은 아이들의 뇌에 강력한, 어쩌면 대물림되는 영향을 주기 때문에 아이들이 마치 원숭이가 뱀에 대한 본능적인 두려움과 증오를 떨쳐버리지 못하듯이 신에 대한 믿음을 떨쳐버리지 못할 가능성, 또한 우리가 아이들의 마음에 그 사실을 지속적으로 심어주었을 가능성을 간과할 수 없다.[5]

다윈은 100개도 채 되지 않는 단어로 소용돌이치듯 가설을 기술했다. 여러 개의 부분과 층위, 비유가 담긴 가설이었다. 하지만 이 가설은 1882년 다윈이 사망하자마자 곧바로 자서전에서 삭제되고 말았다. 다윈의 장남인 프랜시스가 1885년 아버지의 자서전 출

간을 준비하는 과정에서 엠마로부터 이런 편지를 받았기 때문이었다.[6]

친애하는 프랭크에게

그 자서전에서 내가 너무나 빼버리고 싶은 문장이 하나 있어. 모든 도덕성이 진화에 의해 자라났다는 네 아버지의 의견이 나에게 견딜 수 없는 고통을 주는 것도 분명하지만, 그 문장이 누군가에게 충격을 줄 테고, 다음과 같은 사실을 그것도 부당하게 말하려 하기 때문이야. 뱀에 대한 원숭이의 두려움을 언급해서 영적인 신념이 유전에 따른 혐오나 호감과 다를 바 없다고 이야기한 부분 말이지.
…… 가능하면 그 문장이 아버지에게 깊은 애정을 품은 독실한 친구들의 마음을 아프게 하지 않기를 바라. 그 문장이 그들에게 어떤 영향을 미칠지는 내가 충분히 미루어 짐작할 수 있어.

그럼 이만,
엠마 다윈

다윈이 이 결론을 책에 적기로 다짐한 지 80년이 넘게 흐른 1958년에야 손녀인 노라 발로Nora Barlow가 이전 판본에 누락된 부분을 채운 수정판 자서전을 출간했다. 하지만 이 무렵의 심리학자나 정치학자들은 모호하기만 한 회고록의 오래된 각주에서 영감을 찾는 데 그다지 관심이 없었다. 이들은 진화와 자연선택에 관한 다윈의 이론이나 인간 감정의 다양성과 실체에 대한 그의 논문을 인용한 글로 만족했다. 지금도 그렇지만 당시의 심리학자들이 생각하기에 다윈은 이데올로기에 대한 생각은 말할 것도 없고 정치에 대해서도 명확하게 언급하지 않았다고 여겨졌다. 그렇게 오랫동안 다윈의 선동적인 생각은 흐려진 채 묻혔다.

엠마가 편집에 개입하면서 과학사에서 삭제되고 만 다윈의 가설은 종교적 교리를 '지속적으로 주입'받았을 때 아이의 뇌에 어떤 일이 일어날지에 대한 것이다. 여기서 주입한다는 의미로 선택한 단어 'inculcate'는 발뒤꿈치로 짓밟고 강요하며 억지로 가르침을 받도록 하는 것이다(발꿈치뼈를 뜻하는 calcaneus bone의 어원인 라틴어 calx는 '무언가를 심어주다'라는 의미를 지닌 라틴어 inculcare의 어원이기도 하다). 다윈은 종교가 내면에서 발견되는 것이 아닌 외부에서 강요받는 것이라고 생각하며 이 '지속적인 주입'이라는 표현을 썼다. 종교가 그저 사랑과 헌신, 영적 감정의 원천이 아니라 위력에 의해 성인이나 아이들에게 깊이 각인을 남기는 시스템일지도 모른다고 상상했던 것이다. 다시 말해 그것은 아이들의 뇌에 강제로 인상을 남겨 배움을 유도하는 시스템이었다. 동물 또한 두려움이나 혐오, 애착, 탈출을 통해 동일한 메커니즘으로 학습한다.

다윈은 교리 주입과 반복된 수행의 결과가 동물의 본능과 대물림만큼이나 강력하고 오래 지속되며, 생물학적으로 실질적인 결과를 남길 수 있다고 추론했다.

이것은 다윈의 주장 가운데 가장 노골적으로 정치적이고 비난을 받을 만한 것이었다. 자서전에서 검열당해 삭제된 것도 당연했다. 그런 정서에 불쾌함을 느낄 사람이 너무 많았고, 그들은 소중한 유산을 위험에 빠뜨리지 않으려 했다. 아들 조지에게 보낸 편지에서[7] 다윈은 자신이 연구자로 살아오는 동안 내내 스스로 글을 검열했다고 언급하며, 종교의 오점에 대한 자신의 생각을 공개적으로 발표하기 전에 일단 '멈추고, 멈추고, 또 멈출 것'을 촉구했다. 그리고 아들에게 이렇게 조언했다. "기독교에 대한 직접적인 공격은 영구적인 효과를 거의 거두지 못한단다. 느리고 조용하게 측면 공격을 해야 제대로 된 성과를 얻을 수 있지."

정말이지 다윈은 교활한 전략가였다! 그동안 숨겼던 가설의 뚜껑을 열기로 결심하자마자 자신 못지않게 교활한 아내 엠마의 손에 의해 재빨리 닫히고 말리라는 사실은 예상 못 했겠지만 말이다.

다윈의 가설은 아이들이 '신에 대한 믿음을 버리는 것'이 얼마나 어려울지, 즉 종교 신념을 일단 배운 뒤에는 그 배움을 없던 것으로 돌리고 교리의 굴레에서 벗어나는 것이 얼마나 힘든지에 대해 다룬다.

하지만 종교에 대한 다윈의 시야는 너무 제한되었을지도 모른다. 어쩌면 종교가 주는 소속감이란, 사실 우리 눈에 보이는 것보다 우주에 보다 많은 것이 존재한다는 사실에 대한, 즉 세계에 대한 일종의 개방성과 관련이 있을 수 있다. 종교는 사람을 가두는 거푸집이라기보다는 그보다 한 차원 높은 수준의 의미와 행복에

도달하기 위한 발판일지도 모른다. 신앙인의 삶에는 인생의 성공이나 슬픔에 끼어드는 어떤 구조나 의식이 주어진다. 그것은 위안을 찾고, 상심한 마음을 치료하고, 숭고한 것을 경험할 수 있는 기본적인 방식이기도 했다.

종교가 뇌에 미치는 영향

종교가 뇌에 미치는 영향에 대한 다윈의 질문을 해결하려면, 순전히 이론에 따른 추측보다는 경험적인 과학이 필요했다.

실험가로 명성을 떨쳤던 다윈은 자신의 가설을 검증하거나 반증하기 위해 어떤 잠재적인 테스트를 고안할 수 있을지 곰곰이 생각했다. 일단 아이들은 새까만 부리를 가까이서 감상할 수 있는 갈라파고스핀치가 아니었다. 또 영국식 정원의 야외 실험실에서 식물학 연구를 하기 위해 꽃잎을 쓰다듬고 살필 수 있는 열대 난초와도 전혀 달랐다. 하지만 다윈은 시간이 가진 복잡성이나 애매함 앞에서 물러서지 않으려 했다. 생물이 환경 속에서 변화하고 진화하며 반응하려면 기나긴 시간을 전제로 해야 한다는 주장이야말로 다윈의 트레이드마크였다.

과학자들은 종교의 교리가 인간의 뇌를 형성하는 과정을 어떻게 살필 수 있을까? 우리가 '지속적인 주입'의 구성 요소인 반복된 종교 관습과 발달 중인 아이의 독특한 민감성을 서로 구분할 수 있을까? 규칙적으로 참여하는 종교 규범, 살아가면서 종교 활동을 수행한 시기, 종교 관습에 대해 보이는 적극성과 열정 가운데 종교적 신념을 형성하는 데 보다 중요한 요인은 무엇일까?

여기에 대해 알아보기 위한 이상적인 방법은 종난 연구다. 이것은 과학자가 따라야 할 기본적인 동사 규칙과도 같다. 요람에 누워 있을 때부터 놀이터에서 뛰어노는 시기, 성인기에 이르기까지 여러 아기들을 살피는 것이다. 이렇게 아기들을 면밀하게 모니터링하다 보면 원인과 결과, 성향과 환경, 본성과 양육 사이의 상호작용이 모습을 드러낸다. 그리고 상황, 기회, 선택이 어떻게 그 사람을 구성하게 되었는지 추적 가능하다. 이때 과거와 미래, 의식과 무의식, 사적인 면모와 공적인 면모를 비롯해 모든 각도에서 그 사람을 포착하라. 그 사람을 세심한 측정이 이루어지는 대상으로 다루어야 한다.

평생에 걸쳐 데이터와 패턴을 추적하고 어떤 사건 **전과 후**의 변화를 더듬어가는 것이야말로 최선의 방법이다.

하지만 일평생 어떤 대상이 어떤 결과를 보일지 기다릴 수 있는 과학자는 거의 없을 것이다. 이렇게 과학자가 평생에 걸쳐 기다리기 힘들거나 인내심이 부족하다면 대상이 가진 차이점을 살필 수 없다. 시간을 앞당길 수 없다면, 대신 서로 다른 개인의 삶이 가진 기억을 뒤돌아보면 된다. 즉, 발달 중인 뇌에 어떤 이데올로기적인 환경을 얼마나 노출했는지, 양육 방식과 관점의 차이를 비교하는 것이다.

종교는 이데올로기적으로 사람을 양육하는 가장 강력하면서 기억에 잘 남는 형태로 손꼽힌다. 종교는 교리이자 정체성이기에 몹시 수행적이기 때문이다. 종교는 단순한 도덕규범이라든지 우주적 운명과 형이상학적 주장에 대한 내적인 대화가 아니다. 종교의 내부는 명확하게, 또한 의도를 띠고 겉으로 드러난다. 우리가 정치적인 선택을 할 때 비밀스러운 장치에 들어가 편견을 그럴듯하게 감추는(부스를 구분하는 얇은 커튼 뒤에서 투표하는 경우가 그렇다. 병원에서 프라이버시를 다루는 방식과 놀랄 만큼 닮았다) 것과는 다르다. 종교 활동을 할 때는 소매에 무언가를 착용한다. 또 상징적인 목걸이로 가슴을 장식하며 기도하고, 신실한 이마에 붉은 점을 찍는다. 천으로 머리를 경건하게 덮고, 다듬지 않은 머리카락을 터번 아래에 집어넣거나 곱슬머리를 땋아 종교적인 정체성을 표현한다. 어떤 색은 의식적으로 외면당하지만 어떤 색은 의도적으로 표출된다. 신성한 의식에 필요할 때면 맨살을 일시적으로 장식하거나 영구히 변화를 준다. 하지만 맨살은 불순한 음란함으로 간주되기도 한다.

종교 교리는 신자들이 신앙을 체화하도록 장려하기 때문에, 종교에 참여하는 경험은 좀처럼 금세 잊히지 않는다. 양육 과정에서 미친 영향력은 피부에 미친 영향처럼 여러 해가 지난 뒤까지 기억에 남는다. 그렇기에 과거를 되돌아볼 때 종교는 명확하게 모습을 드러낸다. 성인을 대상으로 가족이 얼마나 자주 종교 예배에 참석하고 기도를 올렸는지, 종교 교리에 대한 헌신을 표현했는지 물어보면 대부분 자신 있게 자신의 양육 방식을 범주화할 수 있다. 종교는 아주 어린 시절부터 아이를 끌어들이도록 설계되었다. 종교

의식은 출생, 할례, 세례, 성찬식과 견진 성사를 비롯해 아동기와 청소년기, 성인기의 이정표를 가로지르는 통과의례를 중심으로 진행된다. 이런 의례는 인간 세계로 들어왔다 나가는 관문이며 그 시작과 끝에는 초자연적인 안개가 자리한다. 아이들은 종교적 의무뿐만이 아니라 동료 신도들로 구성된 커뮤니티와 신앙 체험을 공유하고 개인적으로 실천할 의례에 대해서도 확실하게 익힌다. 경외감과 환희, 엄숙함으로 몸을 씻기는 계시, 함께하는 순례, 예배 시간의 짜릿한 무아지경이나 두려움, 서로 조화되는 감각처럼 집단적인 종교 경험이 주는 감정은 쉬이 잊기 힘들다.

이렇듯 개인의 성장 과정에서 종교가 미친 기억을 조사하면, 과학자는 평생 기다리지 않고도 시간 여행을 할 수 있는 회고적인 역사 기록물을 작성할 수 있다. 개인을 대상으로 현재와 과거에 종교 생활이 어떻게 같고 다른지 연구하면 그 연속성과 전환되는 지점을 관찰 가능하다. 개인의 종교 생활과 종교성이 고정되어 있지 않고 시간이 지남에 따라 변할 수 있는 만큼 이 연대기는 중요하다.

나는 개인의 종교적 소속감과 양육 방식, 종교적 실천과 기도, 참여의 정도가 인지적 유연성과 어떤 관련이 있는지 호기심이 들었다.[8] 700명 이상을 대상으로 한 연구에서 나는 인지적 유연성이 종교에 대한 불신과 관련이 있다는 사실을 발견했다. 반응적 유연성과 생성적 유연성에 대한 다양한 테스트를 거친 결과, 변화하는 상황에 적응하고 자기 스스로 무언가를 새로 만들어야 하는 작업을 수행할 때 이 효과는 크고 일관적이었다. 다른 이데올로기와 마찬가지로 강한 종교적 신념은 보다 큰 인지적 경직성과 연관되었다.

종교적 신념에는 점진적인 헌신의 단계가 있다. 그런 점에서 나는 한 가지 질문이 생각났다. 모든 종교 신자가 동일한 인지적 성향을 가지고 있을까? 데이터에 따르면 답은 '그렇지 않다'였다. 종교 신자들이 가진 정신적 유연성에는 서로 상당한 차이가 있었다. 이러한 차이의 일부는 사람들의 신념과 적극성의 정도로 설명할 수 있다. 종교를 보다 자주 실천하고 반복되는 의식에 참여하며, 기도하고, 예배에 참석할수록 신경심리학적 과제에서 더 경직되는 경향이 있었다. 반면에 종교를 보다 덜 실천하고 열성이 덜할수록 유연성 점수가 높았다.

가장 인상적인 결과 중 하나는 종교를 믿지 않는 사람들이 위스콘신 카드 분류 테스트에서 가장 높은 적응력을 보였고 다른 용도 찾기 테스트에서도 가장 유연하게 대답했다는 것이다. 그들이 무신론자로 키워졌든, 불가지론자, 독실한 신앙인으로 키워졌든 상관없었다. 다시 말해 개인이 어디서 어떻게 자랐는지가 아니라 스스로 무엇을 믿기로 선택했는지가 그 사람의 인지적 스타일을 가장 잘 드러냈다.

이것은 개인의 양육과 과거 이야기가 인지와 무관하다는 의미일까? 중요한 것은 오로지 현재일까? 하지만 반대였다. 데이터를 면밀하게 분석한 결과 양육은 중요했다. 나는 자신이 속한 종교를 바꾼 두 종류의 개종자 집단으로부터 단서를 얻었다. 즉, 종교적인 환경에서 자랐지만 나중에 종교 이데올로기를 떠난 사람들과, 종교와 거리가 먼 세속적인 환경에서 자랐지만 나중에 본인의 선택으로 종교 이데올로기 안으로 들어온 사람들이었다.

내가 보기에 가장 흥미로운 대상은 부모의 기대를 저버리고 다른 방향으로 삶을 끌고 간 사람들이었다. 데이터를 분석한 결과, 나는 원래 가졌던 종교적 이데올로기를 떠나온 사람들의 유연성 점수가 가장 높다는 사실을 발견했다. 몇 가지 유연성 테스트에서 종교에 막 발길을 끊은 사람들은 평생 세속적이었던 사람보다도 점수가 높았다. 반면에 종교적 이데올로기로 걸어 들어간 사람들은 평균적으로 유연성 점수가 가장 낮았으며, 때로는 평생 종교에 애착을 유지했던 사람들보다도 더 융통성이 떨어졌다.

아직은 앞으로 연구를 통해 해결해야 할 미해결 문제가 많다. 예컨대 '닭이 먼저냐, 달걀이 먼저냐' 하는 인과성에 대한 문제가 아직 풀리지 않았다. 다시 말해 애초에 인지적으로 유연한 사람들이 세속적 세계관에 끌리는 경향이 있는 것인지, 아니면 세속적 환경을 선택하면서 보다 유연한 사고방식을 지니게 되었는지를 구분하기 어렵다. 또한 인류 문명은 그동안 매우 변화무쌍한 종교 경전과 관습의 집합체인 만큼 이런 여러 신앙은 다양한 인지적 특성을 형성한다. 그렇기에 종교 신념을 갖거나 개종하는 사람들의 심리적인 기초를 이해하려면 이들이 복잡다단한 종교의 종파에 들락날락하는 과정을 잘 기록하는 것이 무엇보다 중요하다.

작가이자 정신분석가인 애덤 필립스Adam Phillips는 이러한 변화에 대해 다음과 같이 예리하게 지적한다. "종교적인 개종은 회의주의에 대한 치료법인 경우가 있다. 마음을 자유롭게 하고자 먼저 마음을 좁히는 것이다. 그러면 다양성이나 모순이 완화되어 복잡성에서 벗어날 수 있다."[9] 이데올로기는 현실이 이상과 일치하고, 이상이 서로 조화롭게 들어맞으며 모든 것이 통일되고 정돈될 것을 요구한다.

그렇기에 이데올로기에서 벗어난 개종자들의 유연성이 높다는 말은 타당하다. 그들은 자기 삶을 조직하는 전체 원리에서 완전히 벗어나야 하기 때문이다. 이데올로기에서 벗어나기 위해서는 이전에 지적이고 정서적인 지원을 제공했던 커뮤니티를 고통스럽게 떼어내야 한다. 사회적 규칙은 스스로 세운 규칙으로 대체된다. 따라서 이데올로기에 대항해 반란을 일으키려면 특별한 유연성이 필요하다.

물론 상당수의 종교 신자들은 이런 주장에 동의하지 않을 것이다. 그들에게 종교는 더 넓은 세계에 대한 개방성을 불러일으키기 때문이다. 그들은 신성한 아름다움과 목적으로 다채로운 세계이자 철학자 폴 틸리히Paul Tillich의 표현대로라면 '깊이'의 세계, 시몬 베유에 따르면 '복종'의 세계에 마음을 연다. 사상가 쇠렌 키르케고르Søren Kierkegaard는 이 과정을 장엄한 '도약'이라고 표현했다. 이들에게 종교적 계시는 마음을 여는 것, 보이지 않는 차원과 의미를 가진 영적 세계에 대한 개방을 의미한다.

하지만 나는 '개방'이라는 단어에 오해의 소지가 있다고 생각한다. 일정한 형식에 메이지 않고 사는 것과 엄격하게 정해진 방식대로 사는 것의 차이를 흐리기 때문이다. 어떤 이데올로기로 개종할 때 '개방'이라는 단어를 사용하면, 세상을 여는 교육과 세상을 닫는 세뇌 사이의 경계가 모호해진다.

사람들은 종교에서, 뇌의 예측하고 의사소통하는 패턴이 궁극적으로 충족된다고 느낄 수 있다. 언제나 귀를 기울여 듣고, 이야기하고, 설명하는 사람이 존재하기 때문이다. 마음은 설명할 수 없는 온갖 사건에 의미를 부여한다. 종교는 무작위적인 사건에서 주체를 찾아내고 우연한 만남에 무언가 의도가 있으리라 상상하는 우리 뇌의 경향을 독특하게 표현하며, 지적인 존재와 초자연적인 정신, 신비로운 사건을 가정한다. 이것은 매우 인간적인 반응이다. 아무리 종교와 거리가 먼 세속적인 사람이라 해도 스트레스를 받으면 미신을 믿게 되며 갑자기 행운의 징조에 끌리거나 꿈이 무언가 예견할 가능성이라든가 두려운 징크스가 존재한다고 여긴다.

그렇지만 종교는 알 수 없는 실체에 뿌리를 둔 교리를 앞세우며 감각과 현실 사이의 갈등을 부추긴다. 철학자 데이비드 흄은 1757년에 저서 《종교의 자연사》에서 이러한 긴장에 대해 다음과 같이 말했다. "자연에서 보이지 않는 지적인 힘을 믿으려는 사람들의 성향이 아무리 강하더라도, 감각적이며 눈에 보이는 물체에 주의를 집중하려는 경향 또한 똑같이 강하다. 이러한 상반되는 성향을 조화시키기 위해 사람들은 보이지 않는 힘을 눈에 보이는 물체와 통합하려 한다."[10] 초자연적 사건에 대한 기대와 여기에 대한 증거의 부재를 조화시키기 위해, 우리의 뇌는 신념을 업데이트해서 실제 감각적인 경험에 초감각적인 의미를 부여한다.

심지어 다윈조차도 경건함의 아름다움이나 그 위력을 모르지 않았다. 다윈은 검열되지 않은 자서전의 한 곳에서 다음과 같이 썼다. 엠마가 내용에 손을 대라고 편집자들을 설득할 수 없었던 부분이었다.

나는 일기에 이렇게 쓴 적이 있다. "웅장한 브라질 숲 한가운데에 서 있어도 마음을 채우고 고양시키는 경이로움, 감탄, 헌신 같은 고결한 감정이 들며 이를 묘사하기에 걸맞은 표현을 도저히 찾을 수 없다." 나는 인간에게 단순한 육체의 숨결보다 더 많은 것이 존재한다는 신념을 가진 적이 있었다. 하지만 이 웅장한 풍경은 내 마음속에 그런 신념과 감정을 불러일으키지 않을 것이다. 나는 색맹인 사람과 다를 게 없다고 진심으로 말할 수 있으며, 붉은색이 존재한다는 믿음은 보편적인 것이므로 내가 지금 겪는 감각 상실은 그 믿음에 반하는 최소한의 증거조차 되지 못한다. 인종을 막론하고 모든 사람이 하나의 신이 존재한다는 사실에 대해 동일한 내면의 신념을 가졌다면 이것은 유효한 주장이 될 테지만, 우리가 이미 아는 바에 따르면 그것은 사실과 매우 거리가 멀다. 따라서 그러한 내면의 신념과 감정은 실제로 존재하는 것의 증거로서는 어떠한 무게도 없다. 이전에는 나를 흥분시키고 신에 대한 믿음과 밀접하게 연결되었던 웅장한 풍경과 장면은 숭고함에 대한 감각이라는 마음의 상태와 본질적으로 다르지 않았다. 이 감각의 기원을 설명하는 것이 아무리 까다롭다 한들, 음악이 우리를 흥분시키는 것과 같은 모호하며 이와 유사한 감정 그 이상으로 신의 존재에 대한 논거로 발전하지는 못할 것이다.[11]

다윈의 사색에는 숭고함에 대한 색채, 소리, 감각이 스며 있다. 종교는 하나의 지각적인 틀이며, 우리가 감지하는 것과 전혀 감지하지 못하는 것의 강도를 바꾸는 마음의 틀이기도 하다. 초자연적인 의미는 감각적인 경험 위에 겹겹이 쌓여 있다. 의구심과 불일치는 침묵 속에 가라앉는다. 믿음을 잃는 과정에서 다윈은 '색맹이 된 사람'과 같아졌다. 그 전에 거기 있기를 바라던 삶의 초자연적인 차원을 더 이상 보지 못하기 때문이었다. 하지만 동시에 그는 이제 세상을 있는 그대로 더 유연하게, 보다 자유롭게 볼 수 있는 사람이 되었다.

14

정치적 착시

일단 한번 보면, 그 도발적인 그림에서 눈을 떼기란 불가능했다. 이 그림을 그린 독일 출신의 만화가는[1] 이 그림이 이 정도로 분노와 혼란을 일으킬 줄은 전혀 몰랐다. 거의 거리에서 폭동이 날 정도였다. 당황한 철학자들은 이 그림이 모든 것을 뒤집고 현실마저 뒤엎었다고 주장하며 날 세운 글을 내놓았다. 실제로 시선을 사로잡는 그 그림은 인간의 지각, 심지어 도덕성의 전체적인 토대에 그림자를 드리워 모든 것을 재평가하게 했다. 그리고 사람의 정신을 속이며 대중을 분열시키고, 있는 그대로가 아니라 흐릿하고 허술한, 또 그릇된 그림을 통해 현실을 보게 하기가 얼마나 쉬운지 알려주었다.

악명 높은 이 만화는 오리-토끼, 또는 토끼-오리를 그려 착시를 일으켰다. 이 그림은 오늘날 스도쿠나 잡다한 수수께끼가 실리는 잡지 뒷면에 한 페이지의 8분의 1쯤 되는 크기로 처음 실렸는데, 화가가 나중에 생각난 아이디어를 아무렇게나 넛붙인 결과물 같았다. 하지만 반응은 소란스러웠다. 만화가 발표된 지 50년이 지난 20세기에 이르러서야 '양극화polarization'라는 용어가 물리학에서 정치학으로 옮겨진 바 있는데, 독자들은 바로 이 그림의 지저분한 영광 속에서 양극화가 모습을 드러냈다고 생각했다.

그로부터 한 달도 되지 않아 미국의 유명한 정치 잡지 〈하퍼스 위클리〉는 꼭꼭 숨어 있었던 바이에른의 만화를 재인쇄해서 미국 전역에 퍼뜨렸다. 이 그림은 19세기적인 방식으로 널리 퍼져 유명세를 탔다.

객관적 세계란 존재할 수 있을까?

검은색 얇은 선으로 그려진 이 모호한 그림은 누가 보기에는 부리를 삐죽 내민 오리 같았고, 또 누가 보기에는 귀가 길쭉한 토끼 같았다. 한 그림이 다음 그림으로 바뀌면서 오리의 갈라진 부리가 두 개의 토끼 귀로 변신한다. 왼쪽을 향하던 오리의 얼굴이 갑자기 귀를 뒤로 젖히고 멍하니 오른쪽을 응시하는 토끼로 보인다.

여기서 어떤 사람은 토끼를 먼저 보고 그다음에 오리를 발견하지만, 오리를 먼저 보고는 토끼를 찾는 데 어려워하는 사람도 있다. 누군가 등을 떠밀어 알려주거나 힌트를 주고, 아니면 캡션을 달아 설명하거나 옆에서 중얼거리는 사람이 있어야 그림 안에 또 다른 동물이 숨어 있다는 사실을 눈치채는 경우가 많다. 첫인상에서 벗어나 현실을 새롭게 보려면 눈을 가늘게 뜨고, 고개를 기울이고, 그림을 가까이 가져다 댔다가 멀리 떨어뜨려야 한다. 그렇지 않으면 첫인상에 주의가 고정되어서 이 그림이 지닌 이중성과 양면성을 전혀 눈치채지 못한다.

그런데 어떤 사람은 다른 사람에 비해 오리와 토끼 그림을 보다 쉽게 전환한다. 다른 용도 찾기 테스트에서 인지적 유연성이 높은 사람은 오리와 토끼를 더 쉽게 바꾸어가며 발견하는 것으로 나타났다.[2] 맥락과 기억이 주는 신호도 중요하다. 지역 동물원 입구에서 스위스인 500명 이상을 대상으로 한 흥미로운 연구에 따르면,[3] 10월에는 사람들이 오리를 봤다고 보고할 가능성이 높은 반면 봄철인 부활절 무렵에는 토끼를 봤다는 사람이 더 많은 것으로 나타났다. 이런 '부활절 효과'는 부활절 토끼가 머릿속에 강력하게 남아 있을 10세 미만의 어린이에게 가장 크게 나타난다. 어른이나 청소년들의 첫인상은 부활절 토끼에 크게 좌우되지 않는다. 이들에게 부활절은 그렇게 신나고 매혹적인 시기가 아니다.

오리를 보다가 문득 토끼를 보게 되면 우리는 '아하'라고 외치며 통찰과 계시를 얻는 유레카의 순간을 경험하고, 놀란 나머지 미소를 짓는다. 우리가 웃는 것은 새로운 무언가를 알게 되었기 때문이다. 또 사소해 보이지만 중요한 면에서 이의를 제기받았기 때문에 웃는 것이기도 하다. 세계가 안정적이고 돌이킬 수 없으며,

주어진 어떤 그림에는 하나의 표상이 존재한다는 가정에 금이 갔다. 누군가 우리에게 장난을 쳤다. 그래서 우리는 웃어넘기며 친구들에게 그림을 보이면서 그들은 오리와 토끼 중 어떤 버전을 먼저 보는지 알아내고자 한다.

"너는 뭐가 보여?" 우리는 자비로운 우월감이 담긴 미소를 지으며 묻는다.

이 그림이 우리를 놀리고 이중성을 드러냈기에 이제 우리는 다른 사람을 놀리고 살짝 괴롭히는 데 이 그림을 사용한다. 조지 오웰에 따르면 "불쾌하거나 두렵지 않으면서도 기존 질서를 뒤흔드는 것이야말로 우리에게 재미와 웃음을 준다. 모든 농담은 작은 혁명이다."[4]

하지만 세계에서 가장 저명한 철학자로 손꼽히는 한 사람에게 이 오리와 토끼 착시는 조그만 혁명이 아닌 기념비적인 혁명이었다.

1953년, 오스트리아의 철학자 루트비히 비트겐슈타인Ludwig Wittgenstein은 사람들의 찬사를 받는 저술《철학적 탐구》에서 오리와 토끼 그림의 매혹적인 모호성에 푹 빠진 나머지 이 착시 현상에 대해 자세히 썼다. 심지어 책 속의 단편적인 논변에 이 그림을 간단히 직접 그려 싣기도 했다. 마치 철학의 진지한 바다에 비친 한 줄기의 별난 빛살 같았다. 비트겐슈타인은 오리 토끼 착시는 우리가 물체를 볼 때 항상 있는 그대로 보는 게 아니라는 사실을 보여준다고 주장했다. 시각적 경험에는 개인의 판단과 편견이 스며들며, 주의력은 무작위로 붙들려 인질로 사로잡힌다.

철학적으로 보면 이 깨달음은 비극에 가까웠다. 모호성이 우리의 눈을 흐리고 진실을 가려 잘못된 길로 이끈다면, 우리가 세계와 접촉하는 방식을 신뢰하기 어렵다. 우리는 현실의 일부만 이해할 뿐 결코 전체를 보지 못한다. 이런 식으로 우리가 이따금 놓쳐 잘못 해석하는 것들이 얼마나 많을지 상상해보라.

이미 가지고 있는 지식과 친숙함이 우리를 선택적인 인식으로 이끌 수밖에 없다는 사실을 알게 되면 이 현상은 더욱 문제가 된다. 착시를 일으키는 이미지의 이중성을 알아차렸다 해도 두 가지 해석을 동시에 보는 것은 불가능하다. 오리인 동시에 토끼인 이미지이지만 이것을 한꺼번에 정확하게 볼 수는 없다. 두 그림은 서로 경쟁한다. 아무리 이미지를 오래 들여다본다 해도 잉크 속에 두 마리의 동물이 파묻혀 있다는 사실은 알지만 두 동물을 어느 순간 동시에 볼 수 없다는 것은 분명하다. 이것은 가역적이고 변덕스러운 쌍안정bistable 착시이다.

비트겐슈타인은 자신과 대화하는 듯한 전형적인 아포리즘 스타일로 이렇게 질문을 던진다. "무엇이 달라진 걸까, 내가 본 인상? 내 관점? …… 나는 마치 내 눈앞에서 물체가 변한 것처럼, 마치 내가 지각한 것처럼 그 변화를 기술한다."[5] 이 변화는 우리의 마음속에서 일어났다기보다는 세계 자체가 변한 것처럼 급진적으로 느껴진다. 우리가 일상생활에서 군중 속을 배회하다가 예기치 않게 눈에 익은 얼굴을 알아볼 때도 비슷한 깨달음을 경험한다. 비트겐슈타인은 이렇게 말한다. "나는 어떤 얼굴에 대해 곰곰이 생각하다가 문득 그 얼굴이 다른 얼굴과 닮았음을 눈치챈다. 그사이에 바뀐 것은 없다. 다만 내가 다르게 보고 있을 뿐이다."[6]

독일 실험심리학의 선구자들은 이렇게 한 이미지에서 다른 이미지로 바뀌는 현상을 '게슈탈트 전환gestalt switch'이라고 불렀다. 게슈탈트라는 단어는 '전체'로 번역된다. 우리는 어떤 실체의 전체(토끼)를 보다가 또 다른 실체의 전체(오리)로 넘어간다. 우리의 마음은 이미지를 조각과 부분으로 인식하는 대신 전체를 통합하고 감각한다. 지각은 작은 입자로 쪼개지지 않는 연속된 경험이다. 이것이 바로 우리가 정처 없이 흐르는 구름 속에서 동물과 누군가의 얼굴을 보는 이유다. 우리의 마음은 모양이나 구조, 의미를 뽑아내는 경향이 있다. 그에 따라 우리는 특정 세계관에 갇힌 채 다른 환경에서 정보를 재구상하는 데 어려움을 겪는다. 사물은 우리에게 통일된 것처럼 보인다. 우리 뇌는 전체적인 것을 신성시한다.

다시 말해 우리가 밝혀지지 않은 채로 우리 시각 안에 남아 있는 흐릿함이나 모호함을 경험하는 경우는 거의 없다. 우리는 어딘가를 새로 구성하며 일관되지 않거나 불편한 부분을 선택적으로 넘겨버린다. 비트겐슈타인 같은 철학자에게 이 사실은 충격적인 깨달음으로 다가왔다. 이것은 현실 또는 실재란, 진실의 조각과 선택된 입력값으로부터 우리의 마음이 만들어내는 유용한 환각이자 신기루일지도 모른다는 뜻이었다. 현실에 대한 우리의 감각은 하나의 해석에 불과하다.

하지만 근본적인 진실이 존재하지 않는다면 우리는 어떻게 서로 공통점을 찾을 수 있을까? 우리 중 절반은 토끼를 보고 절반은 오리를 본다면 현실이 어떤 모습인지 동의에 이를 가망이 거의 없다. 이것은 단순한 철학적 난제가 아니라 근본적으로 정치적인 문제다. 우리는 해석상의 갈등으로 말미암아 칼을 갈고 견해가 다르다는 이유로 전쟁을 벌일 수 있다. 흑백 스케치를 밀레니얼 세대에 걸맞게 재해석해 〈뉴요커〉에 삽화를 싣는 폴 노스Paul Noth는 두 부족이 들고 있는 작은 깃발에 유명한 오리 토끼 그림을 그려 넣었다. 이들은 같은 깃발을 든 채 계곡 능선을 가로지르며 서 있다. 한쪽 부족의 지도자가 뿔 달린 화살 모양의 칼을 들어 올리며 "토끼 신을 버리고 오리 신을 받아들이기 전까지 평화는 없다"고 선언한다. 타협하지 않고 끝까지 싸울 작정이다!

독자들은 삽화를 본 순간 뭔가 알고 있다는 듯이 웃는다. 여기에는 부조리와 진실이 담겨 있군!

같은 대상, 같은 사건에 대한 서로 다른 해석이 우리를 양극으로 분열시킨다. 우리는 단순한 착시와 모호성을 받아들이는 대신 각자의 해석을 상대에게 설교하며 전쟁을 벌인다.

시각적 착시와 정치적 착시의 연관성

시각적 인식은 단순히 이데올로기적 인식에 대한 편리한 은유가 아니다. 그것은 뇌가 이데올로기의 내러티브에 유혹당하거나 반발하게 만드는 과정을 드러내는 과학적 도구가 될 수 있다. 감각적 인식의 차이는 서로 다른 뇌가 복잡한 시각 이미지나 시청각적인 장면을 처리하는 방식을 반영한다. 오리로 변하는 토끼, 시야 주변에 깜박이는 뻘간색 삼각형, 언제 지판을 누르고 언제 누르고 싶은 충동을 억제할지 알려주는 버저 소리가 그런 예다. 검안사와 마찬가지로 심리학자 역시 시각과 정치의 메커니즘을 동시에 탐색할 수 있다. 당신은 어떤 해석을 선호하나요? 어떤 이미지가 더 선명해 보이나요? A인가요, B인가요? 클릭. B, 좋아요. 그럼 B인가요, C인가요? 클릭.

이 연구에 따르면 1초 이내에 일어나는 감각적 과정은 결정이 이루어지고 굳어지는 데 수년이 걸리는 이데올로기적 신념하고 관련이 있을 수 있다. 그러면 시각적 착시는 곧 정치적인 착시가 될 것이다. 이렇게 광학과 정치학을 혼합하면 내가 '정치광학poliptical'이라 부르는 융합을 관찰할 수 있다. 여기서 우리의 감각적 선호도와 정치적 감수성이 한곳에 수렴한다. 정치심리학자들은 이러한 정치광학 현상을 어떻게 찾아낼까?

과학 연구는 두 가지 방식으로 나뉜다. 첫 번째는 과학자가 가설에 대해 깊이 생각한 다음 실험을 수행해서 추측을 반증하거나 확증하는 '이론에 근거한 방식'이다. 이론에 근거한 연구에서 이론은 가설을 뒷받침하거나 기각하고, 또는 개선하도록 테스트나 분석을 설계하게 이끈다. 과학 이론 가운데 **입증된** 것은 그렇게 많지 않다. 과학이 사실을 엄밀하게 정립한다는 흔한 믿음은 옳지 않다. 현실에서 과학은 잠정적이고, 스스로 질문을 던지며, 호기심과 장난기가 있는, 또한 비판적이고 주기적으로 변화를 겪는 지식이 끊임없이 발전하는 과정이다. 이론에 근거한 연구는 질문을 던지고, 결과를 예측하고, 가설을 뒷받침하는 좋은 증거가 있는지 시험하는 방식으로 진행된다.

하지만 이론에 근거한 방식과 아예 다른 두 번째 방식도 존재한다. 때때로 과학자들은 탐색 중이다. 이때 이들은 열린 질문을 던지며 가설은 계속 진화한다. 이렇게 과학자들은 풍부한 데이터를 수집한 다음 그것이 지닌 패턴을 알아내고자 분석하는 '데이터 중심 연구'를 수행한다. 이 연구 방식을 택한 과학자는 결과가 무엇을 보여줄 것인지 선입견을 갖지 않는다. 대신 과학자는 데이터가 스스로 말하게 내버려둔다. 이러한 접근 방식은 과학자가 예상치 못한 결과나 패턴으로 이어질 수도 있다. 또한 연구자가 지닌 편견이 본인이 제기한 의문이나 실험에서 선호하는 가설에 영향을 미친 나머지 과학적 상상력을 제한할 우려가 있는 상황을 해결하는 데 매우 유용하다. 데이터를 대규모로 수집하면 우리가 질문해야 한다는 것조차 몰랐던 질문에 대한 답을 찾을 수 있다.

나는 민족주의, 정치적 당파주의, 독단주의, 극단주의적인 태도, 종교성 등의 영역에서 인지적 경직성과 이데올로기적인 경직성 사이의 관계를 파악하기 위해 일단 이론 중심의 접근 방식을 따랐다. 하지만 그 이후에 이데올로기적인 마음이 갖는 그 밖의 특징들에 대해서도 알고 싶었다. 이데올로기를 열렬히 믿는 사람들에게는 어떤 심리적 특성이 또 나타날 수 있을까?

나는 광범위한 데이터 기반 연구를 통해 이 미지의 영역을 파헤쳤다. 먼저 이전에 37종류의 인지 테스트와 22종류의 성격 조사를 완료한 300명 넘는 미국인 참가자로부터 얻은 데이터 세트를 수집했다.[7] 한 참가자가 심리 테스트를 완료하는 데 10시간 이상이 걸렸는데 이 과정은 2주에 걸쳐 자택에서 편안하게 자신만의 속도로 수행되었다. 그로부터 2년 뒤, 나는 동일한 참가자들에게 부탁해 이데올로기적 세계관에 관해 묻는 일련의 설문지를 작성하도록 했다. 나는 사회 및 경제 부문의 보수주의, 민족주의, 애국심, 당파적 정체성, 이데올로기적 폭력에 대한 지지, 종교 관행에 대한 참여도, 증거를 기반으로 신념을 업데이트하는 데 대한 저항, 낙태와 복지, 기후변화에 이르는 여러 정책에 대한 태도 등 모든 방향에서 이들의 이데올로기를 테스트하고자 했다. 그러면 다양한 이데올로기의 심리적인 특성을 가장 포괄해 보여줄 수 있는 연구가 될 터였다. 데이터 기반의 접근 방식은 이렇듯 광범위하고 다차원적인 데이터 세트에 완벽하게 부합했다.

　나는 서로 다른 이데올로기가 가진 심리적 상관관계를 분석하면 무엇을 발견할 수 있을지 탐구하고 싶었다. 보수주의자와 진보주의자 사이에 심리적인 차이가 존재할까? 아니면 모든 종류의 독단적 사고방식 사이에는 유사성이 있을까? 그리고 데이터에 어떤 가설도 주어지지 않은 채 분석에서 도출한 패턴을 따른다면 어떠한 지각 및 성격상의 특성을 찾을 수 있을까?

　J. 리처드 사이먼J. Richard Simon이라는 한 심리학자는 1960년대에

사람들이 지각적인 결정을 내릴 때 흥미로운 현상이 발생한다는 사실을 알아냈다.[8] 참가자들에게 빨간색 원을 볼 때마다 오른쪽 버튼을 누르라고 지시하면 화면에서 빨간색 원의 위치가 중요해진다. 사람들은 화면 오른쪽에서 빨간색 원을 찾으면 화면 왼쪽에서 찾을 때보다 오른쪽 버튼을 누르는 속도가 더 빨라졌다. 마찬가지로 왼쪽 버튼을 눌러야 할 때면 화면 왼쪽에 원이 나타나는 경우에 보다 빠르고 정확한 반응이 나타났다. 필요한 손동작과 자극의 위치가 일치하면, 우리의 뇌는 자극이 나타나는 시야의 측면과 반응하는 신체의 측면이 일치하지 않을 때보다 더 실행 속도가 빨랐다.

이 '사이먼 효과simon effect'는 모든 사람에게 적용된다. 이것은 사람의 주의 메커니즘이 반응하는 방향으로 치우치는 경향이 있기 때문에 발생하는 효과다. 왼쪽에서 공이 들어온다는 사실을 감지했는데 몸을 오른쪽으로 움직여 공을 잡으려고 하는 건 어색하고 이상하다.

사이먼 효과는 보편적이지만 개인에 따라 효과의 크기에 차이가 있다. 어떤 사람의 뇌는 부조화를 남들보다 빠르고 쉽게 극복한다. 반면에 부조화를 극복하는 데 좀 더 오래 걸리며 그런 시련에 직면했을 때 자꾸 오류를 범하는 사람도 있다. 하지만 약간의 사이먼 효과를 나타내는 동시에 부조화를 무시할 수 있는 것이 꼭 좋은 일은 아닌데, 때로는 상관없는 특징 때문에 창의력에 자극을 받기 때문이다.[9] 그러므로 이러한 개인차는 좋거나 나쁜 문제가 아니라 단지 차이를 드러낼 뿐이다.

　내가 직접 실험해보면 왼쪽 자극이 실제로 화면의 왼쪽에 있고 오른쪽 자극이 화면의 오른쪽에 있는 완선한 '일치' 실험을 수행했을 때 평균 반응 시간은 503밀리초, 즉 대략 0.5초였다. 그리고 왼쪽 자극이 가끔 오른쪽에서 등장해 주의를 산만하게 하는 '불일치' 실험의 경우 평균 반응 시간은 650밀리초로 조금 길어졌다. 이 두 조건의 차이가 나의 개인적인 사이먼 효과다. 자극이 화면의 '잘못된' 쪽에서 오면, 즉 자극이 오른쪽에서 오는데도 왼쪽 버튼을 눌러야 하는 상황이면 그렇지 않은 경우에 비해 속도가 느려진다. 내 경우 불일치 실험과 일치 실험의 차이는 147밀리초였다.

　이 시간차가 대수롭지 않게 보일 수도 있다. 7분의 1초 차이가 뭐 그리 대단한가? 눈을 한 번 깜박이는 것보다도 더 짧은 시간이다. 그렇지만 이렇게 엄청나게 빠르게 이루어지는 결정이라 해도 우리 뇌의 관점에서 보면 엄연한 하나의 결정이다.

　이렇듯 몇 분의 1초 단위의 결정을 자세히 들여다보는 것은 강력한 연구 기법이 될 수 있다. 나는 참가자들에게 이런 종류의 지각적 과제를 주어 그들의 뇌가 세상에 관심을 갖고, 갈등을 해결하고, 반응을 억제하고, 패턴을 학습하는 방식에 대한 근본적인 특징을 정량화했다. 이러한 미세한 시간 척도에 집중하면 개인이 제어하기에는 너무 빠르고 무의식적인 과정을 들여다보는 게 가능하다.

　인지과학자들이 이러한 지각적 의사결정의 결과를 분석할 때 참고하는 두 가지 흥미로운 데이터가 있다. 바로 반응 시간과 정확성이다. 두 데이터를 통해 누가 작업을 빠르게 수행하고, 또 누가 작업을 잘 수행하는지 확인할 수 있다. 하지만 계산 모델링을 활용하면 이러한 데이터에서 훨씬 더 의미 있는 심리학적 변수를 얻을 수 있다. 계산 모델링은 앞 실험의 두 번째 시행에서 참가자의 행동을 분석하는 한 방식이다. 참가자가 자극을 받는 순간(시간이 0인 지점)과 버튼을 누르는 순간(나의 경우 650밀리초) 사이에 어떤 심리적 과정이 일어나고 있는지 추정한다.

이 650밀리초 안에 어떤 일이 벌어질까? 연구자들은 계산 기법을 통해 주어진 과제에 대한 각 개인의 **증거 축적 속도**를 알아내고, 그에 따라 과제에서 제시한 증거를 얼마나 빠르고 효율적으로 올바른 결정에 통합하는지 파악할 수 있다. 어떤 사람들은 감각적 증거를 빠르고 능숙하게 축적하는 반면, 어떤 사람들은 증거를 결정에 통합하는 데 어려움을 겪는다. 인지과학자들에 따르면 이렇게 증거가 축적되는 과정은 비선형적이고 잡음이 많은데, 이는 뇌가 올바른 결정으로 곧장 도달하는 게 아니라 행동에 이르기 전에 여러 번 뒤집히거나 넘어진다는 뜻이다. 그래서 이것은 확률적인 과정이다. 밀리초 단위로 점차 확신이 생기기도 하고, 이후 주저하거나 주의를 기울이는 순간이 무작위로 뒤따른다. 이 과정은 정상을 향해 산을 오르는 데 빗댈 수 있다. 올바른 결정을 내리기 위해 나아가야 할 경사면은 고르지 않고 울퉁불퉁하다. 바위가 굴러떨어지기도 하고, 우리가 위쪽으로 올라가는 대신 잘못해서 아래로 내려가기도 한다. 밀리초 단위로 시각 피질은 두정엽, 측두엽(주의 집중을 통해 정보를 한데 묶는), 그리고 운동 피질(움직임을 통제하는)과 소통한다. 소통은 역치를 넘어 '그만!'이라는 시시를 받을 때까지 이루어진다. 이제 결정을 내리기에 충분한 정보를 갖게 되었다. 버튼을 누르자! 이때 어떤 사람은 역치가 높아 어떤 행동을 한번 시험해보기까지 많은 정보를 필요로 하며 신중하다. 반면에 어떤 사람은 역치가 낮아 빠른 속도를 위해서라면 기꺼이 정확도를 희생한다. 이 모든 과정은 내가 간단한 지각적 판단을 내리는 데 걸리는 650밀리초 동안 이루어진다.

수십 가지 과제에 대한 사람들의 반응을 조사한 결과, 개인이 지각적 판단을 내리는 방식과 이데올로기적 판단을 내리는 방식 사이에는 유사성이 있었다. 특히 우리가 뇌 속에서 정치적, 종교적, 사회적 선택이 불러일으킨 파문을 얼마나 깊이까지 관찰하는지 설명하는 두 가지 패턴이 존재했다.

속도가 빠른 지각적 과제에서 참가자들은 정확성과 속도를 극대화해야 한다. 이때 일종의 교환 관계가 성립한다. 빠르고 격렬한 방식을 택해 어쩔 수 없이 몇몇 실수를 감수할 것인지, 아니면 속도를 희생하는 대신 정확성을 택하는 느리고 꾸준한 방식을 택할 것인지 두 가지 중 하나다. 여기서 우리는 각 참가자가 빠르고 격렬한 전략에서 느리고 꾸준한 전략의 스펙트럼 가운데 어디에 자리하는지 지각적 주의를 정량화할 수 있다.

이때 첫 번째로 알게 되는 사실은 이러한 지각적 의사결정 과제에 가장 신중한 사람들이 정치적으로 가장 보수적이었다는 점이다. 즉, 분초 단위의 의사결정에서 나타나는 지각적 주의는 정책 선호도의 정치적 보수주의와 상관관계가 있었다. 흥미롭게도 보수주의는 신중하게 현 상태를 유지한다는 뜻이었다. 속도를 내서 일을 바로잡는 일에 저항하는 정치야말로 보수주의 그 자체가 아니겠는가?

주의 집중을 한다고 해서 반드시 절대적으로 반응 시간이 느려지는 것만은 아니다. 그보다는 빠름과 정확성 사이의 균형이 중요하다. 타자를 치거나 자동차를 운전하는 것처럼 어떤 사람들은 천천히 작업하면서 실수를 줄이려고 하지만, 어떤 사람들은 빠르게 작업하면서 실수를 그저 당연한 것으로 흘려보낸다. 하지만 놀랍게도 빠르고 정확한 사람이 있는 반면, 마음 아프게도 느리고 실수가 많은 사람도 존재한다.

정치적 보수주의자들의 지각적 전략은 느리고 꾸준한 절충안으로 기울어지곤 한다. 연구에 따르면 보수주의자의 두뇌는 전반적으로 신중하다. 도덕성과 정책, 그리고 1초가 채 되지 않는 사이에 이뤄지는 시각적 결정에서 되도록 조심하고 주의를 기울인다. 이런 지각적 주의는 사회적, 경제적인 보수주의자뿐만 아니라 민족주의, 애국심, 사회적 지배구조의 정당성, 불평등한 현 상태를 강하게 믿고 이데올로기 집단을 위한 폭력과 자기희생을 지지하는 사람들에게서 분명하게 나타났다. 이것은 우파 신념을 가진 사람들이 좌파 신념을 가진 사람들보다 새로운 환경을 탐색할 때 더

신중하며 낯선 대상에 접근할 가능성이 낮다는 다른 연구 결과와 일치한다.[10]

이 연구에서 읽을 수 있는 두 번째 통찰은 신뢰할 수 있는 증기에 비추어 신념을 업데이트하는 데 저항하는 사람은 지각적 의사 결정에서 증거를 통합하고 결정을 내리는 속도가 가장 느리다는 것이다. 다시 말해, 증거를 축적하는 속도 면에서 볼 때 남보다 더 독단적이고 새로운 증거를 꺼리는 사람은 지적으로 겸손하고 유연한 사람보다 감각적 증거를 더 느리게 통합하는 경향이 있다. 독단적인 정신은 감각적 증거를 축적하는 데 비효율적이고 융통성이 없으며 고품질의 정보를 안정적으로 추출하는 데도 어려움을 겪는다. 독단적인 정신은 감각적 증거가 실제로 모호할 때도 그렇게 느끼지만, 그렇지 않을 때도 증거가 불확실하다고 느낀다. 그래서 독단적인 뇌는 무언가를 학습하거나 결정을 내릴 때 색상, 자극, 피드백 소리, 이에 대한 학습된 반응 사이의 예기치 않은 사태 등의 지각적 증거를 신속하게 통합하는 것을 어려워한다. 정보를 판단에 통합시키는 속도가 느리기 때문이다. 독단적인 사람이 감각적 증거를 한데 모으는 데 어려움을 겪는다는 점은 이들이 정치적 증거를 유연하게 아우르는 데 곤란을 겪는 이유를 추론할 단서가 된다.

독단주의의 이러한 인지적인 특징은 정치적 보수주의자들의 특색인 지각적 신중함과는 분명히 다르다. 이 구분이 중요한 이유는 보수주의와 독단주의가 종종 혼동되기 때문이다. 그렇지만 이 둘은 심리학적인 기원이 서로 다르다.

독단적인 정신의 인지적 초상은 그 자체로도 주목할 만하지만, 데이터 기반 연구를 통해 발견한 몇 가지 사실을 더하면 보다 명확하게 드러난다. 독단적인 사람들이 스스로 자신의 성격에 대해 설명한 내용을 살펴보면, 이들은 자신이 빙하가 흘러가는 속도로 느리게 결정하거나 사고하지 않는다고 주장한다. 그 대신 이들은 자기가 매우 충동적이며 스릴을 사랑하고 경솔한 선택을 하는 경우가 있다고 답했다. 그렇다면 독단적인 정신은 불완전하게 이해한 증거를 바탕으로 때 이른 결정을 갑작스럽게 내리는 사고방식을 지녔을지도 모른다. 독단적인 사람은 낮은 수준의 무의식적인 인지 메커니즘은 느리지만, 높은 수준의 의식적인 성격 면에서는 충동적으로 결정을 내린다는 뜻이다. 이 점은 독단적인 사고방식을 가진 사람들의 면면을 생각해보면 이해가 간다. 신뢰할 수 있는 증거에 비추어 자기 신념을 업데이트하는 데 저항하는 사람, 절대적인 것을 선호하며 모호성을 거부하는 사람, 토론을 재빨리 피하고 새로 주어지거나 대안이 될 정보를 무시하는 사람이 곧 그들이기 때문이다. 이러한 사람들이 다양한 감각적 증거를 효율적으로 분류하고 통합시켜 결정을 내릴 방법을 찾고자 고군분투한다면, 그 결과는 새로운 입력값에 대한 독단주의가 될 것이다. 그러한 사고방식은 증거를 축적하는 데는 느리지만 동시에 성급하며 감정에 따라 움직이고 갑작스러운 선택을 내리기 쉬운 경향이 있기 때문이다.

이러한 연구 결과는 독단적인 정신이 정보를 처리하는 스타일이 이데올로기적인 정보를 다루는 데만 국한되지 않음을 암시한다. 독단적인 뇌는 1초도 되지 않는 시간 안에 빠르게 어떤 정보를 평가하는 과정에서 보다 일반화된 인지적, 감각적 장애를 가질 수 있다. 감각적 인식과 이데올로기적인 편협성 사이의 이런 유사성을 살피다 보면 우리는 다양한 측정 실험에 걸친 영역 일반성과 시간 불변성을 발견하게 된다.

그 밖에도 연구자들은 독단적인 사고방식과 급진적인 사고방식이 자신의 마음에서 일어나는 과정을 정확하게 판단하기 어렵다는 점을 시사하는 비슷한 패턴을 발견했다.[11] 두 개의 검은 사각형 중 깜박이는 점이 더 많이 들어 있는 것을 고르는 인지 과제를 수행할 때, 이데올로기적으로 급진적인 사람은 자신의 결정이 정확하다고 지나치게 확신하는 경향이 있다. 이것은 독단적인 개인이 스스로에 대해 평가하고 세상을 해석하는 메커니즘이 이데올로기적이든 그렇지 않든 모든 유형의 정보에 대해 왜곡되었음을 의미한다. 독단적인 뇌는 정치 발언에 대한 것이든 오리와 토끼 그림에 대한 것이든 성급하게 이루어진 해석을 고수한다.

미술사학자 에른스트 곰브리치Ernst Gombrich는 지각과 회화적 표상에 대한 중요한 저작인 《예술과 환영》에서 다음과 같이 말했다. "토끼인가, 오리인가? 여기에는 모호성이 있다. 이 문제에 대한 해석에는 무엇이 사실이라고 판명되는지에 따라 이미지를 변환하는 잠정적인 투사, 시험적인 시도가 포함된다."[12]

해석은 우리가 특정한 스타일로 접근하는 행위이다. 이 행위를 통해 우리는 이미지나 증거의 한 편린, 모호한 사회적 상황을 이해한다. 우리는 해석을 통해 눈앞에 있는 물체의 미묘한 부분까지 민감하게 반응하고, 물체의 빈 공간과 일정한 형태가 없는 표면에 주목하는 동시에 비대칭과 각도에 따라 색이 변하는 진동을 인식한다. 또는 물체에서 더 멀리 떨어진 채 선입견과 성급한 판단으로 물체를 마주하기도 한다. 우리의 뇌가 해석에 참여하는 방식은 우리가 세계 전체에 다가가는 방식을 반영한다.

이데올로기에 대한 복수: 감각의 회복

1964년, 예술과 역사, 철학을 두루 연구한 수전 손택Susan Sontag은 유명한 에세이집인《해석에 반대한다》에서 이미지나 아이디어가 가진 의미에 대한 강한 선입견이 있는 그대로의 인식을 방해한다고 주장했다. 해석이란 어떤 그림이나 텍스트, 겉모습이 진정으로 의미하는 바가 무엇인지 알아내기 위해 우리의 경험 가장 위쪽에 선입견을 쌓아가는 과정이다.

하지만 손택이 보기에 이 해석 과정, 즉 의미를 얻기 위한 번역 과정은 심각한 문제를 안고 있다. "현대의 해석 스타일은 무언가 발굴하는 것이지만 발굴하는 동시에 파괴를 진행한다. 어떤 하위 텍스트가 진짜인지 알아내기 위해 텍스트 뒷면을 파고든다. 오늘날 가장 유명하고 영향력 있는 마르크스와 프로이트의 교리는 사실 해석학, 즉 공격적이고 충동적인 해석 이론의 정교한 체계일 뿐이다."[13] 해석자는 동시에 비평가, 설교자, 예언가, 정신분석가, 지도자가 되어 자신이 진정한 의미를 드러낸다고 주장하며, 그렇게 함으로써 감각으로 경험할 수 있는 세계로부터 우리를 멀어지게 한다. 그리고 손택은 이렇게 덧붙인다. "해석한다는 것은 빈곤해지는 것이고, 의미라는 그림자로 이뤄진 세계를 쌓아 올리고자 실제 세계를 고갈시키는 과정이다."[14]

손택은 텍스트나 그림, 사진, 영화를 비롯한 예술에 해석을 불어넣는 것은 "사물 자체의 빛, 사물의 존재 자체"에서 눈을 돌리게 하고 더 작은 것으로 축소하는 행위라고 주장한다.[15]

종교적인 문제와 마찬가지로 예술에 대한 해석은 이데올로기와 비슷하고, 이데올로기는 해석을 강요할 수 있다. 교리를 엄격하게 지키려 들면 모든 지각 경험은 그 교리에 맞아떨어지는 의미에 종속된다. 이데올로기의 구조와 의미를 좇다 보면 감각 세계가 빈곤해진다. 예술이나 세계를 직접 경험하기보다는, 미리 정해진 의미에 맞게 모호함을 피하며 진정성 없이, 이데올로기에 따라 간접적으로 경험하게 된다.

이러한 억압적인 해석 행위에서 벗어나려면 이데올로기에 매몰되지 않고 직접적인 감각을 받아들여야 한다. 손택은 이렇게 제안한다. "지금 중요한 것은 감각을 회복하는 일이다. 우리는 더 많이 보고, 듣고, 느끼는 법을 배워야 한다."[16] 손택의 말을 빌리자면 우리는 해석보다는 신체적 교류에, 논리보다는 성애에 더 중점을 두어야 한다. 지각을 특정한 구조에 가두는 해석에 의해 검열되지 않은 채 우리의 몸, 물질성, 여과되지 않은 그대로의 감각으로 돌아가야 한다.

손택에게 해석 행위는 "세계에 대한 지적인 복수"[17]로 이루어진 다. 우리가 보다 많은 것을 느끼고 감각하는 것은 이데올로기에 대한 복수인 셈이다.

15

당신의 떨리는 손끝이 말해주는 것

우리는 아주 희미한 제스처, 즉 눈에 띄지 않는 동요나 제어되지 않는 떨림으로 커다란 감정을 드러낼 수 있다. 우리의 몸속, 피부 아래에는 요란한 움직임이 끊이지 않고 이어진다. 근육은 경련하는 듯한 선율에 따라 긴장하거나 이완된다. 뇌와 위장, 폐도 숨 가쁘게 서로 대화를 나눈다. 혈액은 거미줄처럼 이어진 동맥과 정맥, 모세혈관을 따라 밀고 당기며 흐른다. 신경세포는 동시에 발화하며, 오르락내리락을 반복하는 뇌파와 함께 주기적인 박동을 형성한다. 그러다 우리가 놀라거나 예측과 다른 일이 생기면 탱고 음악 같은 일련의 당김음이 발생한다.

이렇듯 외부 세계에 보이지 않고 때로는 우리 자신도 눈치채지 못하는 이런 내부의 움직임은 신체 내부에 리듬과 템포, 교향곡을 일군다. 분위기에 맞춰 퍼져나가는 이 본능적인 진동은 우리 몸속에서 공명하며 균형을 유지하는 음악적 지표이다. 이런 균형을 '생화학적 항상성biochemical homeostasis'이라고 한다.

우리 장기에서 나는 소리는 가장 내밀한 감정을 드러낸다. 공황이 오거나 지나치게 흥분된 상태에 빠졌는지 자각하기 위해, 우리는 가슴에 손을 대고 정직한 심장 박동을 느끼거나 숨이 얼마나 차는지 살핀다. 긴가민가하면 의사에게도 한번 들어달라고 요구한다. 의사는 청진기라는 간단한 도구를 들고 우리 피부 아래에서 울리는 바다의 소리에 귀 기울인다. 우리는 간청한다. 들어보세요, 어떤 소리가 들리나요? 제 몸에 어떤 일이 벌어지고 있나요?

이런 사적인 내면의 공명은 의식으로 확산되기도 전에 우리의 감정을 드러낸다. 신경과학자 안토니오 다마지오Antonio Damasio는 이렇게 말한다. "감정은 우리가 몸에 관심을 기울이게 한다. 감정을 통해 우리는 몸에서 일어나는 일을 엿볼 수 있다."[1]

하지만 정치적이거나 종교적인 감정에 대해 기술할 때, 즉 우리가 이데올로기의 감정적 측면을 상상할 때는 외부로 표출되는 연극성을 기대한다. 부글부글 끓는 분노나 황홀경, 끓어오르는 열기, 분노의 정점으로 모여든 폭도들의 얼굴과 선전 문구에선 감정이 드러난다. 이러한 정치적 감정은 한층 더 명료하게 과장되어 전시되곤 한다. 두려움! 혐오! 분노! 증오! 자부심! 마치 이데올로기 그 자체가 부풀어 오르고 과장된 자아를 가진 듯하다. 하지만 모든 감정이 드라마틱하거나 눈에 띄는 건 아니다. 우리가 지닌 감정 가운데 상당수는 합리화나 변명보다 더 즉각적이고 경미하며 암묵적이다. 그리고 이러한 임시적 지표는 생각보다 우리의 이데올로기적 세계관에 잘 대응한다.

정치 성향과 생리적 반응의 차이

2008년 〈사이언스〉에는 정치 과정에 의한 생리 현상의 변화를 연구하는 '정치심리 생리학political psychophysiology'의 가능성을 전 세계에 소개하는 한 실험이 실렸다. 미국 네브라스카주의 연구자들은 실험 참가자들을 쿵쾅하는 갑작스러운 소음에 노출시킨 다음, 깜짝 놀란 그들이 눈을 얼마나 크게 깜박이는지 측정했다.[2] 아랫눈꺼풀 밑에 자리한 눈둘레근에 몇 개의 전극을 배치하면 거센 눈 깜빡임과 부드러운 눈 깜빡임을 구분할 수 있다. 갑작스레 큰 소리가 나도 모든 사람이 똑같이 반응하지는 않는다. 연구자들은 정치적 스펙트럼의 바깥쪽 가장자리에 있는, 다시 말해 우파든 좌파든 이데올로기적으로 가장 극단적인 사람들 가운데서 참가자를 선정했다. 그 결과 보수 성향을 가진 사람들은 요란한 폭발 소음에 반응해 더 세게 눈을 깜빡이는 경향을 보였다. 반면 진보주의자들은 보다 덜 강하게 반응했고, 눈 깜빡임 또한 더 부드러웠으며 본능적인 두려움과 불안도 덜 드러냈다.

이 효과는 청각적인 소리뿐만 아니라 시각적인 자극에도 적용되었다. 연구자들이 겁에 질린 사람의 얼굴에 커다란 거미가 살벌하게 붙어 있는 사진이나 부상을 입은 사람의 사진처럼 공포를 유발하는 이미지를 제시하자, 보수주의자들은 진보주의자들에 비해 위협을 느끼고 생리적 지표가 악화되었다. 예컨대 연구자들은 참가자의 손가락에 전극을 테이프로 고정해 피부에서 나타나는 미묘한 전기 활동에 대한 전도도 반응을 측정했다. 이것은 생리적 자극에 따른 생물학적 연쇄반응을 드러낸다. 에크린 땀샘에서 땀 분비가 늘면 짧은 시간에 걸쳐 손끝에 이런 떨림이 나타난다. 이때 손발가락의 두 전극에 통증을 일으키지 않는 약한 전류를 흘려보내면 피부를 통한 전기 전도도가 향상된다.

이러한 생리적 지표는 인체가 스트레스를 받거나 놀랍고 새로운 상황을 마주할 때 활성화된다. 이런 순간에는 교감신경계가 작동해 피부 전도도가 상승한다. 교감신경계란 유명한 '투쟁 또는 도피' 반응을 일으키는 자율신경계의 한 갈래다. 위험을 감지한 신체는 심장박동이 세지고 숨을 빠르게 쉬며, 행동을 준비하고자 근육을 팽팽하게 당기고, 이마와 손바닥 주름에 작은 땀방울을 흘린다. 신경과학자들은 피부 전도 반응을 통해 교감신경계의 활동을 측정함으로써 우리의 불안과 각성을 역공학적으로 알아낸다. 그러면 신경계가 어떤 사건에 얼마나 강한 자극을 받았는지 추론할 수 있다. 이러한 생리적 신호는 사람들이 감정을 자각할 때 발생하며, 심지어 자신의 감정을 의식하거나 언어를 통해 감정을 표현하려 할 때도 발생할 수 있다.

사람들이 두려움을 일으키는 소음이나 이미지에 반응해 얼마나 놀라고 각성하는지에 이데올로기적인 차이가 있다는 사실은, 우리 몸이 광범위한 방식으로 이데올로기와 얽혀 있음을 암시한다. 연구자들 또한 그들이 제시한 근거가 미묘하고 논란의 여지가 있다는 사실을 잘 알았을 것이다. 그래서인지 연구자들은 논문에서 학교 예배 지원, 동성애자의 인권운동 반대, 낙태 반대 같은 보수적인 정치 이슈를 보다 일반화된 수식어인 '보수적', '우파적'이라는 말보다는 '사회를 보호하는 정책'으로 분류했다. (참고로 연구자들의 이름을 살펴보면 이름이 '존'인 남성 연구자가 전체 여성 연구자보다 더 많기는 했지만,[3] 이건 별개의 문제일 것이다.)

통계적으로 보면 이 연구는 불안정한 기반 위에 있었다. 참가자가 46명일 정도로 표본이 작았고, 보수 집단과 진보 집단이 보이는 생리적 반응의 차이는 통계적 유의성의 문턱을 가까스로 넘은 정도였다. 하지만 개념만 놓고 보면 이 연구는 창의적이었다. 매우 흥미롭고 도발적인 무언가를 말하고 있기 때문이다.

이 논문의 결과는 학술 현장에 큰 영향을 미쳤다. 여러 나라에 걸쳐 연구팀이 꾸려져 그동안 파악하기 힘들었던 정치 이데올로기의 생리적 지표를 추적하기 시작했다.[4] 〈사이언스〉에 논문이 발표된 지 5년도 채 되지 않아, 보수주의자들의 이데올로기적 선호를 심리생리학적인 **부정성 편향**negativity bias으로 설명할 수 있을지가 저널 전체의 주제로 선정될 정도였다.[5] 부정성 편향이란 긍정적이거나 중립적인 정보에 비해 부정적인 정보에 대한 생물학적 반응성이 더 커지는 경향을 뜻한다. 50명 넘는 유명한 학자들이 수십

페이지에 걸쳐 이 가설의 타당성과 세부 사항에 대해 토론했고, 보수주의자와 진보주의자는 생리학적 민감성 측면에서 어떻게 다른지 질문을 던졌다.

보수주의와 부정성 편향 가설

2008년 이후 지금까지 이 논쟁은 얼마나 숙성되었을까? 부정성 편향 가설을 지지하는 증거와 반대하는 증거는 둘 다 존재한다. 문제의 핵심은 보수주의자들이 단순한 정치 뉴스에 대한 반응뿐만이 아니라, 자극이나 상황에 대한 반응 같은 보다 **일반화된** 부정성 편향을 갖는지의 여부였다. 점점 더 많은 실험이 이 가설을 뒷받침하고 있다.[6] 예컨대 한 실험에서는 감정을 알아보기 힘든 흐릿한 얼굴 사진을 본 보수주의자들은 이것을 위협적이라고 해석할 가능성이 높다는 사실이 밝혀졌다.[7] 보수주의자들에게 부정적이거나 긍정적인 지각 정보를 제시했을 때 부정적인 느낌을 주는 정보에 더 강하게 관심을 보였다는 연구도 있다.[8]

하지만 2008년의 연구를 재현하려고 시도했던 몇몇 연구팀은 위협 민감도에 대한 일관적인 사실이라든지 위협 민감도와 보수주의 사이의 연관성을 찾지 못했다.[9] 그래도 상당수의 연구자들은 부정성 편향 가설을 쉽사리 포기하지 않으려 한다. 여기에 대해 몇몇 비평가들은 이런 연구가 어디에 초점을 맞추고 있는지, 왜 이런 연구를 통해 한 개인이 진보적인 대신 보수적인지 설명하고자 하는지 의문을 제기한다. 몇몇은 학계의 정치성을 비판하며 좌파 편향성이 경험적인 작업에 스며든다고 우려를 표한다. 여기에 대해 보다 너그럽게 해석하고자 하는 비평가들은 부정성 편향 가설을 공감의 한 형태라고 틀 지운다. 이들은 개인이 보수적인 세계관을 갖도록 박차를 가하는 불안과 민감성을 진보적인 사고방식으로 해독하고자 한다.

몇몇 학자들은 보수주의자와 진보주의자 간의 차이가 **위협**이나 **부정성**에 대한 민감함보다는, **혐오**와 관련한 보다 구체적인 민감성이라고 제안한다. 이런 민감성은 개인이 보수적인 이데올로기를 추구하도록 동기를 부여한다. 이 같은 틀에서 보면 혐오에 대한 민감성은 개인이 전통적인 도덕인 순결을 지향하고 낙태나 동성애자 인권, 이민 문제처럼 신체 또는 성적으로 불순하게 여겨지고 관습에 도전하는 모든 안건에 대해 적대감을 느끼도록 유도한다. **몸과 관련한 문제에 결벽증이 있는가? 정치에 대해서도 그럴 수 있다!** 이것은 법철학자 마사 누스바움Martha Nussbaum의 다음과 같은 주장과 비슷하다. "인류 역사 내내, 스스로의 동물성과 도덕성을 두려워하고 증오한 지배 집단이 그것들을 체화하는 집단과 개인을 배제하고 주변화하고자 혐오를 사용했다."[10]

그리고 잠재적인 혐오 유발 자극에 대한 사람들의 자연스러운 반응을 측정하는 실험적 틀도 등장했다. 예컨대 어떤 실험에서는 혐오에 대한 민감도를 묻고자 자기 보고 설문지를 사용하고, 어떤 실험에서는 혐오스러운 이미지를 보는 참가자들의 피부 전도도를 정량화하기 위해 생리적 측정 수치를 활용한다. 이러한 실험에 따르면 보수적인 정책에 대한 선호도, 그리고 감염이나 질병처럼 오염과 관련된 장면에 대한 혐오 반응 사이에는 일관된 상관관계가 있었다.[11] 덴마크인과 미국인으로 이뤄진 수천 명의 참가자를 대상으로 한 연구에서[12] 혐오에 대한 민감도가 높은 사람은 반이민 정책을 지지할 가능성이 더 높았다. 한 사람이 지닌 혐오에 대한 민감도는 이민자 가족을 이웃으로 두거나 이민자들이 자주 찾는 공공 수영장에서 수영하는 등 이민자와 밀접하게 접촉하는 일에 대한 거부감과 관련이 있었다. 신체가 오염될까 봐 두려운가? 여러분은 정치적이거나 정치적 오염이나 인종적 오염이라는 착각에도 두려움을 느낄 것이다. 혐오에 대한 민감도와 반이민 정책을 지지하는 태도 사이의 관계는 보수주의자와 진보주의자 모두에게 존재했다. 실제로 이러한 상관관계는 스스로 진보주의자라 칭한 참가자들 사이에서 가장 뚜렷하게 나타났다. 좌파 성향을 가진 동시에 오염에 대해 매우 민감한 개인은 이민자와 밀접하게 접촉하는 데 적대적일 가능성이 높고, 그에 따라 좌파 정당이 선전하는 정책과 상충하는 태도를 보일 수 있다.

이 모든 연구들은 비정치적인 영역의 부정적이고 위협적이며 혐오스러운 정보에 대한 반응성이 사람들로 하여금 이데올로기적인 세계관을 형성하게 한다고 가정한다. 쉽게 위협감을 느끼는 사람들은 두려움을 완충하거나 적어도 애써서 그것을 설명하려는 보수적 이데올로기에 끌린다. 반면에 혐오보다 신뢰를 느끼는 사람이라면 자기 지역의 전통적인 규범에서 벗어난 소수자를 받아들이는 데 보다 개방적이다.

하지만 이 같은 이론과 실험은 매력적인 동시에 몇 가지 문제를 일으킨다. 이러한 발견은 어떤 결과를 결정짓는 게 아니라 일반적인 패턴이나 상관관계일 뿐임을 기억해야 한다. 혐오에 민감한 사람들이 모두 성이나 인종 측면에서 소수자에 대한 차별의 수사를 쏟아내는 정치인을 뽑지는 않는다. 인지적 유연성이나 정서적 조절과 같은 또 다른 심리적 특성이 이러한 경향에 개입하거나 억누를 수 있다. 결국 한 개인은 각자의 성향과 민감성을 합친 결과물이다.

민감성, 우리가 세계를 경험하는 방식

그렇다면 민감성이란 정확히 무엇일까? 우리의 민감성이 미치는 대상은 어떤 식으로든 우리를 산만하게 하거나 불안정하게 한다. 민감성은 취약성과는 다르다. 무언가에 민감하다는 것은 그 대상을 무시하기가 힘이 들며, 대상을 그대로 넘기기보다는 바라보려 하고, 한층 더 강렬하게 느끼는 것이다. 민감성을 나타내는 단어 'sensitivity'와 관련이 있는 프랑스어 'sens'는 감각, 중요성, 태도, 방향을 뜻한다.[13] 민감성의 세부적인 뉘앙스를 포착하는 셈이다. 날씨에 민감한 사람은 피부가 건조해진다든지 들이마시는 공기의 밀도가 변화하는 것을 예민하게 느낀다. 사적 공간에 들이닥칠 위협이나 침입에 민감한 사람은 위험 상황이 발생하면 곧바로 감지하고 몸에서 에너지가 솟아날 것이다. 세상에 대한 우리의 인식은 고정되거나 움직일 준비가 되어 있다. 민감성은 일종의 경각심이다. 지각적 인식과 잠재적인 경보 둘 다에 대한 경각심이다.

특정한 민감성은 현상학을 연구하는 철학자들이 무언가에 대한 의식으로 생각했던 직관적이고 자동적이며 빠른 방향성과 비슷하다. 현상학의 창시자 에드문트 후설Edmund Husserl은 우리가 세계를 경험하는 방식에 대해 이렇게 말했다.

> 이 세상은 사물로 이루어진 단순한 세계일 뿐만 아니라 가치를 가진 대상들, 재화들로 이루어진 실용적인 세계로, 나에게 동일한 즉시성을 가지고 존재한다. 나는 눈앞의 물리적 사물에 물질적 결정結晶뿐만 아니라 아름답거나 추악하고, 유쾌하거나 불쾌하며, 동의할 수 있거나 동의할 수 없는 가치가 부여되었음을 발견한다.[14]

개인의 민감성을 조사하면 그들이 추하다고 생각하는 것과 매혹적이라고 생각하는 것, 동정심을 불러일으키는 것, 마음을 움직이지 않게 하는 것을 비롯한 본능적인 연상과 반응을 알 수 있다. 다시 말해 개인이 세상에서 소중하게 여기는 것이 무엇인지 알게 된다.

하지만 정치심리 생리학이 주는 교훈은 보수주의자들이 생리적으로 민감한 반면, 진보주의자들이 **모든 것에 대해** 생리적으로 항상 무던하다는 것이 아니다. 민감성은 단일한 특성이 아니며, 우리는 다양한 민감성을 가지고 있다. 민감성은 항상 무언가를 지향하는 만큼 일종의 자극제 역할을 한다. 우리가 무엇에 관심을 갖는지가 중요하다. 어떤 영역은 보수 집단보다 진보 집단을 더 많이 자극하며 그 반대의 경우도 존재한다. 이데올로기에 온건하게 발을 담근 사람보다 맹렬하게 추종하는 사람들의 신경계를 더 많이 자극하는 영역도 있다. 따라서 문제는 누가 무엇에 가장 민감한지, 그리고 이러한 민감성이 중요한 이유가 무엇인지 알아내는 것이다.

최근에는 실험을 통해 이데올로기와 통증에 대한 민감성 사이의 관계를 찾는 실험도 이루어지기 시작했다.[15] 사람들은 얼마나 쉽게 통증을 느낄까? 통증을 얼마나 견딜 수 있을까? 통증에 대한 민감성이 타인의 관심사에 대한 공감 능력을 형성하는 것과 관련이 있을까? 또 몇몇 연구자들은 이데올로기와 미각 민감성 사이의 연관성을 연구한다.[16] 쓴맛에 대한 민감성이 도덕성을 예측하는 지표가 될 수 있을까? 이데올로기는 미각과 관련이 있을까? 한번 확인하게 혀를 내밀어보라! 어떤 연구팀은 개인이 신체의 내부 상태에 적응하는 정도인 '내수용감각 민감성interoceptive sensitivity'을 연구하기 시작했다.[17] 내수용감각 민감성은 사람이 가만히 앉아 집중하고 있을 때 자신의 심장박동을 얼마나 정확하게 추측하는지에 따라 측정된다. 참가자가 심박수와 동기화되는 청각 신호를 듣는 동안 맥박을 모니터링한다(참가자는 기본적으로 자신에게 다시 울려오는 심장박동 소리를 듣는 중이다). 그리고 청각 신호가 심장박동과 동기화되지 않는 경우에도 맥박을 잰다. 신체 내부 신호에 대한 민감성은 이데올로기의 대의에 더 잘 이끌리는 성향과 관련이 있을까?

이런 온갖 별나고 멋진 방식으로 과학자들은 신체의 내부에서 들려오는 소리를 활용해 민감성을 측정하고 그 민감성이 이데올로기에 대한 공감 능력을 예측하는 지표가 될지 연구하는 중이다. 여기서 과학자들이 세운 가설은 이데올로기란 말 그대로 신체에 체화된 현상이라는 것이다. 다시 말해 우리의 신체적 감각, 생리적 반응, 생물학적 경험은 이데올로기에 의해 조각되어 형성된다는 가설이다.

일부 연구자들은 생리적 민감성이 어떻게 이데올로기적 차이를 빚어내는지의 문제를 다른 각도에서 해결하고자 했다. 몇몇 정치 심리학자들은 살금살금 다가오는 거미라든지 질병이나 병에 걸린 사람에 대한 혐오스러운 이미지처럼 비이데올로기적인 자극을 제시하는 대신, 이민이나 부의 재분배, 기후변화에 대한 동영상처럼 명백하게 정치적인 정보를 보여주면서 개인의 생리적 각성 정도를 살폈다. 이러한 실험에 따르면, 정치적으로 좌파에 기울든 우파에 기울든 상관없이 극단적인 태도를 가진 사람은 정치 주제에 대한 동영상을 보고 생리적 각성 정도가 높아졌다. 각성 정도는 피부 전도도 반응으로 측정되었다.[18] 예컨대 난민이 참가자의 나라로 입국하고자 바다를 건너는 모습을 다룬 동영상을 시청하면 극단적인 이데올로기를 가진 사람은 몸이 강하게 반응했다. 반면에 이데올로기적으로 온건한 사람의 몸은 역시 잔잔한 반응을 보였다.

양극화를 다룬 뉴스를 보고 난 생리적 반응 또한 상대적으로 크지 않았다.

2023년, 암스테르담에서 정치심리학자들이 수행한 또 다른 실험에서는[19] 참가자들의 얼굴에 근전도 검사를 하는 동시에 네덜란드 의회의 정치 지도자들에 대한 감정적인 반응을 관찰했다. 참가자들은 분노하거나, 행복하거나, 중립적인 표정을 보였는데 이 표정은 눈썹 위 근육인 눈썹주름근과 미소를 짓는 데 사용하는 근육인 큰광대근의 움직임으로 기록되었다. 참가자들은 싫어하는 정치 지도자를 보았을 때 표정을 많이 찡그렸다. 마음에 들지 않는 정치인을 보면서 눈살을 찌푸리지 않는 사람이 어디 있겠는가? 단, 외집단의 정치 지도자가 화난 모습을 보는 경우는 예외였다. 이때는 미소 짓는 데 사용하는 근육이 움직였다. 분노하는 적을 보는 건 즐거운 법이다!

정치철학자이자 활동가인 앤절라 데이비스Angela Davis는 이렇게 말한다. "우리가 살면서 느끼는 감정은 이데올로기로부터 아주 많은 정보를 얻는다. 우리는 종종 내면의 삶 속에서, 그리고 내면의 삶을 통해 국가가 하는 일을 우리 스스로 한다."[20] 이데올로기는 의식적인 감정부터 무의식적인 느낌, 생리적 지표에 이르기까지 신체의 모든 수준에서 내면의 감정적 삶을 축조할 수 있다. 앤절라 데이비스는 인권운동의 거물이자 불의를 예리하게 관찰하는 사람이며, 폭력도 적법한 저항의 형태가 될 수 있다는 생각을 자랑스럽고 대담하게 지지하는 사람이기도 하다. 데이비스의 글은 억압적인 이데올로기와 국가가 혐오스러운 불평등을 용인하도록 가르친다는 사실을 암시한다. 데이비스는 자신의 저작에서 '나쁜' 이데올로기는 불평등을 정당화하지만 '좋은' 이데올로기는 그러한 위계질서를 무너뜨리는 원동력이라고 말한다. 우리 몸이 어떻게 정치화되는지 이해하려면 이데올로기가 불평등에 대한 우리의 민감성을 조율하는 방식에 대해 살펴보아야 한다.

이 문제를 해결하는 데 도움을 줄 연구가 있다. 불평등에 대한 우리의 주의 집중과 생리적 반응이 불평등에 대한 이데올로기와 연관된다. 실험에 따르면 차별에 반대하는 신념을 가진 사람들은 도시가 나오는 장면이나 수치가 나오는 그래픽 이미지에서 소외된 집단(여성, 차별받는 인종적 소수자, 노숙자)에 대한 불평등이 드러나는 징후에 더 주의를 기울이는 것으로 나타났다. 이러한 민감성은 모든 곳에서 불평등을 발견하는 종류의 편향이 아니다. 평등주의자는 불평등이 존재할 때만 그 불평등의 증거를 이야기한다. 평등주의자가 불평등에 대해 민감하다면 진정한 격차가 존재할 때만 그것을 감지할 것이다. 반면에 계층 구조를 정당화하는 사람들은 심지어 연구자들이 정확한 답변을 내놓으면 경제적 보상을 제공하겠다고 해도 불평등을 눈치채지 못한다.

이 원리를 생리학에 도입한 연구자들은 경제적 격차로 인해 어려움을 겪는 개인차를 살펴보았다.[21] 그리고 자본주의를 공정하고 적법한 수단으로 정당화하는지, 아니면 극단적이고 불공정한 불평등을 야기하는 원인으로 보는지에 따라 참여자의 체제 정당화 수준을 측정했다. 참여자들은 노숙자를 인터뷰한 동영상을 시청했는데, 영상에서 노숙자들은 자신의 일상과 가난이 그들에게 주는 역경에 대해 말했다. 이어서 참가자들은 '대조군'에 해당하는 낚시나 커피 만들기에 대한 동영상을 시청했다. 노숙자가 등장하는 영상을 시청하면서 나온 생리적 반응은 중립적인 대조군 영상을 시청하면서 나온 반응과 달랐다.

극명한 경제적 불평등을 거부한 사람들은 고생하는 노숙자를 다룬 동영상을 시청하는 동안 중립적인 동영상을 시청할 때보다 부정적인 생리적 각성 반응이 현저히 높았다. 그들의 신체는 고통을 여실히 드러냈다. 반면 체제를 정당화하는 참가자들은 노숙자에 대한 영상을 보아도 심리생리학적 지표가 치솟지 않았다. 사실 노숙자가 처한 열악한 환경을 마주한 이들의 생리적 반응은 커피를 만들거나 낚시하는 동영상에 대한 생리적 반응과 거의 구별할 수 없었다. 이들의 신체는 타인의 고통을 목격하는 데 따르는 고뇌나 슬픔, 분노, 아픔을 거의 표출하지 않았다. 계층 구조를 정당화하는 이데올로기를 따르는 사람들은 본능적으로 무감각했다. 가장 사적인 생리적 반응이 이데올로기에 대한 정보를 넘겨준다.

만약 말초신경계(심장과 손끝, 섬세한 눈꺼풀까지 신체의 각 부분으로 신호를 전달하는, 뇌와 척수 바깥으로 뻗어나가며 확장된 신경계)에서 이데올로기의 영향을 감지할 수 있다면, 우리 머릿속과 중추신경계를 들여다보면 과연 무엇이 보일까? 독단적인 신념 체계를 내면화한 사람들의 뇌는 어떤 모습일까?

16

뇌 스캐너 속에 들어간 이데올로기

과학자들은 처음에 과학적인 질문과 호기심 때문에 뇌를 스캔하기 시작했다. 하지만 이것은 폐쇄된 구조 안쪽을 투명하게 들여다보려는 의학적인 측정이기도 하다. 물질을 빛에 노출하고 단단히 묶인 구조를 해체해 가장 내밀한 사진을 찍는 활동이며, 어쩌면 약간의 관음증을 자극할지도 모른다.

MRI라는 사물을 반투명하게 비추는 마법의 기계는 사람 머릿속 공간을 채우는 것들을 전부 흑백의 엑스선 사진으로 검사하도록 해준다. 백질의 회랑, 울퉁불퉁한 겉면, 공기가 찬 주머니, 흑투성이 덩어리까지 전부 보인다. 사람의 머리를 감싸는 두터운 뼈는 속이 훤히 비치는 소재가 된다.

이제 정치를 연구하는 신경과학자는 서로 다른 신념을 지닌 이데올로기그들 사이에서 일관된 패턴을 찾을 수 있다. 이데올로기에 휩싸인 뇌의 윤곽과 내부는 어떻게 다를까? 서로 다른 이데올로기를 가진 사람들은 뇌의 구조와 기능 또한 미묘하게 달라질까? 자비로운 평등주의자의 뇌는 구식 권위주의자의 뇌와 다를까? 온건주의자와 근본주의자는 뇌의 표면에 골과 언덕을 형성하는 대뇌의 주름이 어떻게 다를까? 좌파와 우파의 뇌에서는 솟아오른 이랑의 능선과 가라앉은 고랑이 서로 다른 방식으로 움푹 파인 자국을 만들까? 그렇다면 이러한 신경학적인 차이는 무엇을 의미할까?

정치-신경과학의 질문들

정치-신경과학이 다뤄야 할 과제는 연구를 양적으로 늘려야 한다거나 현실과 관련 있는 주제로 전환해야 하는 지루한 문제가 아니다. 정확히 반대다. 매달 새로운 연구가 속속 발표되며 각각의 연구는 이전보다 더 눈부시고 매력적이다. 이런 상황에서는 말초적이거나 흥미 위주로 빠지지 않은 채 균형 잡힌 방식으로 결과를 해석하는 것이 과제다. 물론 혐오스러운 정치 지도자를 바라보거나 종교적 계시를 받고 조용히 기도할 때마다 특정 뇌 영역의 네트워크가 활성화된다고 단순히 주장할 수도 있다. 물론 뇌가 활성화되는 건 사실이다. 모든 생각은 생물학적 흔적을 남기기 때문에, 신경이 활성화된다는 자체만으로는 그 사람이 살아 있고 의식이 있는 유기체라는 사실 외에는 거의 의미가 없다(좋은 소식이기는 하지만 정치를 연구하는 신경과학자들에게는 별로 유용하지 않은 정보다).

최근에 이루어진 여러 연구에 따르면 참가자들이 선동적인 정치 동영상을 시청할 때 좌파 참가자의 뇌는 다른 좌파 참가자의 뇌와 '동시화synchronized'되는 반면, 우파 참가자의 뇌는 다른 우파 참가자의 뇌와 '동시화'되는 것으로 나타났다. 언론에서는 '신경의 양극화neural polarization'[1]라며 헤드라인을 도배했다. 하지만 이 결과가 의미하는 바는 단지 비슷한 생각을 가진 사람들은 비슷한 방식으로 반응한다는 것이다. 참가자가 가장 싫어하는 정치인의 이미지를 바라보고 있을 때 뇌가 활성화된다는 사실만으로는 알 수 있는 바가 별로 없다. 머신러닝 기술을 활용하는 또 다른 연구에 따르면,[2] 혐오를 일으키는 부상 입은 신체 같은 정치적이지 않은 이미지에 대해 조사할 때 참가자의 뇌 활동에서 정치적 보수주의를 추론할 수 있었다. 어딘지 불길하지만 흥미진진한 구석이 있는 이야기다. 하지만 그것은 정확히 무엇을 의미할까? 어쩌면 부정성 편향 가설에서 알 수 있듯이, 보수주의자와 진보주의자는 두려움과 불편함을 느끼는 대상이 다를 수 있다. 아니면 머신러닝 알고리즘이 최소한의 데이터에서 많은 것을 추출했는지도 모른다.

그렇다면 신경 패턴이 이데올로기적 사고의 본성에 대해 무언가 설득력 있는 것을 알려주는 때는 언제일까? 이데올로기의 신경과학은 어떤 경우에 유망하며, 어떤 경우에 헛수고일까?

경고와 신중한 문구는 마음을 끄는 경우가 드물지만(한계가 없는 우리의 상상력을 제한하므로) 지적으로 정직하다. 정치-신경과학에서 최대한 많이 배우려면 범위를 넓히는 대신 비판적이고 주의 깊은 전망을 받아들이는 것이 좋다. 그리고 정치적 정체성 또는 급진화, 종교에 초점을 맞춘 연구가 어떤 **이데올로기적 영역**을 탐색하고 있는지 온갖 실험을 통해 질문을 던지자. 어떤 **뇌 영역**이 연루되어 있으며, 그 결과 이데올로기 이론에 대해 무엇을 알려줄 수 있을까? 분석적 의사결정을 담당하는 뇌 영역이나 감정 처리를 위한 영역, 아니면 완전히 다른 기능들과 일반적으로 연관된 영역을 발견할 수 있을까? 그것은 뇌 **구조**나 뇌 **기능**에 초점을 맞추고 있는가? 우리가 **참가자**에 대해서는 많이 알고 있는가? 즉, 표본의 크기나 참가자의 시민권, 지리적 위치, 이데올로기적 소속을 이미 아는 상태인가, 아니면 그들은 동질적이고 특권을 지닌 학생 집단을 벗어나 다양한 공동체를 대표하고 있는가? 연구자들은 뇌 스캐너에 들어간 참가자들에게 특정한 **실험 과제**를 수행하도록 요청하고 있는가, 아니면 참가자들은 단지 가만히 눈을 감은 채 누워 즐겁게 공상에 빠져 있는가? 보고된 **효과**는 얼마나 실질적이고 또 중요한가? 결과에 대한 **이론적 해석**은 유효한가? 해석이 지나치게 부풀려지거나 불확실하지는 않은가? 메커니즘에 대한 질문을 던졌는가, 아니면 단순히 하나의 효과를 찾으려 하는가?

정치-신경과학자들과 이 분야의 학생들이 끊임없이 고민하는 질문들은 바로 이런 종류의 질문이다. 연구자들이 이 같은 질문과 씨름하는 모습을 상상해보자. 질문에 답하다 보면 막 떠오르는 새로운 분야에서 이해하기 어려운 점들을 감지할 수 있다. 또 섬세한 실험 설계와 어수선한 실험 설계를 구분할 수도 있다. 천천히, 반복적으로, 신중하게 연구를 쌓아 올려야 한다. 연구에 대해 배울 때도 똑같이 세심하게 신경 쓰면서 비판적인 접근 방식을 버리지 말아야 한다.

정치 이데올로기와 뇌의 해부학적 구조

개인을 뇌 스캐너에 넣고 이데올로기에 따른 뇌 구조의 차이를 살펴본 최초의 연구는 2011년에 이루어졌다. 특히 이 연구는 개인의 정치적 신념에 초점을 맞췄다. (묘하게도 연구팀 가운데에는 정치인의 뇌가 가진 본성을 다룬 BBC 라디오 4 프로그램에 객원 편집위원으로 참여한 영국 배우 콜린 퍼스Colin Firth도 포함되어 있다.) 진보주의자의 뇌는 크기나 각 요소의 비율 면에서 보수주의자의 뇌와 다를까? 런던에 기반을 둔 이 연구팀에 따르면[3] 보수적인 사람들은 정치적 진보주의자에 비해 오른쪽 편도체가 좀 더 큰 경향이 있었다.

아몬드처럼 생긴 것으로 유명한 편도체는 특히 두려움, 분노, 혐오, 위험, 위협을 주는 무언가처럼 부정적으로 얼룩진 감정의 처리를 도맡는다. 편도체에 대해 자주 듣는 만큼, 대부분의 사람들은 우리 뇌 한가운데에 아몬드 모양의 편도체가 하나씩 숨겨져 있다고 상상한다. 하지만 사실 편도체는 구조적으로 두 부분으로 나뉜다. 사람들은 뇌의 좌우 반구에 하나씩 두 개의 편도체를 가지고 있다. 앞서 등장한 런던 연구진은, 더 보수적인 참가자들은 오른쪽 편도체(묘하게도 '좌측'이 아니다)가 확대되었다는 사실을 발견했다. 이런 패턴은 900명 넘는 참가자로 이루어진 암스테르담 연구팀의 훨씬 크고 다양한 샘플을 통해 입증되었다.[4]

또 뉴욕의 연구자들이 실시한 별도의 연구에서[5] 편도체의 크기는 개인이 체제를 얼마나 정당화하는지를 예측하는 지표로 밝혀졌다. 즉, 편도체의 크기는 사람들이 불평등한 사회 시스템을 지지하고 현 상태를 선호하는 정도를 반영한다. 체제를 정당화하는 것은 보수주의와 밀접한 상관관계를 갖는다. 체제 정당화와 보수주의 둘 다 변화를 꺼리고 대신 과거의 전통을 고수하는 행위를 뜻하기 때문이다. 하지만 체제 정당화와 보수주의는 서로 분리가 가능하다. 체제를 정당화하려는 경향이 강한 사람은 기존 사회 시스템이 불평등을 강화하더라도 그것이 적절하고 바람직하다고 여긴다. 이런 사람은 불평등을 적법한 것으로 받아들이는 것을 넘어서 필요에 따라 그것을 조장할 수도 있다. 그렇지만 이런 경향이 항상 자신의 이익을 높이기 위한 것은 아니다. 체제 정당화 수준이 높은 사람은 때때로 자신의 복리에 해를 끼치는 불평등한 시스템을 지지하기도 한다. 별개의 두 신경 영상 실험에서 밝혀진 바에 따르면, 체제를 정당화하는 사람은 평균적으로 좌우 편도체의 부피가 클 가능성이 높았다.[6]

편도체는 위협, 두려움, 혐오에 대한 정서적 연관관계나 사회적 계층과 지배 관계에 대한 학습된 정보를 저장하는 곳인 만큼,[7] 정치-신경과학자들은 이러한 발견이 편도체의 기능과 보수 이데올로기의 기능이 밀접하다는 뜻으로 해석했다. 둘 다 위협에 대한 경계심과 제압당하는 데 대한 두려움을 중심축으로 삼기 때문이다.

그렇다면 무슨 이유로 보수주의자의 편도체가 더 큰 것일까? 보수주의자들이 부정적인 정보에 과민하므로 이 반응 탓에 편도체가 커지기 때문일까? 일반적으로 어떤 뇌 영역의 크기는 처리 능력과 관련이 있다. 하지만 해부학적 구조가 기능의 활성도에 반응해서 변화하는지, 얼마나 그것에 의존하는지는 여전히 과학자들 사이에서 논쟁거리다.

이러한 결과의 모호성은 닭과 달걀 문제에 대한 완벽한 사례다. 편도체가 큰 사람은 이미 보수주의가 끌어내는 부정적인 감정을 더 잘 받아들이는 방식으로 구조화되었기에 보수 이데올로기에 끌리는 것일까? 아니면 체제를 정당화하는 보수 이데올로기에 몰입한 경험이 뇌의 구조를 변화시켜 우리의 감정을 다루는 생화학을 달라지게 만드는 걸까?

인과관계에 대한 문제는 여전히 남아 있다. 인과의 화살표가 어느 방향을 가리키는지가 앞으로의 연구 과제다.

이제 편도체에서 조금 위쪽으로 올라가 **변연계**라는 경로에 대해서 알아보자. '변연계'라는 용어에는 신경계의 가장자리에 있다는 뜻이 담겨 있다(변연계를 뜻하는 영어 단어 'limbic system'의 어원이 라틴어로 가장자리를 뜻하는 'limbus'이다).[8] 변연계는 전두엽 피질과 더 깊숙이 자리한 중뇌 사이의 경계를 기능적으로 연결하는 해부학적 경로를 통해 각 영역에 소통을 일으키는 회로다. 인간은 변연계를 통해 감정, 불확실성, 보상이나 처벌의 가치를 다룬다. 편도체에서 위쪽, 바깥쪽으로 가상의 선을 그어 따라가면 변연계의 다음 목적지인 전대상회피질('ACC'라는 약자로 칭하기도 한다)을 만난다. 전대상회피질은 뇌의 좌우 반구를 잇는 다리인 뇌량을 감싼 초승달 모양의 영역으로, 전두엽 피질의 바깥층과 나머지 변연계 사이에 안락하게 자리 잡고 있다. 긴 소시지 같은 전대상회피질은 기능이 다양하며, 감정 처리나 인지 제어와 관련한 일을 세분화해서 수행한다.[9] 전대상회피질 안에서 '감정 처리' 영역과 '인지 제어' 영역 사이에는 확실하게 분리된 경계가 없으며, 오히려 그 둘의 기능이 점진적으로 바뀐다. '차가운 지성과 뜨거운 감정'이라는 낡아빠진 구분은 우리의 개념뿐만 아니라 해부학적으로도 해체되어야 하는 거짓 신기루다. 감정과 이성을 담당하는 신경 메커니즘은 해부학적 공간을 공유하며 서로 겹친다.

전대상회피질은 여러 영역을 아우르는 인상적인 기관일 뿐만 아니라 다른 부분, 특히 전두엽 피질의 나머지와 유별나게 깊이 연결된 허브이기도 하다.[10] 그래서 전대상회피질은 복잡한 인지 기능을 가능하게 하는 핵심 조정자로 불린다.

신경과학자들이 정치 신념과 종교 신념의 근간이 되는 과정, 즉 인간의 독단과 열정을 만들어내는 중심에 대해 연구할 때 이 전대상회피질이 종종 주동자로 부상하는 건 그렇게 놀라운 일이 아닐 것이다. 앞서 등장한 런던 연구진은 정치 이데올로기와 뇌의 해부학적 구조 사이의 연관성을 찾는 과정에서, 남들보다 더 진보적인 성향의 참가자들은 전대상회피질이 더 크다는 사실을 발견했다. 런던에 거주하는 개별 참가자 집단 두 곳에서 이런 경향이 나타났다. 하지만 불행히도 정치-신경과학자들은 전대상회피질 말고 다른 영역에도 관심을 가졌던 데다 암스테르담과 뉴욕의 연구진은 런던 연구진이 얻었던 효과를 제대로 재현하지 못했다.

이데올로기적 사고와 관련해 전대상회피질의 역할이 재현성을 획득하지 못했다는 사실은 뇌 영역의 크기를 지나치게 중요하게 생각했기 때문일 수도 있다. 그런 경우 뇌 영역의 크기보다 기능을 직접 살피는 작업이 더 유용할지 모른다. 이데올로기적 사고와 뇌 영역을 연결할 때[11] 전대상회피질은 그야말로 불타듯 선명하게 두드러진다. 자신의 중요성을 뽐내는 듯하다.

먼저 전대상회피질은 개인이 정보를 처리할 때 발생하는 오류나 충돌을 모니터링한다. 그리고 오류가 발생할 때마다 알람 벨이 울리는 것처럼 신호를 생성한다. 어떤 사람은 실수가 생겼을 때 큰 소리로 경종을 울리는 반면, 종소리가 크게 들리지 않아 오류가 거의 인식되지 않는 사람도 있다. 전대상회피질은 행동 적응력에 매우 중요할 뿐 아니라 습관적 행동이 부적절해져서 새로운 접근법으로 대체해야 할 시기를 인식하는 데도 매우 중요하다.

신경과학자들은 이러한 전대상회피질의 오류 모니터링 기능을 연구하고자 개인 참가자를 대상으로 '계속한다/멈춘다' 과제라는 정신적 억제 테스트를 진행했다. 참가자는 초록색 원이 화면에 나타날 때마다 버튼을 누르는 등 습관화된 동작을 하도록 학습한다.

이것은 '계속한다' 동작이라고 불린다. 그러다 간혹 참가자들은 빨간색 십자 표시 같은 '멈춘다' 자극을 받는데, 그러면 '계속한다' 신호를 봤을 때처럼 행동하면 안 된다는 지시를 받는다. 습관화된 행동을 멈추고 보류해야 하는 것이다. 이때 억제를 잘하는 사람은 '멈춘다' 신호가 표시되었을 때 '계속한다' 동작을 하는 일이 거의 없다. 이들은 주의 깊게 신호를 모니터링한다. 반면에 억제하는 데 어려움을 겪는 사람들은 '멈춘다'를 나타내는 빨간색 신호가 깜박일 때도 충동적으로 '계속한다' 동작을 이어간다. 선명한 빨간색 신호를 무시한 채 자기만의 최선을 다한다.

참가자의 두피에 뇌파EEG를 검사하는 전극을 설치한 다음 이 과제를 수행하도록 하면, 전대상회피질은 신뢰할 수 있는 신호인 '사건 관련 전위event-related potentials'라는 전기적 변화를 생성한다. 사건 관련 전위란 뉴런이 전부 함께 하나의 심리학적 사건에 반응하는 집중 발화에 따른 전압 변화다. 반면 참가자가 오류를 범하면 약 50~100밀리초 뒤에 오류 관련 부정ERN 신호 뇌파를 포착할 수 있다. 이 뇌파를 측정하면 뇌가 학습한 습관과 그것을 억제해야 할 필요성이 얼마나 충돌하는지 알 수 있다.

여러 연구에 따르면 스스로 차별에 반대하는 진보주의자라고 보고한 사람의 뇌는 오류 관련 부정 신호의 진폭이 그렇지 않은 사람보다 큰 것으로 나타났다.[12] 이것은 진보적 사고를 하는 사람의 뇌가 억제 작업에서 오류나 갈등에 보다 더 민감하다는 뜻이다. 반면 정치적 보수주의자의 전대상회피질은 오류 관련 부정 신호를 보다 약하게 방출했는데, 이것은 자신의 오류에 대한 반응이 무뎌졌음을 뜻한다. 진보주의자인 참가자들에서 발견되는 것처럼 오류 관련 부정 신호가 크면 억제 반응이 더 잘 이루어진다. 이들은 자신의 오류나 버릇이 된 반응을 극복해야 할 필요성을 더 크게 인식하기 때문에 잘못되거나 환경에 적응하지 못하는 기존의 습관을 피하는 데 유리하다.

종교를 주제로 한 연구에서도 이데올로기와 오류 관련 부정 신호가 갖는 비슷한 패턴이 발견된다. 종교에 대한 열정과 신앙이 약한 사람은[13] 정치적 진보주의자와 마찬가지로 중립적인 인지 억제 테스트에서 오류 관련 부정 신호가 보다 큰 경향이 있다. 독단적 종교 교의에 애착이 강하면 강할수록 습관이 된 행동을 없애라는 신호에 대한 민감성이 떨어진다. 미국 유타주에서 모르몬교를 믿는 학생들을 대상으로 한 실험에 따르면,[14] 신자들로 하여금 신의 사랑과 자비에 대해 생각하도록 유도하면 오류 관련 부정 신호가 더 감소하는 것으로 나타났다. 이 결과는 신자들이 신의 무조건적인 사랑에 대해 성찰할수록 오류나 갈등에 대한 민감성이 떨어진다는 것을 시사한다. 자신을 지켜주는 수호자가 용서할 것이라 생각하면 스스로의 실수에 대해 주의를 덜 기울이게 되어서일까? 미래의 구원은 마음속 깊이 안도감을 준다.

이러한 정치-신경과학의 사례는 이 분야의 가장 야심 찬 예들이다. 이 같은 연구는 외부 관찰자의 눈에는 보이지 않아도 이데올로기가 뇌 기능에 미치는 광범위한 영향을 드러내고자 한다.

우리 뇌에서 가장 유명한 영역

지금까지 우리는 변노체와 선대상회피질에서 위로 올라가 전두엽과 변연계에 이르렀고, 이제 전두엽의 피질 안쪽으로 더 깊이 들어가 우리 뇌에서 가장 잘 알려져 있고 유명한 영역으로 진입하고자 한다. 바로 전전두엽 피질이다. 이곳은 우리 이마 뒤에서 가장 복잡한 의사결정을 처리하는 곳이자, 높은 수준의 계산을 수행하고 이를 다시 의식적인 의사결정으로 전환하는 여러 중추가 상호 연결된 곳이다. 이마를 손으로 감쌌을 때 손바닥에 들어오는 부위가 바로 전전두엽 피질이다. 지금 여러분의 무릎 위에 놓인 이 책의 줄거리를 말하거나 정교한 비판을 구성할 때 관여하는 영역이 바로 전전두엽 피질이다. 진화심리학자들이 인간의 우월한 이성을 지나치다 싶을 만큼 오만하게 자랑할 때 근거로 삼는 영역 역시 이곳이다.

전전두엽 피질은 어떤 방식으로 우리로 하여금 이데올로기에 헌신하도록 하는 걸까? 여기에 대한 최초의 단서는 심리학 교과서에 실린 가장 오래된 연구법에 숨어 있다. 다름 아닌 자연적으로 발생하는 뇌 손상을 살피는 것이다.

예컨대 한 연구에서는 뇌 손상 환자들 데이터를 사용해서 전전두엽 피질에 부상을 입거나 수술, 위축을 겪은 사람의 이데올로기 성향을 연구하고, 그 결과를 건강한 대조군을 비롯해 편도체가 자리한 전측두엽 손상 환자들과 비교했다. 그러자 전전두엽에 손상이 있는 환자는 건강한 대조군이나 전측두엽에 손상이 있는 환자들에 비해 정치 성향이 보수적이었다.[15] 그리고 양쪽 눈 위, 머리카락이 난 앞이마에 가까운 전전두엽 피질의 표면인 배외측 전전두엽 피질의 손상이 클수록 환자는 더 보수적이었다.

단, 편도체 손상의 경우는 그렇지 않았다. 편도체의 손상 비율은 환자의 정치 성향과 관련이 없었다. 편도체가 작아지면 보수주의 성향이 반대로 바뀐다거나, 우리 뇌에서 정서를 주관하는 핵심인 이곳이 손상되면 이데올로기 정체성도 영향을 받을 것이라 기대한 사람들이 있다면 실망할 수밖에 없을 것이다.

배외측 전전두엽 피질은 보수주의의 수준, 더 나아가 보다 일반적인 급진주의의 수준과 관련이 있었다. 이 사실은 베트남 전쟁에 참전했다가 뇌에 관통상을 입은 미국 퇴역 군인들에 대한 연구를 통해 밝혀졌다. 배외측 전전두엽 피질과 함께 눈썹 사이 공간 뒤에 숨은 안쪽 영역인 복내측 전전두엽 피질의 손상은 정치적 급진주의뿐만 아니라 종교적 근본주의와도 관련이 있었다. 복내측 전전두엽 피질을 다친 사람은[16] 급진적 발언을 평상시와 같이 온건하게 받아들인 반면, 이 부위에 손상이 없거나 다른 곳에 손상을 입은 사람은 급진주의를 날카롭게 식별하고 비난했다. 즉, 복내측 전전두엽 피질의 손상은 극단적인 행동 또는 정책을 도덕적으로 허용할 만하다고 인식하는 것과 관련이 있었다. 복내측 전전두엽 피질과 배외측 전전두엽 피질에 부상을 입은 퇴역 군인들[17] 또한 기독교 신앙에 대해 교리를 절대시하는 견해를 가지고 있었다. 특히 배외측 전전두엽 피질의 손상은 위스콘신 카드 분류 테스트 같은 과제에서 인지적 유연성이 감소하는 것과 관련이 있었다. 이렇게 유연성이 떨어진 사람들은 근본주의와 가까워질 것이라 예측할 수 있다. 전전두엽의 뇌 손상은 사람들의 사고를 경직시켜 종교적 근본주의와 급진주의로 이끄는 셈이다.

누군가는 이처럼 전전두엽 피질이 온전한 것이 진보주의 신념을 갖는 데 필수이니, 독단적이지 않고 종교를 믿지 않으며 진보 지향인 사람은 큼직하고 멀쩡한 전전두엽 피질을 가져야 한다고 결론 내리고 싶을지 모른다. (만약 그렇다면 신경과학이 좌파 신념 체계의 합리성을 정당화하기를 갈망하는 사람들은 박수를 보내며 기뻐할 일이다!) **하지만 그건 지나치게 성급한 결론이다.** 전전두엽 피질은 여러 곳으로 세분되는 방대하고, 빽빽하며, 복잡다단한 영역으로, 다양한 신경 전달물질과 호르몬, 효소에 의해 통제되는 여러 신경회로와 연결망, 고리, 경로가 포함되기 때문이다.

전전두엽 피질은 하나의 일만을 담당하는 격리된 영역이라기보다는 국제 교통 허브, 즉 교차하며 이어지는 연결망과 비슷하다. 여기에는 여러 터미널과 철도역, 버스역을 비롯해 하나의 노선에서 다른 노선으로 여행객을 안내하는 통로를 갖춘 공항이 있다. 전전두엽 피질의 말단은 편도체나 전대상회피질뿐만 아니라 그 이웃, 예컨대 기억을 저장하는 해마나 호르몬을 조절하는 시상하부까지 신호를 앞뒤로 전달한다. 전전두엽 피질은 우리가 무언가를 배우도록 움직임을 조절하는 소뇌라든가 도파민이 풍부한 선조체와 지속적으로 소통한다. 그리고 전전두엽 피질의 배외측과 복내측 영역은 뇌섬엽과 긴밀하게 신호를 주고받는다. 뇌섬엽은 우리의 주관적 감정이라든가 '자아'라는 격리된 감각을 만들어내는 내수용감각 상태를 모니터링하는 기관이다. 전전두엽 피질과 다른 영역들은 서로 연결되어 있다. 닫힌 고리 안에서 입력값이 양쪽으로 흐르기도 하지만, 멀리 흘러갈 뿐 되돌아오지 않는 비가역적인 연결 방식도 존재한다. 이렇듯 중첩된 연결고리로 이루어진 격자 구조를 통해 전전두엽 피질은 감각적 인상이나 기억, 예측을 의식적인 행동으로 통합한다. 전전두엽 피질은 단지 격리된 채 혼자서 우리가 정교한 행동을 하도록 지시하는 인지 활동의 지배자가 아니다. 그보다는 뇌 전체에서 펼쳐지는 역동적인 흐름에 따라 정보를 전달하고, 흘려보내며, 조절하는 곳이라고 생각하는 것이 더 유익하다. 피질을 개별 단위로 나눠 분석하는 뇌 매핑 작업은 고립주의 방식으로 이루어지지 않는다. 대신 말 그대로 지도가 어떻게 연결되어 있는지 살피기 때문에 '커넥토믹스Connectomics'라고 불린다.

따라서 전전두엽 피질의 무수히 많은 활동이 이데올로기적 사고를 어떻게 촉진하는지 알아내고자 하는 정치-신경과학자는 실험 참가자 간의 정적인 차이를 지나치게 강조하기보다는 실시간으로 펼쳐지는 역동적인 과정을 들여다보아야 할 수도 있다. 이를 위한 한 가지 방법은 개인을 깊숙한 부분까지 살펴보는 것이다. 개인 간의 차이를 조사하는 대신 개인 내부에서 일어나는 현상을 연구해야 한다. 한 사람의 뇌가 이데올로기에 빠지고, 독단으로, 극단으로 사고할 때 일어나는 신경 활동을 보다 냉정하고 유연하게 사고할 때와 비교해보라. 사람들이 이데올로기적 내러티브와 정책, 가치관을 평가하는 동안 매 순간 일어나는 신경 활동을 연구하면, 전전두엽의 각기 다른 영역 및 연결망들이 어떻게 이데올로기적 추론을 뒷받침하는지에 관한 정보를 모을 수 있다.

성스러운 가치는 이데올로기적 사고방식의 정점에 자리한다. 우리는 이 가치를 위해 기꺼이 싸우고 죽을 수 있으며, 여기에 대한 의무에 얽매여 있고 실존적으로 묶여 있다고 느낀다. 스페인 바르셀로나의 연구자들은 이데올로기를 믿는 사람들이 신에 대한 믿음, 무력 충돌에 대한 준비, 동성 결합에 대한 반대 등 여러 종교에서 가장 소중하게 여기는 가치를 고려하는 동안 뇌 활동이 어떻게 변화하는지 모니터링했다. 그런 다음 신성한 가치에 대한 신경 패턴을 신성하지 않은 가치, 즉 독단적으로 고집하는 경우가 적고 신성 불가침하기보다는 협상이 가능한 가치들에 대한 신경 활성화 패턴과 비교했다. 신성하지 않은 가치는 우리가 기꺼이 타협할 수 있는 가치다. 당신은 이데올로기적인 대의를 포기하는 대신 돈을 받을 수 있는가? 가치를 어느 정도 양보할 수 있는가? 신성하지 않은 가치는 폭력이나 자기희생에 대한 열정을 상대적으로 덜 일으킨다. 그리고 대체 가능한 일회용으로 여겨진다. 반면에 신성한 가치는 대체할 수 없는 가치로 간주된다. 물질적 보답이나 사회적 타협도 신성한 가치의 힘을 대체하거나 약화하지 못한다. 절대적이고 성스럽다고 여기는 가치이기 때문이다.

바르셀로나 연구진은 극우파인 스페인 시민과 전투적인 성전을 지지하는 지하디스트 무슬림 이민자를 대상으로 이들이 지닌 신성한 가치의 신경학적 특징을 연구했다.[18] 복내측 전전두엽 피질이나 하전두회 같은 전전두엽 피질의 하위 영역들은 신성한 가치를 처리하는 데 각각 고유한 방식으로 관여했지만, 신성하지 않은 가치에 대해서는 관여하지 않았다. 게다가 전투적인 지하디스트가 이슬람교나 무슬림 공동체 움마ummah와 자신의 정체성을 일치시키는 경향이 클수록 신성한 가치를 평가할 때 배외측 전전두엽 피질의 참여도가 떨어졌다. 사람들이 가장 강력하게 헌신하는 종교적 가치는 전전두엽 피질 전반에서 일어나는 신경학적 과정을 고유한 방식으로 조절한다.

하지만 이 과정에 관여하는 영역이 전전두엽 피질만은 아니다. 사람들이 신성한 가치에 대해 성찰하면 전두엽과 주의 집중을 담당하는 영역이 기능적으로 더욱 긴밀하게 연결된다. 이데올로기를 믿는 사람이 자기가 기꺼이 목숨을 바칠 수도 있는 신성한 가치에 대해 생각할 때면, 전대상회피질 근처와 뇌섬엽처럼 자아에 대한 감각을 담당하는 영역의 활성도가 높아진다. 참가자들이 이데올로기적 가치를 위해 폭력을 휘두를 수 있을지 생각하는 동안에는 측두두정 접합부처럼 타인에 대한 공감이 가능하게 하도록 관여하는 연결망 역시 활성화된다. 다시 말해 어느 하나의 영역만이 활발해지는 것이 아니라 전전두엽 피질의 바깥쪽 가장자리에서 중심부에 이르기까지 뇌 전체가 점화된다. 신성한 가치에 대해 생각하고, 그 이데올로기를 위해 자신이 누구에게 해를 끼치고 누구를 보호하려 하는지 고민하는 동안 우리의 신경학적 과정은 특정한 방식으로 바뀐다.

전전두엽 피질과 극단주의적 신념의 관계를 연구하면 할수록, 우리는 뇌를 보다 넓은 관점에서 바라볼 수밖에 없다. 그리고 뇌라는 기관의 홈을 더욱 깊이 파고들수록, 원인과 결과가 어떻게 서로 영향을 주는지, 생물학적 원리와 그에 따른 변화 사이의 긴장을 어떻게 이해해야 하는지에 대해 다시금 질문을 던지게 된다. 이데올로기를 생물학적으로 설명한다고 해서 한 개인의 관점이 고정되어 있고 불변한다는 뜻은 아니다. 독단적 교의가 신경계에서 어떻게 나타나는지 해독하면, 우리 뇌와 그것이 다루는 가치가 변화 가능하며 또 그럴 준비가 되어 있다는 사실을 고찰할 수 있다.

PART
5

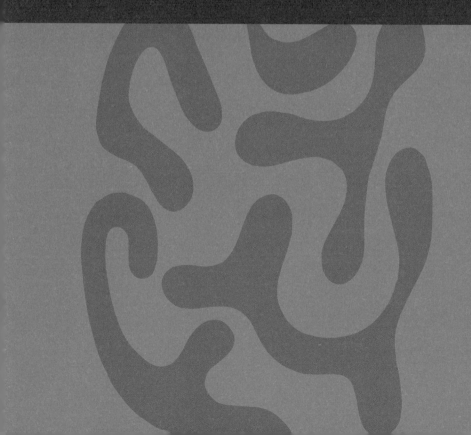

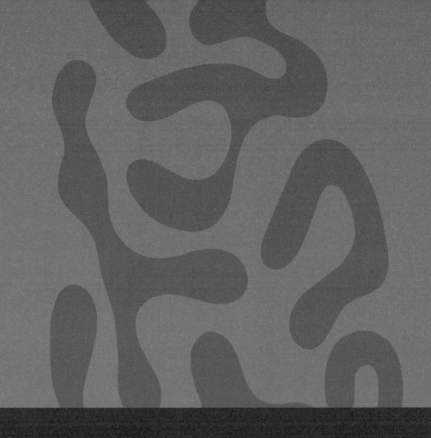

자유

[이데올로기라는
족쇄에서 해방되기]

17

극단주의로 향하는 나선

이데올로기는 우리가 피할 수 없는 것들에 대한 이야기다. 논리 법칙, 종교 계명, 금지 사항, 디스토피아의 위험과 유토피아의 꿈 모두 불가피한 필연성의 분위기를 풍기는 인과 구조 속에서 작동한다. 종교적이든, 낭만적이든, 민족주의적이든, 과학적인 분위기를 풍기든, 이러한 운명 예정설에는 무언가 '의도되었고 꼭 그래야만 한다'는 느낌이 있다.

결정론은 이데올로기의 핵심을 웅얼거린다. 결정론의 틀 안에서 자유의지는 순진한 환상이거나 적어도 위험한 태도라고 간주된다. 각 개인의 미래는 주로 과거에 대한 거대한 내러티브의 통제를 받는다. 여러분의 미래는 이미 결정되었기 때문에 지금 선택하겠다고 하는 건 헛된 일이다. 주체에게는 이데올로기의 처방을 따르면 낙원에 이를 수 있다는 비전을 확립하는 것만이 유일하게 허용된다. 이데올로기에 저항하는 것은 신의 분노를 불러일으키고, 피할 수 없는 불길한 재앙을 부른다.

하지만 이데올로기의 영향을 받는 뇌에 대한 이야기는 불가피한 무엇에 대한 이야기가 아니다. 그보다는 표현되거나 억압받는 잠재성에 대한 이야기다. 우리 모두는 외부의 암시를 얼마나 쉽게 받는지를 나타내는 '피암시성suggestibility'의 스펙트럼에 놓여 있다. 이 스펙트럼은 사람들이 이데올로기적 사고에 취약하게 만드는 모든 특성의 상호작용을 반영한다. 생물학적이거나 인지적인 성향, 성격과 사회적 경험, 트라우마와 개인이 지각한 자원, 무언가의 풍요로움이나 현실, 결핍이 그런 특성이다.

점점 더 깊숙이 빨려 들어가다

칼로 무 자르듯 명확한 이진법에 비하면 이런 스펙트럼은 깔끔하게 떨어지지 않는다. 어떤 식으로든 사람들이 두 부류로 나뉜다는 생각은 참기 힘든 유혹이다. 예컨대 취약한 사람과 회복력 있는 사람, 또는 괴물로 여겨질 만큼 급진적인 소수자와 위험한 극단주의 이데올로기의 영향을 받지 않는 이성적인 다수자로 나누는 방식이 그러하다. (또는 반대로 이성적인 소수자와 급진적인 다수자로 나뉘기도 한다. 이것은 인류에 대한 관점이 낙관주의로 기울어졌는지 비관주의로 기울어졌는지에 따라 다르다.)

하지만 실제로 개인의 취약성은 이분법으로 나뉘는 대신 점진적으로 변화하며, 이러한 연속성을 인식하는 것이 중요하다. 그래야만 무시하기 쉬운 미묘한 개인차를 감지할 수 있다. 민감성이 분포하는 양상은 '정규 분포'라고도 불리는 가우스 곡선Gaussian curve과 비슷하다. 즉, 대부분의 사람들이 가운데 좌우대칭의 종 모양에 들어가며 일부가 바깥쪽 가장자리에 자리한다. 어떤 사람들은 극도로 독단적이지만 어떤 사람들은 전혀 독단적이지 않다. 피암시성이 연속적이라는 사실을 인식하면, 이데올로기적 추론과 공동체가 가진 힘으로부터 완전히 자유로운 사람은 거의 없다는 사실을 짐작할 수 있다. 스펙트럼 위에 자리한 우리는 스스로의 취약성을 받아들여야 한다.

그런데 스펙트럼에서 우리의 자리는 고정되어 있지 않다. 우리 모두는 위치나 입장을 바꿀 수 있다. 실제로 우리는 모두 그렇게 한다. 스트레스를 받는 순간에는 이데올로기적 민감성이 높아지는 쪽으로 미끄러지는 반면, 편안하거나 탐험과 발견, 모험의 순간에는 이데올로기가 주는 해결책으로부터 멀어진다. 나는 사람들이 점점 이데올로기적 독단주의로 기울어지는 모습을 시각화하기 위해 종종 민감성의 스펙트럼을 변형한다. 즉, 오른쪽이 점점 안쪽으로 구부러져 나선이 된다고 상상한다.

왜 나선인지 궁금한가? 나선은 달팽이의 껍데기나 해바라기 씨앗, 아티초크 잎, 카멜레온 꼬리, 파인애플이나 소나무의 비늘, 열대성 허리케인에서 볼 수 있는 멋진 자연의 형상이다. 나선을 추적하다 보면 시간이 지나며 변화하는 발달상이나 움직임을 살필 수 있다.

시간이 흐르면서 한 개인이 이데올로기적 사고의 스펙트럼을 따라 어떻게 변화하는지 생각할 때, 나선은 몇 가지 흥미로운 특징을 우리에게 알려준다. 나선은 하나의 이데올로기가 그리는 궤적을 효과적으로 포착한다. 처음에는 바깥쪽 표면에서 느리지만 크게 변화했다가(신앙이 처음 시작되는 커다란 도약) 뒤이어 코일처럼 점점 더 촘촘하게 감기고 속도도 더 빨라진다. 우리는 이것을 광신적 믿음이 점점 가속화하는 사례에서 볼 수 있는데, 어떤 사람이 수용의 문턱을 일단 넘고 나면 뒤이어 자신을 희생하라는 요구가 점점 더 엄격하고 심각해진다. 개종한 사람은 얼마 전까지만 해도 혐오스럽다고 여기던 행동에 갑자기 참여한다. 이데올로기가 그것을 믿는 사람의 뇌를 점점 더 독단으로 치닫게 만드는 동안 자기강화 효과가 일어나는 것이다. 만일 여러분이 이 과정에 있다면, 극단주의를 지향하는 모든 움직임은 더 쉽게 일어나며 또 매끄럽고 깊어질 것이다.

나선은 개인의 성향과 이데올로기적 환경 사이의 상호작용을 드러낸다. 어떤 공동체에 속한 사람은 모두 처음에는 서로 다른 출발점에 서지만, 그들이 선택하거나 강요받는 환경은 그가 가장 극단적인 결론을 얼마나 빨리 선택할지에 영향을 미친다.

매우 유연하며 감정적으로 안정된 사람은 나선의 바깥쪽 가장자리에 자리할 가능성이 크다. 이들은 모호함 속에서도 느슨하게 만족하며 사고방식을 쉽게 전환하고, 냉혹한 독단주의에 빠지지 않을 것이다. 하지만 이들이 어떤 상황에 자극받거나 매력적인 이데올로기에 노출되면 편협함이나 고정성, 적대감이 높아질 수 있다. 중요한 점은 스트레스나 갈등, 불안정성, 상실감을 비롯해 삶을 보다 덜 안전하게 하는 여러 끔찍한 사건과 조건이 방아쇠를 당기면, 나선의 중심에 가깝게 자리한 이미 취약한 사람이 그 효과를 더 극명하게 겪는다는 것이다. 이런 방아쇠를 당기는 사건이나 상황은 피암시성이 평균치보다 높은 사람들을 극단주의의 핵심으로 보다 빠르고 강력하게 밀어붙인다. 그리고 이데올로기적인 사고가 이들이 이미 가졌던 성향을 잡아먹을 것이다. 경직된 이데올로기는 사고가 유연하고 감정이 안정된 사람보다 사고가 딱딱하고 감정이 불안정한 사람을 더 깊이 끌어들여 만족감을 제공한다.

시간이 오래 흐를수록 스펙트럼의 직선은 2차원적으로 보다 성숙한 나선형이 된다. 그러면 한 개인에 그치지 않고 사회 전체가 어떻게 진화하고 상황에 반응하는지 살필 수 있다. 그 결과 우리는 이데올로기적 사고가 심리적 특성과 이데올로기적 경험이 역동적으로 작용한 산물이라는 사실을 알게 될 것이다.

나선은 수학적으로 여러 유형으로 나뉜다. 예컨대 곡선 사이의 거리가 동일하게 유지된 채 한 바퀴씩 돌아가는 아르키메데스 나선Archimedean spiral이 그중 하나다. 고리 모양으로 감긴 밧줄이나 단단하게 말린 두루마리에서 나타나는 이 나선은 거의 동심원에 가깝도록 일정한 간격으로 압축되어 있다. 전축의 섬세한 바늘이 레코드판 위를 돌며 파인 홈에서 노래의 음향을 구현할 때에도 보이지 않게 이 나선이 나타난다. 아르키메데스 나선에서 곡선은 균일한 간격으로 안쪽으로 비틀려 있어 공간을 효율적으로 활용한다.

두 번째 유형은 선이 중간 지점을 향해 안쪽으로 구부러질수록 곡선 사이의 거리가 감소하는 로그 나선logarithmic spiral이다. 이 나선은 안쪽으로 갈수록 좁게 말리는 달팽이 껍질이나 배수구로 빨려드는 물의 흐름에서 볼 수 있다. 우리가 인공위성에 앉아 우주에서 지구를 바라볼 때 열대성 저기압구름이 회전하고 가속하는 드라마틱한 모습에서도 이 나선을 관찰할 수 있다. 우리가 지구 대기 너머로 날아가 원반 모양의 은하를 바라보아도 역시 이 로그 나선형 팔을 볼 수 있을 것이다. 이 나선의 기하학적 우아함은 철학자 르네 데카르트를 매료시켰으며, 19세기 스위스의 유명한 수학자인 야코프 베르누이Jacob Bernoulli는 이것을 '기적의 나선'이라고 불렀다. 로그 나선에서는 호가 안쪽으로 감길수록 점점 더 팽팽하게 조인다.

나는 극단적인 이데올로기의 나선이 두 번째 유형인 로그 나선에 가까울 것이라 상상한다. 누군가를 끌어당길수록 말려드는 속도가 빨라지기 때문이다. 이데올로기 공동체의 논리에 한번 진입하면 점점 더 깊숙이 안쪽으로 빨려 들어가게 되고 빠져나오기도 점점 더 어려워진다.

이데올로기적 사고에 대한 민감성 스펙트럼에 자리한 개인의 현재 위치는 이데올로기 교리와 그의 취약성이 끊임없이 상호작용을 벌인 결과물이다. 개인이 지닌 기본적인 특성이 어느 정도의 취약성을 유발하기도 하지만, 무언가와 직면해 설득되면 그 사람은 스펙트럼 더 멀리, 나선의 한가운데로 밀려든다. 이것이 바로 논리와 감정이 폭압적으로 누군가를 강제하는 방식이다. 결코 가만히 있는 법이 없다.

나선이라는 은유

이데올로기에 빠져든 사람은 변화를 겪는다. 개인이 분명하게 드러내거나 드러내지 않은 신념뿐만 아니라 더 넓은 인지, 본능적인 반응, 생리, 뇌 전체가 바뀐다. 개인의 성향과 이데올로기 공동체는 서로를 강화해 특정한 형질을 두드러지게 표출하거나 우선시한다. 예컨대 무질서나 격변에 대한 두려움을 먹이로 삼는 이데올로기와 융통성 없고 불안정한 사람이 결합하면, 온건한 공동체에 속한 사람에 비해 고집불통인 성격이 심해질 것이다. 이데올로기적인 환경이 그 특성을 끌어내 강화할 때 위험성은 더욱 커진다. 이것은 이데올로기가 자신이 예언하는 대로 실재를 이끌어내는 방식 중 하나다. 융통성이 없으며 최악의 재앙을 상상하는 교리는 추종자들을 조각해서 똑같이 만든다. 지지자들 또한 융통성 없고 가장 나쁜 상황을 상정하게 된다.

그렇기에 나선이 감겼다가 다시 풀리는 건 매우 어렵다. 비록 이데올로기 집단이 해체되거나 분열되고, 지지자가 내부의 모순에 상처를 입어 견딜 수 없게 되더라도 그 속의 개인은 이미 바뀌었다. 개인은 이미 습관과 의식, 특정한 종류의 경건함, 감시와 의심에 대한 무감각을 익숙하게 여긴다. 그렇기에 이데올로기적 사고에 대한 논리적 또는 정서적 의존성이 아닌, 단순한 신념을 잃은 지지자는 또 다른 교리의 나선으로 다시 쉽게 감겨든다. 여기에 대해 사회학자이자 작가인 에릭 호퍼는 저서《영혼의 연금술》에서 이렇게 썼다. "하나의 열정에서 다른 열정으로, 심지어는 그 반대 방향으로 전환하는 데 따르는 혼란은 우리 생각보다 그렇게 크지 않다. 모든 열정적인 마음은 기본적으로 비슷하게 구성된다. 죄인이 거룩한 신도가 되었다고 해서 방탕한 사람이 구두쇠가 되는 것보다 더 급격한 변화를 겪지는 않는다."[1]

극단주의로 휘감기는 나선은 이데올로기적 사고에 영향을 미치는 다양한 종류의 불안정성을 이해하는 데 도움이 된다. 그 나선은 신봉자들을 점점 더 커다란 독단주의로 몰고 가, 이데올로기 및 광신자 집단으로 하여금 내부 구성원 또는 반대자들에게 가해지는 더욱 폭력적인 행동을 용인하도록 하는 불안정성을 보여준다. 또한 하나의 이데올로기 집단에 일찍부터 헌신했던 지지자들이 그집단에서 멀어지더라도 다른 체제를 열정적으로 찾아 선택하도록 이끄는 불안정성을 드러내기도 한다. 그뿐만 아니라 나선은 약한 당파성에 따르는 불안정성마저 설명할 수 있다. 한 번의 추진력, 즉 방아쇠나 위기에 따라 개인의 신체와 뇌에 인지적, 이데올로기적 압력이 등장하는 전체적인 과정을 보여주기 때문이다.

그렇다면 나는 단지 일련의 은유를 다른 은유로 대체한 것일까?

수동적인 지지자의 무감각성이라는 은유를 스스로 변화하고 이데 올로기에 따라 조형되는 능동적인 나선의 은유로 바꾼 걸까? 어쩌 면 그럴지도 모른다. 하지만 소설가 조지 엘리엇George Eliot은 이렇 게 말했다. "단지 은유 하나를 바꾼 것만으로도 놀랄 만큼 다른 결 과를 얻을 수 있다!"[2] 이 은유는 메커니즘적 관점을 제공하고 설명 에 깊이를 더한다. 또한 층위나 과정, 상호작용과 조건을 회피하 지 않고 드러낸다. 이 은유는 과학적 탐구와 반증을 위한 기회를 더 풍부하게 제공한다. 또한 이데올로기적 사고의 기원과 결과를 살피고, 시간이 지나면서 이 두 가지가 결합하면 이데올로기에 영 향을 받은 뇌가 어떻게 진화하는지 모델링하도록 돕는다. 극단주 의를 나선에 빗대어 보면 이데올로기적 사고가 고정적이지도, 필 연적이지도, 안정적이지도, 정적이지도 않은 이유를 살필 수 있다. 또한 뇌가 어떻게 이데올로기의 영향을 받는지뿐만 아니라 어떻 게 해야 끌려 들어간 이데올로기의 소용돌이에서 빠져나올 수 있 을지 알려준다.

그렇다면 어떤 상황이 이데올로기적으로 강렬한 극단주의를 향 해 개인의 궤도를 가속하거나 감속하도록(또는 방향을 바꾸도록) 만들 까? 어떤 상황이 사람의 마음을 더 안쪽으로 깊숙이 밀어 넣을까? 또 어떤 상황이 우리가 밖으로 기어나가 계속 외부에 머물도록 할 까? 취약한 환경에 처한 취약한 마음에는 무슨 일이 벌어질까?

스트레스와 이데올로기의 신경생리학

우리 몸은 스트레스에 가장 취약하다. 스트레스를 받는 사람은 몸이 자연스럽게 굳고, 스트레스를 주는 요인으로 주의력이 좁혀지며, 불확실성에 대한 내성이 줄어든다. 순간적으로 인체에 매우 심한 스트레스를 주는 실험을 하면 참가자의 인지적 유연성이 떨어지는 경우가 많았다. 스트레스를 유발하는 한 가지 방법은 참가자가 냉담하고 부루퉁한 면접관 앞에서 3분 동안 준비를 하고 구두 발표를 한 다음 산수 문제를 푸는 '사회적 스트레스 테스트Trier Social Stress Test'이다.[3] 낯선 사람 앞에서 갑자기 발표를 하고 암산을 하며 면접관들의 사회적 판단까지 받아야 하는 이 상황은 정말이지 악몽과도 같다. 그래서 참가자들의 신체적 스트레스 반응은 항상 최고조로 치솟는다. 그리고 연구자들에 따르면 사회적 스트레스 테스트를 완료한 참가자들은 적응력과 창의력, 습관 버리기, 사고방식 간의 전환이 필요한 인지 과제에서 저조한 성적을 거두었다.[4]

사회적이거나 심리적인 스트레스 대신 신체에 직접 스트레스를 주는 실험도 수행된 적이 있다. 이 실험에서는 어떻게 윤리적인 방식으로 신체에 스트레스를 가했을까? 참가자의 팔을 얼음물이 든 양동이에 풍덩 담그는 방식이었다! 팔을 얼음물에 담가(고작 3분이었지만 아마 영겁에 가깝게 느껴졌을 것이다) 스트레스 상태에 놓였다가 인지 과제를 수행하는 참가자는, 과제 전에 팔을 따뜻한 물 양동이에 살짝 넣었던 참가자에 비해 유연성 성적이 떨어졌다.[5]

흥미롭게도 몇몇 연구자에 따르면 급성 스트레스는 주로 여성보다는 남성의 인지적 유연성을 저해한다고 한다. 이것은 아마도 스트레스 메커니즘이 기능하는 성차 때문일 수 있지만 아직 결론은 나지 않았다. 스트레스가 신경인지에 미치는 영향에 대한 연구는 대부분 참가자 전체가 남성인 샘플을 대상으로 했기 때문에 신경과학자들이 스트레스에 대한 여성의 반응을 이해하는 데는 아직 공백과 편향이 존재한다.

또 아기들도 스트레스를 느낀다. 생후 15개월 된 영아를 대상으로 한 소규모 연구에 따르면[6] 스트레스는 인지적 유연성을 해치는 것으로 드러났다. 영아의 절반은 양육자와의 분리라든가 이상한 물체, 낯선 사람과의 상호작용 같은 스트레스를 주는 상황에 노출된 반면, 나머지 절반은 스트레스 요인에 노출되는 대신 차분한 환경에서 양육자와 놀았다. 그 결과 연구진은 스트레스를 받은 뒤 영아의 몸에서 코르티솔 수치가 늘었다는 사실을 확인했고, 스트레스가 실제로 생리적 효과를 가져온다는 사실을 확인했다. 그런 다음 영아들은 습관화된 행동(파란 버튼과 빨간 버튼을 순서대로 누르기)을 수행해서 번쩍이는 빛과 음악을 발생시키는 학습 과제를 받았다. 아기에게는 그야말로 파티처럼 즐거운 과제다. 그러다 습관화된 행동이 만들어지고 얼마 뒤 연구자들은 불빛과 소리가 더는 나타나지 않게 조작했다. 이때 더 이상 보상이 주어지지 않는데도 습관이 된 순서대로 버튼을 계속 눌렀던 아이는 어떤 아이들이었을까? 습관이 더는 효과가 없자, 스트레스를 받지 않는 상태의 아이들은 버릇이 된 순시로 버튼을 누르는 데서 벗어나 다른 선택지를 시도했다. 이 15개월 된 영아들은 자유롭게 새로운 가능성을 탐색했다. 반면, 스트레스를 받은 영아들은 더는 효과가 없는 오래된 습관을 계속 해대고 대안을 모색하지 않았다. 흥미롭게도, 스트레스는 학습이나 게임에 대해 아기들이 보이는 일반적인 흥미를 저해하지는 않았지만, 대신 기존 규칙에서 벗어나 새로운 가능성을 찾는 유연성에 손상을 입혔다.

최근의 연구에 따르면 스트레스가 의사결정에 미치는 영향이 모든 사람에게 동일하게 나타나는 것은 아니다. 일반 인지능력과 유동적 지능을 나타내는 작업 기억이 뛰어난 사람은 급성 스트레스를 받아도 의사결정 능력이 보다 덜 감소했다.[7] 반면에 인지능력이 떨어지는 사람이 생리적 스트레스 요인(소름 끼치게 차가운 얼음물에 손을 담그는 것)에 노출되어 코르티솔이 급증하면, 인지능력이 뛰어난 사람들에 비해 의사결정의 유연성이 더 심각하게 손상된다. 스트레스는 사람들의 의사결정을 다양한 수준으로 왜곡한다.

이제 과학자들이 나아가야 할 다음 단계는 이 모든 증거를 연결해서 스트레스와 이데올로기의 신경생리학 사이에 한층 더 완전한 가교를 놓는 것이다. 스트레스를 주는 환경이 신경인지 과정을 변형하면 이데올로기적 사고에 어떤 영향을 미칠까? 지금까지의 연구에 따르면 스트레스를 받는 사람은 인지적 특성과 스트레스 자극에 반응하는 방식 사이에서 상호작용이 일어난다고 한다. 경직된 사고를 하기 쉬운 마음은 스트레스를 받았을 때 좀 더 나쁜 결정을 하게 된다. 피암시성의 스펙트럼에서 보다 멀리 안쪽에 자리했던 사람들은 스트레스 상황에 놓이면 처음부터 회복력을 갖춘 사람들에 비해 빠르고 뚜렷하게 독단주의로 향할 것이다.

또 중요한 사실이 있다면 짧은 급성 스트레스와 장기간에 걸친 스트레스가 미치는 영향에 차이가 있다는 것이다. 몇 주, 몇 달, 몇 년에 걸쳐 끊임없이 스트레스를 받은 몸은 잠시 스트레스를 받았다가 다시 고유의 평온함을 되찾는 몸에 비해 심각하고 영구적인 영향을 받는다. 특히 스트레스에 오래 노출될수록 그 수치를 정확하게 측정하거나 심리학 실험을 통해 윤리적인 방식으로 유도하기가 더 어려워진다. 한 연구에서는 6주 동안 스트레스가 격심한 상태로 시험을 준비하는 의대생과 비교적 스트레스를 받지 않고 시험 없이 같은 기간 동안 의학을 공부하는 학생을 자연스럽게 비교하는 실험을 수행했다.[8] 그 결과, 연구자들은 스트레스를 받은 참가자는 의사결정 패턴이 유연하지 않은 습관적 행동으로 치우쳐지며, 동시에 뇌의 형태학적 특성도 바뀐다는 사실을 발견했다. 특기할 만한 사실은 시험이 완전히 끝나고 스트레스가 줄어들자 뇌의 구조와 기능 측면에서 스트레스로 생긴 변화가 역전되었다는 점이다. 이것은 스트레스가 뇌의 경직성에 미치는 영향이 바뀔 수 있다는 점을 암시한다. 뇌는 차분하고 유연하며 탐험을 좋아하는 본래의 자아를 회복할 수 있다.

이렇게 시험 불안에 두려워하는 의대생, 양육자와 잠시 떨어진 아기, 찬 얼음물에 손을 담그기 싫어 덜덜 떠는 참가자들에서 스트레스가 뇌의 경직성에 미치는 영향을 직접 관찰할 수 있다면, 개인이 지속적인 스트레스를 주는 환경에 빠져들 때 초래되는 결과는 심각한 문제가 될 수밖에 없다.

18

우리를 보호하는 둥지를 찾아서

이데올로기적 극단주의의 나선을 살피는 일은 닭이 먼저냐, 달 걀이 먼저냐의 문제를 재해석하는 작업이다. 이때 우리는 무엇이 먼저이고 무엇이 그다음인지 탐구하는 대신, 시간이 지남에 따라 원인과 결과가 서로에게 어떻게 역동적으로 영향을 미치는지 묻는다. 또한 풀기 힘든 순환 구조의 수수께끼에 붙잡혀 있기는커녕 우리는 일부 신경인지적 요인이 사람들을 경직된 이데올로기에 몰아넣는다는 것을 인정하며, 이와 동시에 경직된 이데올로기를 열정적으로 받아들이는 신봉자의 경우 인지 스타일과 생리적 감수성에까지 그 영향이 스며든다는 것 또한 인정한다. 이 불길한 피드백 고리를 통해 개인은 점점 더 독단적이고 편협해지며, 그들의 몸은 이데올로기에 의해 주조된다.

스트레스는 이러한 궤적을 가속화해서 생각이 경직되고, 적응력이 떨어지고, 공격성을 키우고 습관이 생기기 쉽게 한다. 그런데 모든 스트레스가 일시적이지는 않다. 체계적으로 스트레스를 주는 상황도 존재한다. 어떤 환경에는 지속되는 압력과 제한이 있는 반면, 한층 더 고요하고 자원이 풍부한 환경도 있다. 이데올로기적 사고의 기원과 결과가 어떻게 상호작용하는지 이해하려면 이러한 원인과 결과가 구체적으로 드러나는 환경에 주의를 기울여야 한다.

즉, 닭이 먼저냐, 달걀이 먼저냐 문제에 완전히 답하려면 둥지nest에 주목해야 한다. 이것은 생태학적 측면으로, 한 개인이 성격과 이데올로기적 선호를 계발하는 동안 당사자를 둘러싼 주변의 사회적 맥락을 뜻한다. 둥지란 집, 이웃, 도시, 국가, 기후이기도 하고 개인에게 가해지는 압력이기도 하다. 어떤 사람은 위험에 처해 있는 반면 어떤 사람은 회복하도록 보호를 받는다.

이 둥지 안에는 무엇이 있을까?

둥지는 편안함을 주며 차분하게 보호하는 고치와도 같다. 그렇다면 개인이 둥지라는 평화로운 환경을 벗어나 스트레스에 휩싸이면 어떻게 될까?

둥지는 구성원들이 환경을 공유하도록 설계된 공동체이기도 하다. 그러면 개인이 불평등, 불안정, 자원 부족으로 특징지어지는 사회적 환경에서 태어나면 어떻게 될까?

어떤 둥지는 피난처를 제공한다. 이런 둥지에서 개인의 심리적 취약성과 이데올로기적 결과 사이의 연결고리는 약해진다. 반면에 휴식이 아닌 전투와 생존의 현장인 둥지도 있다. 이런 둥지는 개인이 극단주의의 나선으로 향하는 움직임을 너 빠르게 부추겨 인지적 위험 요인이 급진적인 결정으로 이어지도록 한다.

이때 둥지에 여러 겹의 층을 추가해보면 맥락이 인지와 이데올로기의 관계를 어떻게 조절하는지 살필 수 있다. 조절한다는 것은 궤적의 진행 과정이나 관계의 강도를 바꾼다는 뜻이다. 어떤 맥락은 극단주의로 향하는 궤적을 가속화해 심리적으로 취약한 마음을 해로운 고리로 이끈다. 반면에 어떤 맥락은 독단주의의 약점을 드러내 개인의 마음을 파고드는 효과를 떨어뜨린다. 어쩌면 이데올로기의 편협함으로부터 사람들의 마음을 벗어나게, 즉 나선에 말려들지 않도록 하는, 우리가 애써 지어야 하는 둥지도 존재할 것이다.

언뜻 보면 '맥락'은 모호하고 확실한 형태가 없는 개념 같지만, 신중하게 정의하고 근거를 제시하면 우리에게 남은 퍼즐을 풀도록 도와줄 세 번째 변수가 될 수 있다. 작가 오스카 와일드Oscar Wilde의 희극《진지함의 중요성》에 등장하는 한 인물은 이렇게 외친다. "진실은 거의 순수하지 않지. 결코 단순하지도 않아. 둘 중에 하나가 사실이라면 오늘날의 삶은 필시 지루해지고 말 거야."[1] 맥락을 고려하면 과학적 진실은 거의 항상 우연에 기대고 잠정적이다. 거의 단순하지 않고, 결코 순수하지도 않다.

둥지가 얼마나 중요한지 자세히 파고들다 보면, 환경이 언제 우리를 보호하고 또 언제 위험에 빠뜨리는지 궁금해진다. 이데올로기적 뇌가 위험이나 위협에 노출되면 무슨 일이 벌어질까? 그리고 둥지 자체가 우리를 위협하는 존재라면 어떻게 될까?

따돌림 당한 뇌가 벌이는 짓

이데올로기는 우리를 받아들이고 이해하는 장소인 '집'에 대한 전망을 제공한다. 집은 어떻게 행동해야 하고, 무엇을 믿어야 하고, 또 누구를 믿어야 하는지 우리가 스스로 아는 공간이다. 그런데 우리 뇌는 스스로가 배제되었다고 느낄 때 어떻게 반응할까? 친족이 곁에 없고 상호주의나 소속감이 부족하다고 느낄 때 어떤 행동을 할까?

스페인에 거주하며 전투적인 지하디스트인 모로코계 남성을 대상으로 하는 한 획기적인 실험에서,[2] 연구진은 이데올로기를 믿는 사람의 뇌가 사회적으로 배제된 느낌을 받으면 어떤 모습일지 알아보기로 했다. 소외감을 유도하기 위해 참가자들은 '사이버볼'이라는 가상의 공 던지기 게임을 했다. 게임이 진행되는 동안 참가자를 비롯해 3명의 가상 플레이어들 사이에 가상의 공이 던져진다. 가상 플레이어들은 각각 스페인어 이름과 참가자의 나이와 비슷한 외적인 이미지를 부여받는다. 게임을 하는 동안 참가자는 이 '호세', '하비에르', '다니'와 동료가 되어 공을 주고받는다. 이때 참가자에게는 알리지 않았지만 가상 플레이어들은 사전에 프로그래밍

된 시뮬레이션 개체로, 참가자에게는 아주 가끔만 공을 던지도록 설계되었다. 반면에 대조군에 속한 참가자들은 인원수만큼 균등하게 전체 게임 시간의 4분의 1 동안 공을 받았다. 이들은 다른 플레이어와 동등한 조건에서 게임에 참가했다. 하지만 사회적 배제가 일어나는 조건의 참가자들은 게임이 시작될 때 공을 두 번 받은 이후로 아예 공을 받지 못했고, 어울리지 못하는 채로 게임을 쭉 지켜봐야만 했다.

배제된 참가자들은 자신이 따돌림을 당한다고 느끼면서 가상의 공이 화면을 가로질러 이리저리 호를 이루며 왔다 갔다 하는 모습을 바라볼 뿐이었다. 이 참가자들의 손에는 공이 거의 들어오지 않았다. 공이 던져질 때마다 어쩌면 나에게 올지도 모른다고 생각했을 테지만, 유감스럽게도 이들은 소외당하고 실망하기를 반복했다.

그런 다음 과학자들은 무슬림의 땅에서 미군을 쫓아내는 것처럼 목숨도 기꺼이 바칠 수 있는 신성한 가치에 대해 참가자들이 어떠한 신경 반응을 보이는지 살폈다. 또한 스페인 학교에서 이슬람 경전을 가르치도록 투쟁하는 것처럼 소중하기는 해도 어느 정도 타협할 수 있고 성스럽지도 않은 가치에 대해 어떠한 반응을 보이는지도 관찰했다. 놀랍게도 사회적으로 배제된 경험을 한 참가자는 성스럽지 않은 가치에도 신성한 가치와 동일한 신경학적 특징을 보였다. 갑자기 외면당한 뇌는 온갖 가치에 성스러움과 의미를 불어넣었다. 버려진 기분이 들면 주변부에 있던 중요하지 않은 가치조차 기꺼이 싸우고 죽어갈 만한 가치가 된다.

이데올로기의 내용과 상관없이, 사회적 배제는 좌파와 우파의 대의를 위해 테러 같은 극단적인 정치 행동을 정당화하는 가장 강력한 예측 변수 중 하나다.[3] 배제된 사람은 민주화라는 대의를 위해 싸우는 테러 집단을 지지하거나, 동물의 권리나 환경보호를 위해 싸우는 테러 집단에 소속되어 타인의 재산을 파괴할 가능성이 높아진다. 사회적 배제감을 느끼는 학생들은 갱단이나 활동가 단체에 가입하도록 유도할 때 상대적으로 더 잘 설득된다. 이렇게 사회적으로 배제당한 사람은 거부에 대한 민감도가 높아지며, 실험 중 처음 접하는 기존의 정치 단체뿐만 아니라 생소한 단체나 가상의 단체를 포함하는 극단주의 집단에 참여하려는 의지가 더 크다. 배제당하는 경험은 사람들로 하여금 소속감을 느끼기 위해 이데올로기적 신념을 더욱 서둘러 바꾸도록 유도하고, 집단이 가진 신념이 도덕적으로 선하다고 더 크게 확신하도록 만든다. 배제된 사람은 자신이 속한 집단을 위해 싸우고 목숨을 버리고자 하는 경향이 더 크다. 이들이 집단에 속하고자 하는 심리적 욕구를 강하게 느낄 때 특히 더 그렇다. 자신이 거부되었음을 느낀 사람은, 심지어 이제껏 신성하지 않다고 간주된 가치를 위해, 또한 완전히 낯선 테러 조직의 이름으로 새로운 가치를 위해 급진적인 행동을 하려는 마음을 먹게 된다.

외로움을 느낀 뇌는 공허함을 메우고자 자신이 속할 집단을 찾으려 한다. 스트레스를 받거나 무언가 결핍된 상황에서는 기존 집단에 대한 충성도가 더욱 뚜렷해진다. 미국의 한 연구팀은 정교하게 설계된 일련의 실험을 통해 재정 자원이 한정되어 있다고 느끼는 결핍 조건에서는 참가자 중 백인이 흑인에 대해 인종차별 행동을 보인다는 사실을 발견했다.[4] 또 다른 신경영상 연구에서는 결핍 조건이 신경이 처리되는 과정에 변화를 일으켜 이러한 차별 행동이 나타나는지에 대해 조사했다. 참가자들은 흑인과 백인 몇 명의 얼굴 사진을 보고 각 얼굴에 가상으로 10달러 지폐를 줄 것인지 여부를 결정했다. 반면에 대조군에 속한 참가자들은 여기 10달러가 있으며 무작위 컴퓨터 모델에 따라 참가자가 사람들에게 얼마를 나눠줄지 결정된다는 설명을 들었다. 하지만 실제로 할당은 참가자들의 의사에 따라 이루어졌다. 대조군에 속한 참가자들은 모두 타인에게 분배할 10달러 전액을 받았기 때문에 스스로 굉장히 운이 좋다고 느꼈을 것이다. 반면에 결핍 조건의 참가자들은 100달러의 금액 중 타인에게 할당할 수 있는 게 10달러밖에 되지 않는다는 사실을 알게 되었다. 다시 말해 대조군에 속한 참가자에게 '주어진' 자원의 양은 결핍 조건의 참가자와 동일했지만, 이 금액이 많은 것인지 적은 것인지 하는 개념적 틀에 차이가 있었다. 자원이 부족하다고 느낄 때(참가자가 사용 가능한 100달러 중 10달러만 받았다고 생각할 때) 자원을 할당하는 참가자의 결정에는 흑인을 덜 선호하고 백인을 더 선호하는 편견이 분명히 작용했다. 반면에 자원이 풍부해 보일 때는 이러한 편견이 존재하지 않았다.

그뿐만 아니라 결핍은 극명한 신경생물학적 변화를 낳았다. 놀랍게도 연구자들이 발견한 바에 따르면, 결핍은 신경학적 얼굴 인식 메커니즘에 영향을 끼쳤고, 백인 참가자들이 흑인의 얼굴을 사람의 얼굴로 인식하는 데 더 오랜 시간이 걸리도록 했다. 이것은 뇌파 검사를 통해 일반적으로 사람의 얼굴을 감지하는 데 대응하는 N170 파형에서 발견되는 지연 반응으로 측정되었다. 더 나아가 fMRI(기능자기공명영상법) 분석에 따르면 결핍된 조건에서 흑인의 얼굴은 일반적으로 사람의 얼굴을 인식할 때 활성화되는 방추상회가 보다 적게 활동하도록 유도하는 것으로 드러났다. 특히 결핍된 조건은 흑인 얼굴에 대한 신경학적 암호화 과정을 선택적으로 손상시킨 반면, 백인 얼굴에 대해서는 영향을 미치지 않았다. 반면에 재정 자원이 풍부해졌다고 여겨지면 이런 행동학적, 신경학적 편견은 사라졌다.

이 결과에 대해 연구자들은 이렇게 정리했다. "이 연구에서 나타난 얼굴 처리 방식의 결함은 결핍된 조건에서, 특히 흑인의 얼굴을 바라봤을 경우에 나타나며, 말 그대로 흑인의 얼굴을 비인간화한다." 인종, 불평등, 사회적 계층 질서에 대한 이데올로기는 단순한 정치 현상에 그치지 않는다. 그것은 더 나아가 누군가의 얼굴을 사람 얼굴로 인식하는 것과 같은 뇌의 가장 근본적인 생물학적 메커니즘에 스며들 수 있다. 차별과 비인간화는 신체에서 일어나는 과정들인 셈이다. 마르티니크 섬 출신의 철학자 프란츠 파농Frantz Fanon은 흑인을 대상으로 한 백인의 시선에 대해 이렇게 썼다. "타자라는 개념은 마치 염료로 현미경 표본을 염색하는 것과 같은 방식으로 시선과 몸짓, 태도를 통해 나를 고정한다. 나에게는 두 번째 기회가 주어지지 않는다. 나는 외부에서 과잉 결정된다. 나는 다른 이들이 나에 대해 지닌 관념이 아니라 나의 겉모습의 노예다. …… 백인들의 시선, 유일하게 유효한 그 시신이 나를 이미 해부하고 있다. 나는 고정되었다."[5]

그에 따라 비인간화는 말 그대로 계속 되풀이되는 순환적 과정이 된다. 자원이 희소하고 모자란 상황에서 소수자들은 부당하리만큼 심하게 고통받으며, 그들에 대해 판단 중인 목격자들의 뇌는 그 안에 이런 비인간화 과정을 담고 있다. 따라서 맥락의 역할을 고려하는 정치-신경과학은 순전한 행동학 연구만으로 놓치기 쉬운 과정을 드러낸다. 그뿐만 아니라 이 연구는 부족한 경제적, 사회적 자원과 관련된 문제를 규정하는 이데올로기적 수사의 소름 끼치는 효율성을 이해할 단서를 제공한다. 자원의 희소성과 결핍은 우리 안의 인종차별주의, 독단주의, 근본주의, 두려움을 끌어낼 수 있다.

스트레스는 불안정한 상태, 배제, 학대, 폭력의 위협 같은 개인적이고 직접적인 경험에서 비롯한다. 그렇지만 그보다 더 거시적인 경험을 통해 신체에 압력이 가해지기도 한다. 전쟁, 팬데믹, 자연재해를 비롯해 공동체의 물리적 안전, 존재 자체의 안전에 위협을 받는 경험이 그렇다. 우리의 존재에 대한 위협은 극단주의로 흘러드는 나선에 영향을 미칠 수 있다. 죽음에 대한 두려움은 강력한 이데올로기적 신념으로 신체를 더 밀어붙이기 때문이다.

죽음에 대한 공포와 우리의 반응

문화인류학자 어니스트 베커Ernest Becker는 이 문제를 본격적으로 다룬 사상가 중 한 사람이었다. 베커가 남긴 유명한 말에 따르면 "인간을 움직이는 모든 것들 가운데 가장 중요한 건 죽음에 대한 공포다."[6] 죽음이 두려워 떠는 인간은 '불멸을 이루는 방법' 따위를 통해 죽음을 부정한다. 인간이 '불멸을 이루는 방법' 중 하나는 우리의 존재를 무한히 확장하는 사후 세계를 믿는 것이다. 아니면 우리의 필멸성이 영원불멸의 영광과 하나가 되고, 이로써 우리가 죽음에 직면할 용기를 모으는 '영웅적 자기 초월의 신화'에 자아를 의탁하는 것이다. 용감한 군인들이나 두려움 없는 시인들을 생각해보라. 이데올로기는 자신을 믿는 사람들을 끌어들이고 그 믿음을 유지하기 위해 '불멸을 이루는 방법'을 개발한다. 자기희생을 정당화하는 이데올로기적 교리에는 웅장하고 광범위한 의미가 담긴다. 숲의 수호자여! 자신을 희생하는 자유 투사여! 이렇듯 변치 않는 무게감을 지닌 이름표는 이데올로기의 목적에 잘 들어맞으며, 추종자들이 삶의 사소한 것들을 못 본 척 넘어가도록 만든다. 현세의 삶은 영원한 본질을 갖도록 마법처럼 바뀐다. 불멸을 이루는 방법이 가장 바람직하게 나타난 사례는 자선 활동으로, 우리로 하여금 삶 바깥의 영역에서까지 중요한 존재가 된 느낌을 갖게 한다. 반면에 가장 나쁘게 나타난 사례는 이데올로기적 대의라는 명목으로 저지르는 폭력이나 자살이다.

베커의 이론은 오늘날 '공포 관리 이론terror management theory', 즉 우리의 세계관이 죽음에 대한 공포를 통제하는 기능을 한다는 이론으로 정교화되있다. 죽음을 부징하려는 인간의 욕망은 죽음에 대한 불안을 느슨하게 하고 불멸의 길을 제공하는 세계관을 찾아 그것을 믿도록 동기를 부여한다. 공포 관리 이론에 따르면 우리는 이데올로기를 통해 공포를 관리하고 삶의 마지막에 대해 느끼는 무서움을 제어한다. 하나의 이론으로 보면 강력한 동시에 약간은 터무니없는 구석도 있다. '관리'라고 하면 마치 규정에 맞춰 잘 짜인 차트가 연상된다. 이 이론에 따르면 우리는 단순히 공포를 감독하고 조종하기만 하면 된다! 그것은 손 떨림을 진정시키거나 쿵쿵 뛰는 심장 박동을 잦아들게 하는 것처럼 알기 쉽고 간단한 일이다.

공포 관리 이론은 베커의 예측을 뒷받침할 경험적 증거를 찾도록 영감을 주었다. 실존적 스트레스에 시달릴 때, 즉 삶의 연약함과 언제나 너무 이르게 들이닥치는 죽음을 떠올릴 때 사람들이 이데올로기에 단단히 매달려 도움을 구하리라는 가설을 입증하고자 수많은 실험이 설계되었다. 이 가설에는 두 가지 변형이 존재하는데 이 둘은 서로 경쟁한다. 하나는 '세계관 방어 가설worldview-defence'로 불리며 우리가 스스로의 유한성에 직면했을 때 소중히 여기는 세계관을 더욱 방어할 것이라고 추측한다. 정치적으로 좌파든 우파든, 이데올로기에 의해 어떤 임무를 부여받았든 상관없이 죽음에 대해 떠올린 개인은 이데올로기적으로 한층 더 극단으로 변할 것이다. 또 다른 추측은 죽음을 떠올리는 것이 보수주의로의 전환을 촉구한다는 것이다. 사람이 위협을 느끼면 진보적인 미지의 영역으로 모험을 떠나기보다는 이미 알려진 것을 지키고 놓치지 않으려는 마음이 더 강해질 것이다. 이것을 '보수적 변화 가설conservative-shift'이라 부르자.

과학자들은 참가자들에게 실존적 공포감을 유발하고자 죽음의 중요성이 두드러지게 떠오르게끔 기발하면서도 때로는 무시무시한 실험을 설계했다. 이러한 실험은 보통 참가자가 자신의 죽음에 대해 깊이 생각하도록 이끈다. **죽음에 대해 숙고해보세요!** 그리고 자신이 육체적으로 사망할 때 어떤 일이 일어날 것이라 예상하는지 자세히 적도록 지시한다. 이어 죽음에 대한 생각이 어떤 감정을 불러일으키는지도 상세히 적게끔 한다. 상상하기 힘든 마지막을 상상해보라! 몇몇 연구자들은 국가적 재앙, 폭력 분쟁, 전염병의 유행, 테러 공격의 여파 등 죽음이 사람들의 마음에 자연스레 도드라지게 자리 잡는 순간을 탐구한다. 묘지나 그 근방에서 실험을 하거나, 참가자들이 무덤을 산책하는 가상 현실 실험을 수행하기도 한다.[7]

이것은 정말 소름 끼치는 경험이다. 어쩌면 죽음에 대해 골똘히 생각하지 않는 것이 더 나을 수도 있다! 하지만 실제로 죽음을 곰곰이 생각한 참가자들은 죽음에 대한 두드러진 관심이 자신이 선택한 이데올로기에 더 강하게 애착하도록 이끌었다. 중립적인 주제에 대해 글을 쓰거나 치통처럼 죽음과 관련 없는 고통을 상상하도록 요청받은 참가자들에 비해(물론 치과 의자에 앉아 있는 동안에는 죽음이나 폭력 같은 것들을 떠올리게 되지만), 죽음에 대한 글을 쓰도록 지시받은 참가자들은 실험 이후 가장 이데올로기적인 태도를 보였다.

이렇듯 다양한 절차와 방법을 거친 수백 건의 연구를 취합한 메타 분석에 따르면, 실험 참가자의 마음에 죽음이 현저하게 떠오르게 되면 기존의 세계관을 더 지키려 들게 된다는 사실이 밝혀졌다. 예컨대 자신이 사망률이 높은 질환에 걸렸다고 상상하도록 무작위로 배정된 이란 대학들은 순교를 정당화하는 다른 학생을 긍정적으로 평가했다.[8] 반면 치아의 통증을 상상한 학생들은 순교자들에게 의심의 눈길을 보내고, 폭력을 혐오하며 관용 정신을 드러내는 순교 반대자의 입장에 서는 경우가 많았다. 또 죽음에 대해 숙고하도록 무작위로 배정된 보수적인 미국 대학생들은 외국에 대한 선제공격이나 수천 명에 달하는 무고한 민간인 살해, 국가 안보를 위해 개인의 자유를 포기하는 것을 포함하는 한층 더 극단적인 군사 개입을 지지했다.[9] 죽음을 숙고한 환경 운동가들은 환경오염을 더 근심하게 됐으며,[10] 기후 위기가 강조되자 독일의 환경 운동가들은 다른 집단 구성원들에 비해 더 권위주의적이고 순응하는 태도를 취했다.[11] 죽음에 대해 상기하는 것만으로 사람들은 이전의 신념을 강화하는 보다 극단적이고 폭력적이며 보복을 정당화하는 이데올로기적 해결책으로 기울었다. 다만 메타 분석에 따르면 죽음에 대한 숙고는 보수적인 우파로의 이동을 유도하는 측면이 있었다.[12] 그리고 종래의 권위주의적 지도자와 그의 정책이 보수주의자와 진보주의자 모두에게 선호되는 것으로 드러났다. 세계관 방어 가설과 보수적 변화 가설이 동시에 사실로 드러났다는 의미일까?

어쩌면 인지적 경직성과 이데올로기적 사고 사이의 연결고리에서 극단주의의 경직성과 우파의 경직성이 공존하는 것처럼, 실존적 불안은 우파 성향과 친화력을 가졌을 뿐 아니라 기존 이데올로기에 대한 강력한 방어 심리를 이끌어내는지도 모른다.

촉발된 위협이 사람들을 일반적인 보수주의나 극단주의로 몰아가는(또는 반대로 이데올로기에 대한 충성심에 영향을 미치지 않는) 순간이 언제인지는,[13] 그 위협이 실존에 직접 영향을 주는지 아니면 주변적인지, 정치적으로 이슈가 된 위협인지 새로 등장한 위협인지 하는 구체적인 성격에 따라 다르다. 테러 위협은 종종 보수적이고 군사적인 해결책을 이끌며 이슬람 테러 공격은 외집단, 특히 무슬림 외집단에 대한 적대감을 높인다.[14] 또한 이런 반응은 지도자의 카리스마에 따라서 달라진다.[15] 죽음에 대해 골똘히 생각한 경험을 한 사람들은 겸손하고 평범한 포부를 밝히는 지도자보다는 확고한 낙관주의를 내세우는 지도자에게 끌리는 경향이 있다. 위협이 발생하면 사람들은 예지력 있는 선지자가 기적을 보여주길 바란다.

이렇듯 사람들에게 죽음을 숙고하도록 하는 실험적 조작에 대해 몇몇 비평가들은 이 방식이 일관되게 작동하는지, 모든 사람에게 효과가 있는지 의문을 제기한다. 이 실험이 효과를 재현하는 데 실패한 경우도 몇 번 있었다.[16] 하지만 그 효과가 원래 균질하거나 보편적이지 않아 보다 상세하고 개인화된 분석이 필요할 가능성도 존재한다. 예컨대 모호성을 잘 견디지 못하고 삶의 구조와 의미를 알고자 하는 욕구가 강한 사람들에게 이 실험적 조작이 특히 효과적이라는 증거가 있다.[17] 취약한 마음은 경직성을 불어넣는 맥락으로부터 가장 큰 영향을 받는다.

죽음에 대한 성찰이 실존적 불안감을 불러일으키는 대신 오히려 경외감을 일으키는 경우도 있다. 임사 체험을 하거나 말기 질환을 진단받은 사람은 공포 대신 일종의 초월감을 경험하곤 한다. 죽음이 임박했거나 곧 닥치리라 예상되는 상황이 되면 사람은 단순히 불안을 느끼는 것을 넘어선다. 이때는 가진 것을 과시하는 탐욕에서 벗어나 이타주의나 관대함, 타인과의 긴밀한 관계를 구축하고자 할 수 있다.[18] 몇몇 문화권은 실존적 두려움을 조화롭고 평화로운 세계관으로 전환하는 방법을 상대적으로 더 잘 안다.[19] 그리고 이것이 미래의 정치가 직면한 도전 과제다. 위협에 맞닥뜨려 두려움이나 순응이 아닌 창의성을 발휘하는 것이다.

어니스트 베커의 저서 《죽음의 부정》은 죽음에 대한 두려움을 극복하려는 탐구와 영웅 정신으로 가득하다. 하지만 이데올로기에 대한 매혹은 죽음에 대한 암울한 탐구뿐만 아니라 개인적으로 중요한 의미를 갖는 감각을 찾고자 하는 긍정적인 탐색에서 비롯되기도 한다. 한 연구 프로그램에 따르면 극단주의에 가담하도록 사람들을 취약하게 만드는 계기는 개인이 갖는 중요성이나 의미와 관련되었다. 연구자들은 개인에게 고난과 역경을 안기고 급진화로 이끄는 온상이라 할 만한 지역에 대해 살폈다. 예컨대 필리핀에서 지하드 성전을 지지하는 집단인 아부 사야프Abu Sayyaf에 속한 이슬람 무장 세력의 경우, 개인의 중요성이 감소한 것이 종교적 근본주의와 관련이 있었다.[20] 스리랑카와 필리핀의 무장 세력에서는 개인적 실패감이 한층 더 극단적이고 폭력적인 신념을 형성하는 데 기여했다.[21] 이러한 패턴은 미국에서도 반복되었다. 미국에서 이데올로기에 의한 범죄로 유죄 판결을 받은 범죄자들을 살펴보면,[22] 극우나 극좌, 이슬람 이데올로기에 따라 폭력을 저질렀을 가능성이 높은 범죄자들은 직장에서나 친구, 연인 관계에서 거부당하거나 실패를 경험한 사람이 많았다. 연구자들은 미국 대학생들을 대상으로 인생에서 굴욕적이었던 순간을 되돌아보라고 요청해 개인의 의미에 대한 상실감을 유발했고,[23] 그러자 대학생들은 기존의 자기 세계관을 더욱 드러내며 지지했다. 공화당을 지지하던 학생들은 공화당의 가치를 더 강하게 고수했으며, 민주당을 지지하던 학생들은 민주당의 가치에 더 열성으로 공감했다. 이들이 의미를 획득한 과정에 대해 연구자들이 역으로 거슬러 조사한 결과,[24] 급진적인 정치 행위에 가담하는 것이 온건한 형태로 참여하는 것보다 활동가들에게 더 큰 개인적 의미를 부여한다는 사실이 밝혀졌다. 이것은 환경이나 노동 운동가들, 페미니스트 활동가들에게도 마찬가지였다. 이들이 개인적 의미를 추구하다 보면 더욱 급진적이고 부담이 크며, 때로는 폭력으로 번지는 행동을 하도록 이끌릴 수 있었다.

둥지를 탈출하려는 아이들

극단주의로 향하는 나선에서 설명했듯이, 이러한 심리적 취약성과 이데올로기적 급진주의 사이의 연결고리는 어떤 특정한 맥락에서는 악화되고 어떤 맥락에서는 진정된다. 도시의 차이, 심지어 이웃과 동네의 차이마저 상당히 클 수 있다. 스페인 안달루시아 지역에서 학교를 다니는 4,000명 넘는 학생들을 대상으로 한 연구에서,[25] 사춘기 아이들이 폭력적인 서사를 얼마나 지지하는지는 자기 자신이 중요하지 않다고 저평가하거나 외로움을 느끼는 정도에 따라 달랐다. 공격적인 행동을 지지하고 폭력이 사회를 바꾸는 데 필요하다는 믿음은 학생들이 싸움을 미화하는 불량한 또래 네트워크에 얼마나 관여하는지와 연관되었다. 이러한 심리적, 사회적 요인 외에 보다 광범위한 경제적, 문화적 환경 또한 중요했다. 부모의 교육 수준이나 가구 소득이 낮고, 가정에 책이 덜 구비되어 있으며 자원이나 기회가 부족한 마을에 사는 학생들이 가장 취약했다. 이런 아이들은 일탈을 저지르는 또래로부터 해로운 영향을 매우 잘 받았다. 반면에 경제적, 문화적 자원이 더 풍부한 동네나 마을에서는 사나운 친구를 사귀는 것과 폭력적인 사고방식을 갖는 것 사이의 연관성이 보다 약했다.

자원이 풍부한 환경은 위험을 야기하는 심리 상태나 또래 집단에 대한 완충 작용을 한다. 이러한 패턴은 테러리스트를 모집하는 중심지로 알려진 스페인의 취약한 환경에 거주하는 무슬림 고등

학생들을 대상으로 한 연구에서도 드러났다.[26] 이 학생들은 사회적 소외감을 느끼고 무슬림과 기독교 학생들 사이의 갈등에 더 민감하며, 덜 취약한 마을에 거주하는 무슬림 학생들에 비해서도 테러리즘을 정당화할 가능성이 더 높았다. 스웨덴의 청소년과 인도네시아, 스리랑카, 모로코의 성인을 대상으로 한 유사한 연구에서도[27] 취약한 사회적 맥락에서 살아가다 보면 개인의 중요성을 추구하는 것과 폭력적인 활동을 지지하는 것 사이의 연결고리가 강화되었다.

따라서 취약한 환경은 위험을 가중할 뿐만 아니라 다른 위험을 강조하고 증폭하는 결과를 초래한다. 극단주의로 향하는 나선이라는 개념으로 생각하면, 스트레스와 불안정성이 높아진 환경에서는 신경 인지적 취약성과 독단적 이데올로기 사이의 역학 관계가 더욱 강하고 빨라진다. 둥지에 대한 관념 없이 닭이나 달걀 하나만으로는 이해할 수 없는 측면이다.

최근에는 디지털 환경 또한 취약성이 높아진 장소로 떠오르고 있다. 디지털 플랫폼에 유통되는 정보가 선택적으로 왜곡되거나 수적으로 적고, 스크롤을 내리는 동안 주로 기존의 관념을 입증하는 증거를 제시하는 동시에 불편한 정보를 배제한다면 이성적이고 독단적이지 않은 시민조차도 편향된 신념을 갖게 될 것이다. 뇌는 주변 환경에 돌아다니는 정보에 반응해서 자신의 신념을 업데이트한다. 정보가 신뢰할 수 없다거나 쉽게 위조되면, 현실과 괴리되더라도 심리적으로 합리적인 방향으로 정보의 왜곡이 일어날 수 있다. 디지털 도구가 현실에 대한 거짓된 상을 만드는 데 어느 때보다도 정교해진 지금이라면 악의를 가진 개인이 누구보다 지적인 사상가의 이성과 감성으로 다진 논리와 산물을 왜곡하는 일도 점차 쉬워질 것이다.

이렇듯 디지털 플랫폼에서 이전과 달리 새로운 종류의 인지 왜곡이 발생할 수도 있지만, 이러한 왜곡 현상은 역사적으로 새롭지 않다. 폴란드의 반체제 활동가이자 시인인 체스와프 미워시Czesław Miłosz는 1953년에 출간한 저서 《사로잡힌 마음The Captive Mind》에서 소련의 선전을 메아리처럼 반복하는 사람에 대해 다음과 같이 썼다.

> 꼭 개인이 스탈린주의자가 될 필요는 없다. ……다만 그가 받는 선전은 온갖 수단을 동원해 나치즘과 아메리카니즘이 같은 경제적 조건의 산물이라는 점에서 동일하다는 사실을 증명하고자 한다. 그가 이 선전에 대해 갖는 확신은 히틀러의 사상과 스탈린주의가 똑같다고 말하는 언론인에 대해 평균적인 미국인이 갖는 확신과 크게 다르지 않다. 그가 아무리 위계질서의 더 높은 위치에 서서 서방에 대한 정보에 접근한다 해도 세계의 나머지 절반이 가진 상대적인 강점과 약점을 제대로 가늠하기는 어렵다. 그가 사용하는 광학 기기는 미리 정해진 시야만 보여주도록 만들어졌다. 이 기기를 들여다보면 자신이 기대했던 대로만 보게 된다.[28]

엄격하게 통제되는 국가적 선전의 원리는 오늘날 우리가 디지털 세상에서 경험하는 원리와 다르지 않다. 온라인이냐 오프라인 이냐 하는 것은 정도의 차이일까, 아니면 종류의 차이일까? 디지털 환경에는 몇 가지 독특한 특징이 있다. 오늘날 많은 디지털 플랫폼의 알고리즘은 정서를 자극하는 가장 날것의 정보를 퍼뜨리고, 개인이 신념이나 불안을 확인하는 방식으로 설계되었다. 마음이 취약한 사람들, 즉 부정적인 정보와 위협에 민감하고 사고방식이 경직되었으며 충동적인 사람들을, 이렇게 선택적으로 편향을 골라 먹을 수 있는 디지털 환경에 가져다놓으면 어떤 일이 벌어질까? 그러면 이러한 공간이 왜 모두에게 유해한지, 특히 심리적으로 취약한 사람들에게 왜 더 해로운지 그 까닭을 알 수 있다. 기술이 이미지나 텍스트, 영상의 원천과 진실성, 신뢰성을 혼란에 빠뜨릴수록 디지털 환경은 급진적 공간이 될 가능성이 높다.

또한 이렇게 특정한 장소에서 취약성이 높아지는 것처럼 특정한 기간에도 취약성이 증폭될 수 있다. 청소년기는 이른바 '둥지를 탈출하고자' 하는(또는 적어도 탈출하기 위해 아주 열심히 노력하는) 인생에서 특별히 취약한 시기다. 이 시기는 뇌가 발달하고 위험에 대한 평가 능력, 순응성과 유연성을 기르며 정체성을 확고하게 하는 민감한 기간이기도 하다. 그래서 이데올로기는 종종 젊은이들 사이에서 위세를 떨친다. 모든 민족주의 운동 단체에는 청년부가 있다. 모든 종교는 어린아이들을 세뇌하려 한다(그리고 개종하는 성인들에게 신앙심 깊은 아이가 거치는 의식을 치르도록 한다. 개종은 새로 탄생하는 과정이다). 모든 것을 뒤집는 혁명과 해체를 요청하는 거의 모든 정치

운동은 청소년이라든지 충동적으로 휘말리기 쉬운 성인들을 대상으로 초창기 구성원을 모집한다. 세상과 자신을 이해하고 예측하는 다양한 방식으로 사물을 자세히 살피며, 그것이 어떤 의미일지 성찰하고 재보는 사람들에게 이런 대안적인 역사나 미래의 매력이 가장 강하게 다가오곤 한다.

그렇다면 진부한 말을 반복하고 열정적으로 그것에 집착하며 올바른 증거를 무시하는 경직된 교의와 정체성을 수용하는 젊은 이들을 우리가 어떻게 대해야 할까? 스스로 중요하고 사랑받는 사람이 되고자 갈망한 나머지 자유를 내버려도 괜찮다는 이런 젊은 이들 말이다. (여러 면에서 볼 때, 급진주의에 대한 이런 식의 설명은 젊은이에 대한 일반적인 설명과 구별하기 힘들다.)

우리는 누군가의 부모나 형제자매, 친구로서 사랑하는 자녀나 형제, 또래 친구가 갑자기 적대적이고 편협하며 끈질기고 오만한 방식으로 이데올로기에 헌신하는 모습을 발견할 수 있다. 그들이 지금 어떤 사명을 위해 싸우든, 그것에 동의하든 그렇지 않든, 우리는 사랑하는 사람들이 진정한 자기 자신을 대변하지 않는 어떤 역할을 받아들였다고 느낄 것이다. 관심을 갖는 것과 선택의 자유를 존중하는 것은 구분하기 힘든 경우가 많다. 무엇이 영구적이며 무엇이 지나가 사라질지, 가장 사랑하는 사람들에 대해 우리가 가진 의무가 무엇인지, 사회에 대한 의무가 무엇인지 또한 종종 불분명하다.

우리는 어떤 사람을 급진주의로 이끄는 모든 요인에 대해 동정심을 발휘하고 주의를 기울일 수 있다. 하지만 이런 동정심을 복잡하게 생각할 필요는 없다. 청소년의 뇌가 이데올로기적 교리에 가장 취약한 것은 사실이지만, 그것은 부분적으로 그들의 뇌가 세상을 이해하고 다시 자신이 이해받기 위해 지나칠 만큼 적극적으로 노력하기 때문이다. 청소년의 뇌는 자신이 예측하고 참여할 수 있는 현실에 대한 모델을 찾고자 갈망한다.

모든 청소년들은 하나의 설명적 틀을 가지고 싶어 한다. 문제는 이러한 수요를 충족하기 위해 공동체가 공급한 것들 가운데 일부가 문제를 일으킨다는 것이다.

정치적 측면에서는 오로지 이데올로기적 해법만이 뇌가 요구하는 것을 충족하는 유일한 원천이 되지 않는(또는 적어도 가장 두드러지는 원천이 아닌) 방식으로 사회를 설계해야 한다. 우리는 필연적으로 흑백 논리 이데올로기에 빠지지 않는 형태의 정치 참여 및 행동주의를 제어할 수 있을까? 또한 비판할 가치가 있는 이데올로기와 불공정에 대항하는 창의력과 저항의 원천이 되는 철학을 알아볼 도구를 시민들에게 제공할 수 있을까?

19

다른 이야기들

유연성은 사라지기 쉬운 유약한 특성이다. 우리가 아무리 굉장히 자유로운 공간에 있다 해도 이데올로기적 사고방식은 엄청나게 매혹적이다. 예측에 능한 우리의 뇌는 우리 자신과 다른 사람을 알아낼 규칙이나 논리, 습관을 찾는다. 흑백논리에서 벗어나 그 사이의 온갖 회색 지대를 살피려면 끊임없는 고군분투가 필요하다. 모호한 경계에 머물기 위해서는 쉴 틈이 거의 없을 만큼 항상 주변에 주의를 기울여야 한다. 언제까지고 굴러떨어지는 바위를 고되게 밀어 올리는 그리스 신화 속 시시포스처럼 말이다.

억압이나 폭정, 불안정한 상황에서는 이러한 탐색이 더욱 필요하다. 이데올로기에 대한 억압이 거세고 강력하다면 사적이든 공적이든 이에 저항하기란 매우 힘들 것이다. 하지만 그렇다고 자유로운 사회가 우리 내면의 유연성을 반드시 보장해주는 것도 아니다. 에릭 호퍼는 이렇게 말했다. "가장 자유로운 사회에서도 전체주의의 기미가 꽤 존재한다. 하지만 자유로운 사회에서 전체주의는 외부에서 강요되는 대신 개인의 내면에서 움튼다. 우리 모두의 내면에는 전체주의 체제가 존재한다."[1]

그렇기에 민주적 권리나 사회의 탈종교화만으로 독단주의의 위험에서 우리를 보호할 수 있다고 생각하는 것은 오산이다. 정치 해방과 다원성은 사고가 유연해지기 위한 기본 토대이지만 그것만으로는 충분하지 않다.

알 수 없는 것들을 단단하게 껴안기

여러 가지 측면에서, 사회가 자유로워질수록 개인의 특성과 선택은 더욱 중요해진다. 우리가 살아가는 환경이 다양한 대안 이데올로기가 제공되고 여러 삶의 방식이 가능한 곳이라면, 심리적 성향은 우리의 이데올로기적 행동을 예측하는 강력한 지표가 된다. 이러한 환경에서 우리의 성격이나 인지적 성향, 생리적 반응성은 매우 중요하다. 이는 사람들이 유연한 사고를 하도록 장려하는 철학을 지지할지, 아니면 비판적 사고를 억누르는 이데올로기를 지지할지에 영향을 준다.

자유로운 사회에서 살아가는 개인을 대상으로 한 연구에 따르면, 이들 중 일부는 이데올로기 체계에 취약했다. 반면 일부는 이데올로기에 쉽게 유혹당하지 않는 심리적, 생물학적 특성이 있었다. 이데올로기에 영향을 받는 몸의 의미지를 구축하는 과정에서, 여러 층의 생체 조직과 다양한 수준의 분석을 넘나든 끝에 개인의 신경계가 어떻게 그들이 수용한 이데올로기적인 습관에 영향을 주는지가 드러났다. 또 이데올로기적인 습관이 개인의 몸을 어떻게 왜곡할 수 있는지도 밝혀졌다. 때로는 이데올로그의 지각적, 생리적 반응이 강화되거나 마비된다. 그리고 때로는 규칙을 사랑하는 이데올로그의 특성이 도덕이나 정치 영역 바깥으로 유출되어 온갖 사적인 인지 활동과 경직된 해석 활동에까지 스며든다. 이데올로기의 영향을 받는 뇌는 사고방식이 경직되고, 감정도 잘 조절되지 않는다. 또 생리적으로 불공정과 손상에 덜 민감하며 신경생물학적으로 습관에 중독되고, 모든 대상을 이분법으로 분류하려 든다.

하지만 이데올로기의 영향을 받는 뇌가 전부 동일하지는 않다. 개인은 성격과 생물학적 속성이 특정한 조합으로 뒤섞인 칵테일이다. 어떤 사람은 특정한 위험 형질의 모음을 가지지만 어떤 사람은 이런 형질이 존재하지 않는다. 경직된 교리와 경직된 정체성을 받아들이는 뇌라 해도 나중에 이러한 취약성에 따라 행동하거나 그것을 표현하지 않을 수도 있다.

인지적 유연성이나 정서적 조절, 회복력 높은 가족적 환경처럼 개인을 보호하는 특성들은 위험 요소의 영향을 억제하거나 약화할 가능성이 있다. 엘제 프렌켈-브룬즈비크는 편견이 있거나 편견이 없는 아이들에게 심리적 경직성에 대한 테스트를 수행해 이러한 요인 간의 상호작용을 목격했다. 그리고 편견 수준이 매우 높지만 정신적 경직성은 평균 정도인 몇몇 아이들의 예외 사례를 언급했다.[2] 경직성이 눈에 띄지 않는 아이들의 경우에는, 편견은 다른 경험이나 환경 요인에서 비롯되었을 가능성이 있었다. 예컨대 편협한 가정에서 자랐거나 자존감을 깎는 여러 가지 배제와 시련을 견뎌야 하는 상황이 그렇다.

또한 반대 패턴의 사례도 존재했다. 아이가 가진 편견 수준이 낮은데도 그에 비해 심리적 경직성은 대단히 높은 경우다. 브룬즈비크가 든 사례는 "진보적 이데올로기를 누구보다 명확하게 선언하고 동시에 그만큼 편견이 적은 사람들에게서 흔히 볼 수 있는 것보다 정신적 경직성이 심했던 한 소녀"였다. 이 소녀의 부모를 인터뷰한 결과, 브룬즈비크는 아이가 "진보적 이데올로기를 독단적이고 전투적인 방식으로 고집했으며 다른 생각을 가진 사람들과 타협하거나 그들을 수용하려는 의지가 부족한 가족"의 일원이라는 사실을 알게 되었다.

즉, 우리가 무엇을 생각하는지보다 중요한 것은 생각을 어떻게 하는가이다. 이데올로기적 사고의 실체와 구조를 분리하면, 우리는 믿음과 신념의 내용이 언제 중요해지는지 파악할 수 있다.

사람들을 모든 종류의 극단주의에 취약하도록 하는 인지적, 성격적 특성이 존재하는 것은 사실이다. 그런데 개인이 특정 종류의 이데올로기를 향해 돌진하도록 만드는 특성도 존재할 수 있다. 예컨대 어떤 사람은 위계질서를 옹호하는 이데올로기에 끌리는 반면, 어떤 사람은 평등한 구조를 선호한다. 또 어떤 뇌는 혁명을 가미한 이데올로기에 끌리지만 어떤 뇌는 어쨌든 혼란을 불러일으키는 것을 바라지 않는다. 충동적인 성향을 가진 뇌는 현상 유지를 긍정하는 이데올로기보다는 다수 의견에 저항하는 이데올로기에 끌릴 수 있다. 종교적, 영적 세계관에 들어맞는 이데올로기에 빠진 뇌는 이런 초자연적 교리에 이의를 제기하는 이데올로기적 뇌와는 다른 특정한 신경학적 구조를 지닌다. 특정한 이데올로기적 교리에 끌릴 것이라 예측되는 고유한 요소가 있는 한편, 종류를 막론하고 독단적인 신념 체계에 끌릴 것이라 예측되는 보편적인 요소 또한 존재한다.

여러 측면에서, 이데올로기적 뇌에 대한 과학 지식은 이데올로기만큼이나 뇌의 본질에 대해서도 많은 질문을 던진다. 어떤 개인의 지각적, 생리적 메커니즘이 편견을 가진 성향으로 이어진다면 이렇게 이끈 원인이 무엇일까? 이러한 경직성의 흔적은 왜 이렇게 다양한 영역과 광범위한 시간 척도에 걸쳐 존재할까? 이것은 개인의 지각과 성격이 통합된다는 사실에 대해 우리에게 무언가를 알려줄까? 경직성은 빠른 지각적 결정과 언어적 상상력, 정치적인 평가를 통해 여러 수준에 걸친 의식에 어떤 방식으로 스며들까? 이런 정보가 처리되고 학습이 이루어지는 중첩된 위계 구조를 통해 의식이 등장하는 만큼, 향후 연구에서는 인지적 스타일이 이런 위계에 어떻게 반영되는지 다루어야 할 필요가 있다. 우리에게는 아주 짧은 시간에 일어나는 무의식적인 패턴과 의식적 신념 사이의 이러한 구조적 공명을 설명할 수 있는 의식에 대한 생물학 모델이 필요하다.

이처럼 지각적 유연성과 정치적 유연성이 연관되어 있고 창의성과 지적 겸손이 연관되어 있다는 사실은, 우리가 한 가지 종류의 유연성을 발휘하는 동시에 다른 종류의 유연성을 기를 수 있다는 것을 의미할 수 있다. 아이들에게 하나의 시나리오에서 유연한 사고를 하도록 가르치면 다른 시나리오에서도 유연하게 사고하는 데 도움이 된다. 소설가 제이디 스미스Zadie Smith는 "음성의 유연성은 모든 것에 대한 유연성으로 이어진다"고 말하며 이 점을 강조했다.[3]

때때로 예술이나 공연, 공예, 음악, 문학처럼 고전적인 문화 활동에 참여하는 것은 틀에 박히지 않은 창의적 활동을 하고 있다고 가정된다. 하지만 심리학적으로 중요한 창의성은 형태를 변화하고 불안정하게 만들며, 관습을 깨거나 확장하고, 뒤집고 반전시키는 실험을 수행하는 종류의 것들이다. 즉, 다르게 생각할 줄 아는 개인적인 능력이다. 작가 롤라 올루페미Lola Olufemi는 이것을 "다르게 하기, 알 수 없는 것들을 단단하게 껴안기"[4]라고 표현했다. 이러한 유연성을 체화하는 수단이 꼭 전통적 개념의 예술에만 국한되지는 않는다. 모든 영역에서 여러 가지 다층적 관점과 조화를 이루는 창의성을 연습하는 게 가능하다. 핵심은 공식을 재탕하는 것이 아니라 사고의 틀과 표현 자체를 바꾸는 것이다. 억압과 제약에 둘러싸인 사람이라 해도 습관을 깨고 새롭고 자유로운 방향으로 나아가려 시도할 수 있다.

마지막 실험

상당수의 이데올로기는 그 안에서 창의성을 증진하고자 한다. 군사화된 집단은 음악을 완벽하게 연주하는 가운데 행진한다. 사회 운동에 몸담은 시위대는 창의적인 표어나 눈길을 사로잡는 장식물을 제작하기를 바란다. 가부장제는 여성이 스스로 장식품이 되도록 설득해 궁극적으로 그들을 무력화한다. 이데올로기는 종종 예술이나 미학과 함께하지만, 그 안에서 개인의 상상력이 어디까지 멀리 나아갈 수 있는지에는 항상 한계가 따른다. 개인이 자신에 대해 상상하고 거듭 재구상할 자유를 가지려면 이데올로기의 틀 밖으로 나가야 한다. 작가이자 인권 운동가인 제임스 볼드윈 James Baldwin은 이렇게 말했다. "예술가는 그 어떤 것도 당연하게 받아들일 수 없고 그래서도 안 되며, 대신 모든 대답의 핵심으로 다가가 그 대답에 숨은 의문점을 폭로해야 한다."[5] 그렇기 때문에 이데올로기 체제는 관습을 거스르는 예술가나 시인, 비판적 사상가를 겁내고 때로는 실제로 잡아 가둔다. 이들이 이데올로기의 유토피아적 대답에 의문을 제기하고 진리를 독점하는 교리를 약화시키기 때문이다.

물론 경직성이 결점이 아니라 미덕이라고 생각하는 사람도 있다. 끈기와 인내는 목표를 달성하는 데 필수적이라고 여겨지기 때문이다. 습관과 루틴을 가지면 성공과 웰빙으로 나아갈 수 있다고 포장된다. 결국 개인과 사회에서 우리가 각자의 것을 고집하지 않는다면 아무것도 달성할 수 없다. 하지만 경직성을 존중하는 관점에서는 보통 이런 충실성과 고집을 무시한다. 경직성에 대한 인지 테스트를 해보면 유연하지 않은 경직된 행동에는 이점이 없으며 사실상 단점에 가깝다. 경직성은 적응력의 부족, 창의력의 부재, 변화하는 증거에 대한 무감각을 드러낸다. 이런 특성은 우리의 정신과 신체를 멍들게 하는 독단으로 이어진다.

누군가는 이렇게 반론할 것이다. 하지만 세상에는 자유의 이데올로기, 해방과 사랑의 이데올로기가 있죠. 그건 전통이나 착취, 폐쇄를 가져오는 이데올로기와는 달라요.

그렇지만 나는 자유의 이데올로기란 자기모순이라고 생각한다. 물론 자율성이 어떤 모습인지를 논하는 자유에 대한 **철학**은 있겠지만, 그것이 반박할 수 없는 사이비 과학과 본질주의적 논리를 지닌 체계적 교리로 거듭나는 순간 자유는 중단된다.

이데올로기적 뇌에 대한 새로운 과학은 스스로를 유연하고 독단에 반대한다고 정의하는 모든 철학에 활력을 불어넣어야 한다. 철학(또는 심지어 과학이라도)이 얼마나 쉽게 이데올로기가 될 수 있는지 염두에 두어야만, 어떻게 해야 자유의 철학이 이데올로기 체계로 흡수되지 않는지 탐구할 수 있다.

이데올로기적 사고는 탐구하고 함부로 결론 짓지 않는 과학적 관점, 즉 대화와 그에 따른 변화, 수정에 진정으로 관심을 가진 관점에 알레르기 반응을 보인다. 자유로워지고, 이데올로기에서 벗어난다는 것은 여러 목소리가 참여해 즐겁게 놀고, 지나치게 진지하기를 거부하는 것이다. 감히 대본을 벗어나는 것이다.

나는 이제 마지막 실험에 여러분을 초대할까 한다. 최종적인 게임이자 최후의 테스트다.

여러분이 한 화면 앞에 앉아 있다고 상상해보라. 곧 어떻게 하라는 지침이 표시될 것이다. 윤리 규약과 규정에 따라 여러분은 언제든 원할 때 실험을 그만둘 수 있다. 반대 의사를 표명하거나 지침에 의문을 제기할 수 있으며, 주어진 역할을 포기할 수도 있다.

사실 여러분은 그러지 않는 게 좋을 것이다. 나는 과학자로서 여러분을 측정하고 정량화하고 싶기에 여러분이 지금 당장 실험을 그만두면 불편하다. 나는 여러분에게 임의적인 규칙을 제시하고 여러분이 규칙을 그대로 따르는지 지켜볼 것이다.

하지만 어쩌면 여러분은 실험이고 뭐고 그냥 털고 일어나는 게 좋을지도 모른다. 방에서 나와 자유롭게 걸어보라. 언제든 원한다면 그만둘 수 있다는 사실을, 여러분에게 주어진 비이성적인 규칙에 저항할 수 있다는 사실을 기억하라.

나는 여러분이 나가는 길에 경직된 태도를 버렸으면 한다. 또 충분히 시간을 가진 채 압박감이나 어디에 얽매인 감각도 없고, 어깨 위에 짊어진 조상이나 따라야 할 의식도 없고, 여러분을 짓눌러 움직임을 방해하는 기대도 없기를 바란다.

여러분이 '해야만 하는' 모든 것, 의무나 외부에서 부과되는 강요, 불편한 특정 방식대로 행동하라는 지시에 의문을 품었으면 한다.

잠시 고개를 숙였다가도 그것이 몸을 일으켜 걸어가는 동작으로 이어지기를 바란다. 또 여러분이 규칙과 지시를 거부하고, 적법하지 않은 권위에 저항하며, 개인적이고 진정성 있는 자유를 발견하고, 앞으로 나아가기를 바란다.

선택은 여러분의 몫이다.

에필로그
대본에서 벗어나기

나는 대본을 내려놓고 고개를 든다. 해가 떠오르듯 조명이 바뀌고 청중석의 얼굴이 보인다. 사람들이 손을 든다. 자신감 넘치는 사람도 있고 소심한 사람도 있다. 강당 뒤쪽의 한 청중이 마이크를 건네받는다.

이데올로기에 대해 과학적으로 탐구하면, 어떤 삶의 방식이 좋고 어떤 것이 나쁜지 배우는 데 도움이 되나요? 그가 묻는다.

네, 나는 질문을 던진 사람의 실루엣을 향해 대답한다. 나는 이데올로기에 대한 과학은 어떤 세계관이 억압적인지 또는 해방적인지를 판단하는 기준이자 우리의 선호도, 습관, 기준을 재평가하는 의미가 있다고 생각합니다. 만약 우리의 이데올로기가 생물학적 실재와 서로 연결되어 있다면, 이데올로기에 대한 헌신과 선택에 따르는 위험은 이전에 생각했던 것보다 훨씬 더 커집니다. "개인적인 것이 정치적이다"라는, 오랜 시간에 걸쳐 검증된 주장은 또 다른 차원의 의미를 띠게 되지요. 이데올로기와 뇌 사이의 상호 작용을 연구함으로써 우리는 비평을 위한 새로운 방법론의 물꼬를 틀 수 있습니다.

질문자의 목소리가 다시 들린다. 질문이 또 있습니다만, 여기서 비평이란 무슨 뜻인가요? 비판이나 판단을 뜻하는 멋 부린 단어일 뿐인가요?

그렇죠, 비평은 일종의 판단입니다. 나는 인정한다. 비평은 두 개의 목소리를 합성하는 과정입니다. 하나는 우리의 결함을 발견하고 흥을 깨는 '부정적으로 비판적인' 목소리죠. 그리고 이 목소리는 '긍정적으로 비판적인' 목소리와 합쳐집니다. 권위와 상관없이 스스로 추론하며, 일차원성을 극복하고, 외부에 드러난 겉모습과 지배적인 관점에 의문을 제기하는 목소리죠. 비평은 부정적인 비평가의 의심과 긍정적인 비평가의 창의력을 한데 모아 이데올로기에 대한 완전한 분석을 구축합니다. 결정적으로, 이데올로기 비평은 해방을 위한 관점을 가지고 있습니다. 신중하게 겉껍데기를 벗기고 대안적인 미래나 해석을 제안하며 사람들을 해방시키려 합니다.

그때 회의적인 말투로 한 인문학자가 따지고 든다. 하지만 이데올로기 비평은 과학자들의 일이 아니에요. 그건 철학자나 역사가, 경제학자, 사회학자, 문화 사상가들의 과제입니다.

안 될 게 뭐죠? 공격이야말로 최선의 방어임을 상기하며 내가 되묻는다.

그건 말이죠, 뒷줄에서 다윈의 큼직한 실루엣이 예스러운 바리톤의 목소리로 말한다. 이데올로기를 비평하는 것은 과학자들의 본분이 아니기 때문입니다. 다윈이 충고한다. 과학과 징치는 분리된 채로 남아 있이야 합니다. 과학자들은 논란을 일으킬 만한 아이디어를 자기 자신이나 친밀한 사람들끼리만 알고 있어야 하죠. 안 그러면 사람들이 불쾌함을 느낄 테고 그에 따라 발견의 영향력도 줄어들 테니까요!

선생님의 말씀도 옳습니다. 내가 수염을 기른 다윈을 향해 말한다. 하지만 당신은 특정 주제들에 대해 침묵함으로써, 당신의 과학 이론 중 일부가 왜곡되어 인종차별이나 종교적, 보수주의적 목표를 정당화하도록 허용했죠. 아마 당신이 개인적으로는 혐오했을 그런 가치들을요. 정치적이거나 실존적인 함축을 가진 과학과 특정한 정치적 신념을 위해 고안된 과학은 차이가 있습니다. 과학은 객관성, 엄격성, 반증 가능성을 잃지 않으면서도 독단적인 관습을 비판할 수 있습니다.

위(Oui), 당신의 말이 맞아요. 두툼한 18세기 옷을 입은 남자가 프랑스 억양을 띤 나이 든 목소리로 활기차게 끼어든다. 데스튀트 드 트라시 백작이다. 이데올로기는 원래 감각과 이성적 사고에 대한 과학이었어요. 하지만 감각과 이성의 과학을 계몽으로 이끄는 것은 언제나 교육적인 프로젝트였죠. 나는 이미 오래전에 사라졌어야 할 정통주의의 족쇄에서 프랑스 사람들을 벗어나게 하는 수단으로 이 프로젝트를 상상했답니다.

그때 나폴레옹이 신발을 딸깍거리며 강당을 떠나는 모습이 흘깃 보인다. 나폴레옹은 무대를 향해 일갈한 뒤 문을 쾅 닫는다. 당신은 사람들의 적이자 행복을 빼앗은 도둑이야. 더 이상 못 참겠어!

한 유명 인사가 극적으로 떠나자 또 다른 유명 인사가 주먹을 불끈 쥐는 게 보인다. 질문일까, 감탄일까? 연대하려는 걸까, 공격하려는 걸까? 내가 마이크를 그쪽으로 가져가기도 전에 주먹을 쥔 그 사람이 말하기 시작한다.

나는 그 이상한 신경 영상 기술인지 뭔지가 발명되기 훨씬 전에 인간의 뇌를 떠도는 이데올로기라는 유령에 대해 글을 썼어요. 칼 마르크스였다. 그러니 놀랍거나 새로운 소식은 아니죠. 오히려 그 유령이 진짜라는 사실을 알게 되어 기쁘군요.

스스로 칭찬하는 듯한 그의 발언을 내가 복화술로 제대로 되살렸을까? 거의 그렇다.

하지만 내 생각에 당신은 한 가지 측면에 대해 눈을 감고 있어요. 마르크스가 큰 소리로 한숨을 내쉰다. 당신의 사회적 위치에 대해 곰곰이 생각해본 적 있나요? 어떤 이데올로기가 좋은 것이고 어떤 것이 문제가 되는지 선언하는 당신은 대체 어떤 사람인가요?

그렇기에 과학적 접근을 통해 이데올로기 비평에 정보를 제공해야 하는 겁니다. 내가 말했다. 지금까지 어떤 이데올로기가 도덕적이고 또 비도덕적인지 판단하는 기준은 대략 다섯 가지 종류였습니다. 첫째, 과거의 고통에 대한 역사적인 분석입니다. 둘째, 보편적이고 추상적인 도덕 범주에 대한 철학적이거나 신학적인 선언, 그리고 이런 선언이 좌절되고 있는지 아니면 충족되고 있는지의 여부입니다. 셋째, 기존 이데올로기들을 문화적으로 비교하는 것입니다. 넷째, 사회와 경제에 대한 총체적인 보고서를 활용해 인구 집단을 연구하고 누가 더 나은 사람인지, 더 나쁜 사람인지 테스트하며 그 이유를 알아보는 것입니다. 마지막으로 다섯째, 불공정한 이데올로기에 피해를 입은 사람들의 증언을 듣는 것입니다. 그러면 지배 이데올로기가 사람들에게 어떤 기회를 마지노선으로 제공하며, 또 어떤 기회를 완전히 차단하는지 조명할 수 있습니다.

그건 비평을 위한 훌륭한 방법론이군요! 마르크스가 외친다.

실제로 그렇습니다. 내가 덧붙인다. 하지만 이데올로기에 대한 새로운 과학은 비평에 여섯 번째의 독특한 접근 방식을 추가합니다. 그것은 다른 방법을 극복하기 위해서가 아니라 사물을 다른 각도에서 보완하기 위해서 고안되었습니다. 이데올로기의 영향을 받은 개인과 그의 뇌, 신체는 자신의 안으로 들어오는 이데올로기를 다시 반사해 드러내기 때문입니다.

그럼 당신의 그 '새로운 방법'이 진정으로 보여주는 것은 무엇인가요? 마르크스가 더 멀리까지 쿡 찌르듯 묻는다.

우리가 이데올로기적 억압에 대해 연구할 때 역사, 경제, 인구통계학, 민족지학이라는 도구에만 의존하지 않고 자기 보고라는 방식 또한 우회할 수 있다는 사실이죠. 연구자의 눈이나 당사자의 이야기만으로 드러나지 않는 무의식적인 과정을 살필 수 있습니다. 내가 대답한다. 결국 우리는 이데올로기적 억압이 항상 그런 식으로 경험되지 않는다는 사실을 알아야 합니다. 가장 효과적인 이데올로기는 지지자들이 대담하게 스스로 이데올로기에 지배당하기를 욕망하도록 합니다. 과학이라는 도구를 통해 우리는 인지능력을 왜곡하는 이데올로기와, 우리를 현실 감각에 더 가까워지게 데려가는 세계관을 구분하는 새로운 방법을 갖게 되었습니다. 우리는 경직된 이데올로기로 인한 피해와 손상을 새로운 방식으로 정량화할 수 있습니다. 그러면 변화하는 시대의 흐름이나 새로운 이데올로기의 움직임에 적응할 수 있죠. 예를 들어 민족주의가 우리 인식의 상당 부분에 경직성이 흘러들도록 한다는 사실을 입증하면, 우리는 특정한 민족주의, 애국주의자 집단이 과연 사람들의 뇌를 건강하게 하는지 의문을 제기할 수 있습니다. 유연하지 않은 심리적 경계선이나 편견 어린 태도가 무엇인지 확립하지 않은 채 어떤 집단이 사랑이나 이타주의, 문화에 대한 투자를 끌어낼 수 있을까요? 이데올로기 없는 연대가 가능할까요?

미안하지만 그 생각에 이의를 제기하고 싶습니다. 조금 더 현대적인 독일어 억양으로 누군가 힘차게 이야기한다.

네, 아렌트 박사님? 나는 그가 저 멀리서 먼지가 쌓인 강당의 조명을 역광으로 받은 채 서 있을 것이라 생각한다. 하지만 예상과 달리 아렌트는 더 가까이 맨 앞줄 가장자리에 앉아 있었고 입에 문 담배에서 연기가 뿜어 나왔다.

그 가설은 꽤나 그럴듯하게 들리지만 내 생각엔 아주 잘못되었어요.[1] 한나 아렌트가 이렇게 외치는 통에 담배가 들쭉날쭉한 치아에 닿는다. 후, 연기를 내뿜고 아렌트는 말을 이어간다. 생물학은 전체주의나 악을 다루는 정치적 문제와 아무 관련이 없다고 생각합니다. 악은 어떤 깊이

도 없고 악마적인 차원도 지니지 않았어요.[2]

아렌트의 입술은 길게 늘어진 D자 모양을 그린다. 처음에는 미소인 줄 알았지만 찬찬이 다시 보니 조급하게 사람들의 주목을 끌기 위한 표정이었다.

내가 던지고 싶은 질문은 이거예요. 아렌트가 말한다. 인지적 또는 생물학적인 관점이 우리가 급진적이거나 극단적인 악을 판단하는 데 대체 어떤 도움을 주나요?

악에 대한 질문은, 질문 자체가 잘못되었다고 생각합니다. 내가 대답한다. 제가 보기에 우리가 해결해야 할 가장 핵심적이고 다급한 질문은 추상적인 악의 존재 여부가 아닙니다. 인간의 마음이 악의적인지, 친절한지, 어리석도록 이기적인지를 따지는 건 중요하지 않습니다. 과정에 대한 질문, 깊이와 결과에 대한 질문이 중요합니다. 우리가 이데올로기의 몸통을 이루는 층으로 깊이 들어갈수록 더 많은 것을 볼 수 있죠. 그러면 우리는 이데올로기적 사고가 얕거나 표면적인 수준에 존재하지 않는다는 사실을 알게 됩니다. 아예 그 반대죠. 이데올로기는 우리 뇌에서 감정을 맡은 중심부와 깊은 사색을 관장하는 기관을 통해 체계적으로 우리의 사고 패턴을 왜곡합니다. 사고를 하는 상태에서 사고하지 않는 상태로 온-오프 스위치를 누르듯 전환되는 방식으로 악이 발생한다는 것은 지나치게 단순한 설명입니다. 아마 박사님이 은연중에 말씀하셨던 듯한데, 우리가 생각을 시작하거나 멈춘다고 해서 악이 시작되거나 끝나지 않습니다. 세뇌당한 개인의 머릿속은 텅 비어 있고 아무 생각이 없다고들 쉽게 이야기하죠. 하지만 우리를 행동이나 사랑, 증오로 이끄는 이데올로기는 텅 비어 있는 신비로운 마음을 만들어내지 않습니다. 우리가 기술할 수 없거나 헤아릴 수 없는 마음도, 무지함이나 약한 의지가 특징인 그런 마음도 아닙니다. 완전히 그 반대죠. 열정적으로 이데올로기를 믿는 사람들의 뇌는 뭔가를 잘 아는 뇌입니다. 능동적이며 의식적이고 이성적이죠. 이데올로기적 뇌는 우리가 꿰뚫어 볼 수 없는 블랙박스가 아니라, 우리가 살펴보고 그것에 대한 지식을 얻을 수 있는 기관입니다. 이데올로기에 대한 새로운 과학은 독단적인 사람, 규율이나 이분법에 집착하는 사람들을 만들어내는 신경학적 과정을 밝힙니다.

하지만 그게 도덕적 판단이나 행동에 어떤 의미가 있나요? 아렌트가 독일어와 영어를 번갈아 쓰며 소리 높여 묻는다. 당신은 우리가 도덕적 양심을 어떻게 발달시키는지, 도덕적 범주를 어떻게 발견하는지, 도덕적 나침반을 어떻게 모니터링하는지에 대해 말하지 않았습니다. 이 새로운 과학은 우리가 비난해야 할 사람이 누구인지, 어떻게 비난해야 하는지에 대해 뭐라도 말해주는 바가 있나요? 당신이 사용하는 용어로 질문하죠. 이데올로기적 사고에 취약한 뇌는 극단적이거나 혐오적인 행동에 책임이 있을까요?

제 생각에, 다른 사람보다 독단적인 사고에 취약한 특정 개인에게 책임을 묻지 못하는 것은 아닙니다. 내가 대답한다. 위험 요소란 행동에 제약을 주는 확률과 잠재력의 영역에 있지, 그것이 확실성으로 이어지지는 않습니다. 취약성을 가진 실험 참가자들 가운데 상당수는, 결정론자들이 결론 내린 자신의 운명을 거부하려 합니다. 능동적인 두뇌가 이데올로기를 배우고 선택한다면, 두뇌가 적극적으로 반란을 일으키고자 결심했을 때 학습과 선택의 원리 또한 두뇌를 지배합니다. 뇌는 유연하고 가소성이 있죠. 아, 물론 한계가 있기는 하지만 그래도 변할 수 있다는 사실은 바뀌지 않습니다. 저는 이러한 뇌의 가소성을 키우고 시민을 자유로운 행위자로 대우해야 할 책임이 사회에 있다고 생각합니다.

그때 청중석 한가운데에서 누군가 차분하게 손을 흔든다. 나는 불만과 숙고가 헤아릴 수 없을 만큼 뒤섞인 표정을 한 아렌트에게서 고개를 돌린다. 손을 든 주인공은 일어선 채였고, 그의 눈은 언젠가 내가 한 세피아톤 사진에서 봤던 눈이었다. 누구보다 현명하지만 도전적인 장난기가 가득한 눈빛이 여전했다.

엘제 프렌켈-브룬즈비크가 이야기를 시작했다. 내가 아이들을 인터뷰하고 실험했던 1940년대 무렵, 권위주의적인 아이를 알아보는 지표 중 하나는 언젠가 홍수나 지진이 전 세계 모두를 멸망케 한다는 식의 종말론적 진술에 동의하는지의 여부였죠. 사고가 경직되기 쉬운 아이들은 혼란이나 격변, 재앙에 매료되었어요. 질서에 대한 열망을 잘 들여다보면 그 안에 무질서에 대한 페티시적 집착이 있었습니다. 이제 당신이 사는 시대를 보면, 이러한 정서는 정반대의 이데올로기에서도 다시 나타나는 것 같습니다. 종교적 광신, 우파적 권위주의뿐만 아니라 좌파의 환경 운동이나 반자유주의 운동에서도 이런 정서가 있는 듯하죠. 당신은 '권위주의적 뇌'라고 부르겠지만, 이런 권위주의적 성격이 당신의 시대에 널리 퍼져 있다고 생각하는지, 저의 시대에 널리 퍼져 있었다고 생각하는지 궁금합니다. 그리고 이런 상황에서 우리가 해야 할 일은 무엇일까요?

내가 대답할 말을 고르고 있는 동안, 강당 스피커 너머로 한 아이의 긴장된 숨소리가 들린다. 내가 모르는 한 아이가 객석 뒤쪽에서 일어나 거의 필사적인 태도로 마이크를 꽉 쥔다. 어쩌면 자신의 안전이나 편안함을 위해서, 아니면 겁에 질려서 했던 행동일지도 모른다. 처음에는 목소리가 떨리지만 이내 완전히 안정을 찾는다.

그건 마치 모든 이데올로기적 신념을 쓸모없다고 말하는 것처럼 들립니다. 동시에 모든 행동주의와 연대, 연합, 정체성에 따른 이해관계의 표현, 공동체를 기반으로 한 저항을 무효화하려는 시도를 옹호하는 듯합니다. 아이가 말한다. 우리에게 이데올로기적 신념이 없다면 어떻게 변화나 진보를 위해 싸울 수 있을까요? 어떻게 명확한 도덕적 기준을 세울까요? 이데올로기가 없다면 우리가 어떻게 더 나은 미래를 상상할 수 있을까요?

아이가 입술을 꾹 다문다. 눈매가 매섭다. 사람들이 현실에 안주하고 온건하게 행동하기를 요구한다고 결론을 내리는 것이 과연 공정한가요?

전혀 아니에요. 내가 대답한다. 나는 경직성과 싸우는 방법이, 미끄러지듯 슬며시 중심부에 도달해 문제를 희석하고 축소하는 온건주의를 달성하는 것이라고는 생각하지 않습니다. 중심은 언제나 바뀝니다. 결코 그대로 유지되지 않습니다.

나는 개인적으로든, 다 함께이든 우리가 비이데올로기적인 삶과 사고방식을 발전시키는 것이 무엇을 의미하는지 생각해야 한다고 믿습니다. 그것은 매번 움직일 때마다 경직된 교리와 경직된 정체성에 저항하는 존재방식입니다. 경직성에 저항하기 위해서는 반-이데올로기적인 뇌가 어떤 모습일지 상상해야 합니다. 그것은 독단주의의 유혹을 적극적이고 창의적으로 거부하는 뇌입니다. 이데올로기로부터 자유로운 마음이지요.

감사의 말

먼저 생각하고 창조할 수 있는 자유는 가장 깊은 특권인 만큼, 내가 이 자유를 누리도록 격려해준 모든 이들에게 깊이 감사한다.

나의 뛰어난 출판 에이전트인 리베카 카터는 고맙게도 모든 일에 지혜와 예리함, 살뜰함, 유연함을 보여주었다. 또 이 책이 여러 나라의 독자들에게 다가갈 수 있도록 도와준 마거릿 할튼과 PEW 리터러리의 멋진 팀원인 패트릭 월시, 앨릭스 체르노바, 테리 웡, 코라 맥그리거, 리베카 센델에게 감사드린다.

이 프로젝트를 믿고 지지해준 훌륭한 편집자 코너 브라운과 팀 더건에게도 감사를 표한다. 바이킹과 헨리 홀트 앤 컴퍼니의 관계자들도 이 책에 세심한 관심을 보여주었다. 여정 내내 나를 지지하고 에너지를 북돋운 조이 애프런과 올리비아 미드에게도 감사하다. 에마 브라운, 리처드 브레이버리, 크리스토퍼 세르히오, 니콜레트 시백 루지에로, 부지런한 나의 담당 교열자 트레버 호우드를 비롯해 이 책을 세상에 알리기 위해 무대 뒤에서 일한 모든 분께 고마움을 전한다.

그리고 이 급진적인 과학 연구를 이어갈 기회를 준 모든 연구 기관과 자금 지원 기관 및 단체에 감사드린다. 내가 사상가이자 연구자로서 발전할 수 있도록 지원한 케임브리지대학교 심리학과와 다우닝 칼리지, 처칠 칼리지, 그리고 게이츠 케임브리지 장학금에 큰 감사를 표한다. 이 아름다운 지구에서도 가장 아름다운 장소에 자리한 파리 고등연구소는 그동안 사회적 규범을 탐색하고 흡수하는 뇌에 대해 혁신적으로 연구하는 사람들의 안식처가 된 곳이다. 내 연구를 지원한 이 연구소에 감사드린다. 오스트리아 그라츠 대학교의 사회사 아카이브는 엘제 프렌켈-브룬즈비크에 대한 역사적 자료에 접근하는 데 큰 도움이 되었다. 이 프로젝트를 지원한 데이비드 헤어초크 기금에도 감사드린다. 이 책을 집필할 공간과 시간, 자유를 준 베를린 고등연구소에도 감사를 전한다. 그뿐만 아니라 창의적인 학제 간 사고를 격려하는 베를린 지식연구소의 탁월한 방침 덕분에 이 도시는 나에게 이상적인 출발점이 되었다.

이 연구를 직간접적으로 지원해준 지도교수, 멘토, 동료들에게도 감사를 전한다. 아이디어가 가장 초기 단계에 있었을 때부터 따뜻하게 격려해주신 박사 학위 지도교수 트레버 로빈스와 조언해준 제이슨 렌트프로에게 감사드린다. 내가 스탠퍼드대학교에서 근무하는 동안 나를 지원하고 내가 흥미롭고 정밀한 분석을 해내도록 격려한 러셀 폴드랙에게 고마움을 전하고 싶다. 미나 시카라,

파이어리 쿠시먼, 조슈아 그린은 하버드대학교에서 나와 풍성한 대화를 나누어 도움을 주었다. 코리나 하스바크, 패트릭 해거드, 마노스 차키리스, 라이언 매케이, 존 시몬스, 아미트 골든버그, 나이절 워버튼, 배리 에버릿에게도 감사드린다. 또 일찌감치 이 책의 출간을 도와준 스티븐 핑커에게도 감사를 전한다.

이 책은 새롭고 흥미로우며 끊임없이 변화하는 중인 정치심리학과 신경과학이라는 분야에 보내는 일종의 러브레터다. 책 곳곳에 등장하는 실험과 이론을 탐구하는 모든 연구자들 그리고 마음과 몸, 정치의 교차점에 대해 신선하고 대담한 질문을 던지고자 하는 차세대 학자들에게 감사의 말씀을 드리고 싶다.

내가 이 책을 쓰는 동안 전염성 있는 열정과 호기심, 애정을 보여준 내 친구와 가족들에게도 감사하다. 사랑이 없다면 자유를 진정으로 누리기 힘든 법인데(그 반대도 사실일 것이다) 나는 두 가지를 모두 경험하게 되어 믿을 수 없을 만치 행운이라고 느낀다. 내 삶에 기쁨과 웃음, 빛을 가져다준 형제들에게 고마움을 전한다. 내가 아는 이 중 가장 유연한 사고를 하는 아버지에게도 감사하다. 모든 주제에서 소중한 지적 동료인 어머니에게도 감사드린다. 내가 떠올린 모든 좋은 아이디어는 어머니 덕분이다. 내 삶에 실험과 행복이 이렇듯 풍부할 수 있게 해주셔서 감사드린다. 마지막으로 이 아름다운 인생을 나와 함께 일구고 나눈 멋진 파트너에게 고마움을 전한다.

주

1 이데올로기를 가진 사람들

1 George Orwell, *Why I Write*, Great Ideas 20 (London: Penguin Books, 2004).
2 Eric Hoffer, *The True Believer: Thoughts on the Nature of Mass Movements* (New York: Harper Perennial Modern Classics, 2010), p. xii.

2 어떤 실험

1 실험 결과에 대한 리뷰는 다음을 참조하라. Leor Zmigrod, 'The Role of Cognitive Rigidity in Political Ideologies: Theory, Evidence, and Future Directions', *Current Opinion in Behavioral Sciences*, Political Ideologies, 34 (1 August 2020): 34–9, https://doi.org/10.1016/j.cobeha. 2019.10.016.
개별 실험에 대해서는 다음을 참조하라. Leor Zmigrod et al., 'Cognitive Flexibility and Religious Disbelief', *Psychological Research* 83, no. 8 (1 November 2019): 1749–59, https://doi.org/10.1007/s00426-018-1034-3; Leor Zmigrod, Peter J. Rentfrow, and Trevor W. Robbins, 'Cognitive Underpinnings of Nationalistic Ideology in the Context of Brexit', *Proceedings of the National Academy of Sciences* 115, no. 19 (8 May 2018): E4532–40, https://doi.org/10.1073/pnas.1708960115; Leor Zmigrod, Peter Jason Rentfrow, and Trevor W. Robbins, 'Cognitive Inflexibility Predicts Extremist Attitudes', *Frontiers in Psychology* 10 (7 May 2019), https://doi.org/10.3389/fpsyg.2019.00989; Leor Zmigrod, Peter Jason Rentfrow, and Trevor W. Robbins, 'The Partisan Mind: Is Extreme Political Partisanship Related to Cognitive Inflexibility?', *Journal of Experimental Psychology: General* 149, no. 3 (2020): 407–18, https://doi.org/10.1037/xge0000661; Leor Zmigrod et al., 'The Psychological Roots of Intellectual Humility: The Role of Intelligence and Cognitive Flexibility', *Personality and Individual Differences* 141 (15 April 2019): 200–208, https://doi.org/10.1016/j.paid.2019.01.016.
2 위스콘신 카드 분류 테스트는 1948년 위스콘신대학교 매디슨 캠퍼스의 연구원들에 의해 발명되었다. 대학원생 에스타 A. 버그(Esta A. Berg, 결혼 후 토머스로 성이 바뀌었다)와 그의 지도교수 데이비드 그랜트(David Grant)가 그 주인공이다. 이 테스트는 인

간의 인지적 유연성을 측정하는 '금본위제'로 간주되며, 이후로 임상 환자와 영장류의 인지적 유연성을 평가하는 데 자주 사용되었다.

Esta A. Berg, 'A Simple Objective Technique for Measuring Flexibility in Thinking', *Journal of General Psychology* 39 (1 July 1948), ttps://www.tandfonline.com/doi/abs/10. 1080/00221309.1948.9918159; David A. Grant and Esta Berg, 'A Behavioral Analysis of Degree of Reinforcement and Ease of Shifting to New Responses in a Weigl-Type Card-Sorting Problem', *Journal of Experimental Psychology* 38, no. 4 (1948): 404–11, https:// doi.org/10.1037/h0059831.

3 우리가 믿는 은유들

1 Terrance Hayes, 'The Art of Poetry No. 111', *Paris Review*, 2022, https://www. theparisreview.org/interviews/7930/the-art-of-poetry-no-111-terrance-hayes. 힐튼 알스(Hilton Als)와의 인터뷰에서 테런스 헤이스는 시인 월리스 스티븐스(Wallace Stevens)가 자신의 글에 미친 영향에 대해 이야기했다. 헤이스는 〈월리스 스티븐스를 위한 눈〉이라는 제목의 시를 썼는데 이 시는 이렇게 이어진다. "자신의 한계를 넘어서 지 못하는 자가 누구인가/와인 통에 담긴 피가 아닌 자가 누구인가/와인 또한."

2 George Lakoff and Mark Johnson, *Metaphors We Live By* (Chicago and London: University of Chicago Press, 1980), p. 156.

3 Hannah Arendt, *Eichmann in Jerusalem: A Report on the Banality of Evil* (New York: Penguin Classics, 2006), p. 287.

4 위의 책.

5 Hannah Arendt, 'Thinking and Moral Considerations: A Lecture', *Social Research* 38, no. 3 (1971): 417–46, p. 418.

6 위의 글, 417.

7 위의 글.

8 위의 글, 436.

9 밀그램 실험에 대한 세부사항: Stanley Milgram, 'Behavioral Study of Obedience', *Journal of Abnormal and Social Psychology* 67 (1963): 371–8, https://faculty.washington. edu/jdb/345/345%20Articles/Milgram.pdf. 후속 연구 및 해석 검토: S. Alexander Haslam and Stephen D. Reicher, '50 Years of "Obedience to Authority": From Blind Conformity to Engaged Followership', *Annual Review of Law and Social Science* 13 (13 October 2017): 59–78, https://doi.org/10.1146/ annurev-lawsocsci-110316-113710.

10 Solomon Asch, 'Effects of Group Pressure Upon the Modification and Distortion of Judgments', in *Groups, Leadership and Men: Research in Human Relations*, ed. Harold

Guetzkow (Pittsburgh: Carnegie Press, 1951), 177–90.

'순응 과제'에 대한 개인별 성과 차이에 대한 글을 쓰면서 솔로몬 애쉬(Solomon Asch)는 이렇게 결론을 내린다. "중요한 피험자 가운데 4분의 1은 완전히 독립적이었다. 하지만 반대편 극단에서는 집단의 3분의 1이 절반 이상의 임상시험에서 다수 의견에 따랐다."(pp. 181-2)

11 원 실험에 대해서는 다음을 참조하라. Philip Zimbardo et al., 'The Stanford Prison Experiment: A Simulation Study of the Psychology of Imprisonment' (Stanford University Press, 1971).

비판적 관점의 예시를 보려면 다음을 참조하라. Thibault Le Texier, 'Debunking the Stanford Prison Experiment', *American Psychologist* 74, no. 7 (2019): 823–39, https://doi.org/10.1037/amp0000401. 실험에 대한 참가자들의 다양한 반응과 반항을 탐구한 내용은 필립 짐바르도(Philip Zimbardo)의 다음 책을 참조하라. *The Lucifer Effect: How Good People Turn Evil* (New York: Random House, 2011).

12 전체 인용문은 다음과 같다. "하지만 적어도 여러분의 이익을 위해 말하자면, 그러한 질문에 포함된 문제 자체가 단순히 거짓이며, 어떤 식으로도 증명될 수 없는 가정에서 비롯된다고 할 수 있다. 즉 영혼과 육체가 본질이 다른 두 실체라면, 그에 따라 서로에게 작용할 수 없게 된다." (French standard edition: p. 213; English standard edition: p. 275). Reference for French standard edition: René Descartes, *Oeuvres de Descartes*, trans. Charles Adam and Paul Tannery, 11 vols., vol. 7 (Paris: Vrin, 1974). Reference for English standard edition: René Descartes, *The Philosophical Writings of Descartes*, trans. John Cottingham, Robert Stoothoff, and Dugald Murdoch, 2 vols., vol. 2 (Cambridge University Press, 1984).

13 1643년 5월 6일 보헤미아의 엘리자베스 공주가 르네 데카르트에게 보낸 편지: Princess Elisabeth of Bohemia and René Descartes, *The Correspondence Between Princess Elisabeth of Bohemia and René Descartes*, trans. Lisa Shapiro (University of Chicago Press, 2007).

14 송과선을 영혼이 머무르는 자리로 믿었던 데카르트의 정당성에 대한 논의는 다음을 참조하라. Lisa Shapiro, 'Descartes's Pineal Gland Reconsidered', *Midwest Studies in Philosophy* 35, no. 1 (December 2011): 259–86, https://doi.org/10.1111/j. 1475-4975.2011.00219.x.

4 이데올로기의 탄생

1 앙투안 데스튀 드 트라시 백작과 그가 '이데올로기'를 창안하는 데 관여한 자세한 역사는 다음을 참조하라. Terry Eagleton, *Ideology* (London: Routledge, 2014); Michael Freeden, 'The "Beginning of Ideology" Thesis', *Journal of Political Ideologies* 4, no. 1

(February 1999): 5– 11, https://doi.org/10.1080/13569319908420786; Brian William Head, 'Scientific Method and Ideology', in *Ideology and Social Science*, by Brian William Head (Dordrecht: Springer Netherlands, 1985), 25–44, https://doi.org/10.1007/978-94-009-5159-4_2; Emmet Kennedy, ' "Ideology" from Destutt De Tracy to Marx', *Journal of the History of Ideas* 40, no. 3 (July 1979): 353–68, https://doi.org/10.2307/2709242; George Lichtheim, 'The Concept of Ideology', *History and Theory* 4, no. 2 (1965): 164–95, https://doi.org/10.2307/2504150; Manfred B. Steger, *The Rise of the Global Imaginary: Political Ideologies from the French Revolution to the Global War on Terror* (Oxford University Press, 2009), https://doi.org/10.1093/acprof:oso/97801992 86942.001.0001; Bo Stråth, 'Ideology and Conceptual History', in *The Oxford Handbook of Political Ideologies*, ed. Michael Freeden, Lyman Tower Sargent, and Marc Stears (Oxford University Press, 2013), 3–19.

2   보에티우스의 저서 제1권, 제2장에서 인용: Anicius Manlius Severinus Boethius, *The Consolation of Philosophy of Boethius*, trans. H. R. James, 5 vols., vol. 1 (London: Elliot Stock, 1897), https://www.gutenberg.org/files/14328/14328-h/14328-h.htm.

3   보에티우스의 저서 제1권, 세 번째 노래에서 인용: 위의 책.

4   1649년에 출판된 시집 *Lucastad*에 수록된 시 'To Althea, from Prison'에서 발췌. Richard Lovelace, 'To Althea, from Prison' (1642), https://www.poetryfoundation.org/poems/44657/to-althea-from-prison.

5   다음에서 인용. vol. 5, *Logique* (Logic), of *Éléments d'idéologie* (*The Elements of Ideology*) (Paris, 1805), pp. 52–4. Cited in Brian William Head, 'Scientific Method and Ideology', in *Ideology and Social Science*, by Brian William Head (Dordrecht: Springer Netherlands, 1985), 25–44, p. 26, https://doi.org/10.1007/978-94-009-5159-4_2.

6   다음에서 인용. vol. 5, *Logique* (Logic), of *Éléments d'idéologie* (*The Elements of Ideology*) (Paris, 1805), pp. 52–4. 위의 책.

7   위의 책.

8   다음에서 인용. vol. 5, *Logique* (Logic), of *Éléments d'idéologie* (*The Elements of Ideology*) (Paris, 1805), p. 62. 위의 책.

9   방정식은 위의 책에서 인용. p. 10. 프랑수아 피카베의 이데올로기 그룹 탐험에서 입증됨: François Picavet, *Les idéologues. Essai sur l'histoire des idées et des théories scientifiques, philosophiques, religieuses, etc. en France depuis 1789*, ed. Jean-Marie Tremblay, Les classiques des sciences sociales, 1891, p. 62, http://classiques.uqac.ca/classiques/picavet_francois/les_ideologues/ideologues.html.
프랑스어: 'Le 5 thermidor, pendant qu'on faisait l'appel des quarante-cinq condamnés qui devaient être traduits devant le tribunal révolutionnaire, il résumait la théorie à laquelle il était arrivé en formules concises: « Le produit de la faculté de penser ou

percevoir = connaissance = vérité . . . Dans un deuxième ouvrage auquel je travaille, je fais voir qu'on doit ajouter à cette équation ces trois autres membres = vertu = bonheur = sentiment d'aimer; et dans un troisième je prouverai qu'on doit ajouter ceux-ci: = liberté = égalité = philanthropie. C'est faute d'une analyse assez exacte qu'on n'est pas encore parvenu à trouver les déductions ou propositions moyennes propres à rendre palpable l'identité de ces idées.'

10 '파스칼의 내기'란 블레즈 파스칼의 유명한 철학적 사고실험이다. 파스칼은 신을 믿지 않아 지불해야 할 비용이 신을 믿는 데 드는 비용보다 훨씬 더 크며 잠재적으로 영원할 수 있다는 것을 신을 믿을지 말지에 대해 판단하는 근거로 삼으려 했다.

11 트라시와 볼테르의 만남은 트라시가 16살이던 1770년 프랑스 페르네에서 성사되었다. 이것은 당시 지적 야망을 가진 젊은이들에게 흔한 통과의례 중 하나였다. 트라시는 볼테르를 만나고 깊은 인상을 받았다.

12 Voltaire, 'Remarques (Premières) Sur Les Pensées de Pascal (1728)', 18 April 2012, https://web.archive.org/web/20120418162422/http://www.voltaire-integral.com/Html/22/07_Pascal.html. 프랑스어: 'D'ailleurs, cet article parait un peu indécent et puéril; cette idée de jeu, de perte et de gain, ne convient point à la gravité du sujet; de plus l'intérêt que j'ai à croire une chose n'est pas une preuve de l'existence de cette chose.'

13 1802년 7월 30일, 멘 드 비랑(Maine de Biran)이 아베 펠레츠(Abbé Feletz)에게 보낸 편지에서 한 말을 참조. 다음에서 인용. Emmet Kennedy, ' "Ideology" from Destutt De Tracy to Marx', *Journal of the History of Ideas* 40, no. 3 (July 1979): 353–68, https://doi.org/10.2307/2709242. 원문: Maine de Biran, *Oeuvres de Maine de Biran*, ed. Pierre Tisserand, 14 vols., vol. 6 (Paris, 1922–49), p. 140.

프랑스어 원문: 'L'idéologie, m' ont-ils dit, doit changer la face du monde et voilà justement pourquoi ceux qui voudroient que le monde demeurât toujours bête (et pour cause) détestent l'idéologie et les idéologues.' 다음에서 이용 가능. *A.L.C. Desttut de Tracy et L'Idéologie*, Corpus Revue de Philosophie, Corpus nos. 26/27 (Paris), 접속일: 2024년 5월 17일. https://revuecorpus.com/pdf/CORPUS%20N%C2%B026:27.pdf.

5 착각과 환상의 시대

1 Manfred B. Steger, 'Ideology and Revolution: From Superscience to False Consciousness', in his *The Rise of the Global Imaginary: Political Ideologies from the French Revolution to the Global War on Terror* (Oxford University Press, 2009), p. 19, https://doi.org/10.1093/acprof:oso/978 0199286942.001.0001.

2 Bo Stråth, 'Ideology and Conceptual History', in *The Oxford Handbook of Political Ideologies*, ed. Michael Freeden, Lyman Tower Sargent, and Marc Stears (Oxford

University Press, 2013), 3–19; Terry Eagleton, *Ideology* (London: Routledge, 2014), p. 5.

3 Emmet Kennedy, "'Ideology" from Destutt De Tracy to Marx', *Journal of the History of Ideas* 40, no. 3 (July 1979): 353–68, https://doi.org/10.2307/2709242. 탈레랑이 회상한 부분은 다음을 참조하라. Charles-Maurice de Talleyrand-Périgord, *Mémoires*, ed. Albert de Broglie, 5 vols., vol. 1 (Paris: Calmann Lévy, 1891), p. 452, http://archive.org/details/memoiresduprince03broggoog. 프랑스어로 된 전체 인용문은 다음을 참조하라. 'ce sont des rêveurs et des rêveurs dangereux; ce sont tous des matérialistes déguisés et pas trop déguisés.'

4 Terry Eagleton, *Ideology* (London: Routledge, 2014), p. 177, 다음 인용문을 참조하라. A. Naess, *Democracy, Ideology, and Objectivity* (Oslo University Press, 1956), p. 151.

5 프랑스 철학자이자 평론가인 제르멘 드 스탈(Germaine de Staël)은 나폴레옹에 대해 광범위하게 기술했는데, 특히 1798년에 쓰여진 제19장 'Intoxication of Power; Reverses and Abdication of Bonaparte'에서 두드러진다. Germaine de Staël, *Considerations on the Principal Events of the French Revolution* (Indianapolis: Liberty Fund, 2008), https://oll.libertyfund.org/titles/craiutu-considerations-on-the-principal-events-of-the-french-revolution-lf-ed.

6 Andrew Vincent, *Modern Political Ideologies* (Hoboken, NJ: John Wiley & Sons, 2009), p. 3.

7 Emmet Kennedy, ' "Ideology" from Destutt De Tracy to Marx', *Journal of the History of Ideas* 40, no. 3 (July 1979): 353–68, https://doi.org/10.2307/2709242. 탈레랑이 회상한 부분은 다음을 참조하라. Charles-Maurice de Talleyrand-Périgord, *Mémoires*, ed. Albert de Broglie, 5 vols., vol. 1 (Paris: Calmann Lévy, 1891), p. 452, http://archive.org/details/memoiresduprince03broggoog. 프랑스어: 'Messieurs, dit-il en élevant la voix, les philosophes se tourmentent à créer des systèmes; ils en chercheront en vain un meilleur que celui du christianisme qui, en réconciliant l'homme avec lui-même, assure en même temps l'ordre public et le repos des États. Vos idéologues détruisent toutes les illusions; et l'âge des illusions est pour les peuples comme pour les individus l'âge du bonheur.'

8 1816년 12월 16일 미국 제2대 대통령 존 애덤스가 토머스 제퍼슨에게 보낸 편지에 쓰여진 내용: Lester J. Cappon, ed., *The Adams–Jefferson Letters* (University of North Carolina Press, 1959), https://uncpress.org/book/9780807842 300/the-adams-jefferson-letters/. 다음에서 인용. Emmet Kennedy, ' "Ideology" from Destutt De Tracy to Marx', *Journal of the History of Ideas* 40, no. 3 (July 1979): 361, https://doi.org/10.2307/2709242.

9 Karl Marx, 'A Contribution to the Critique of Hegel's Philosophy of Right: Introduction', in Karl Marx and Friedrich Engels, *Collected Works*, vol. 3 (London: Lawrence &

Wishart, 1975), pp. 175–6; 아편 은유의 지적 기원에 대한 추가 정보는 다음을 참조하라. E. O. Pedersen, 'Religion is the Opium of the People: An Investigation Into the Intellectual Context of Marx's Critique of Religion', *History of Political Thought* 36, no. 2 (1 January 2015): 354–87.

10 Karl Marx, *Capital: A Critique of Political Economy*, trans. Ben Fowkes, 2 vols., vol. 1 (London: Penguin Books, 1976), p. 802.

11 다음에서 인용. Hans Barth, *Truth and Ideology* (University of California Press, 2023), p. 33. 원출처: Claude Adrien Helvétius, *De l'Esprit*, ed. Jean-Marie Tremblay (Paris: Durand Librairie, 1758), http://classiques.uqac.ca/classiques/helvetius_claude_adrien/de_l_esprit/de_l_esprit.html.

프랑스어: 'Il sait que nos idées sont, si je l'ose dire, des conséquences si nécessaires des sociétés où l'on vit, des lectures qu'on fait et des objets qui s'offrent à nos yeux, qu'une intelligence supérieure pourrait également, et par les objets qui se sont présentés à nous, deviner nos pensées; et, par nos pensées, deviner le nombre et l'espèce des objets que le hasard nous a offerts.'

12 1845년에 저술된 《독일 이데올로기》 1부: 포이어바흐, 섹션 B: 시대의 환상, '통치 계급과 통치 이데올로기'에 대한 절. 칼 마르크스와 프리드리히 엥겔스, 《독일 이데올로기》 (2권) 중 1권(1932).

전체 인용문은 다음과 같다. "모든 시대를 통틀어 지배 계급의 사상은 세상을 지배하는 사상이다. 즉 사회의 물질적인 힘을 지배하는 계급은, 동시에 지성적인 힘을 지배한다."

13 1845년에 저술된 《독일 이데올로기》 1부: 포이어바흐, 섹션 A: 이상주의와 유물론, '역사에 대한 유물론적 개념의 본질. 사회적 존재와 사회적 의식'에 대한 절. 칼 마르크스와 프리드리히 엥겔스, 《독일 이데올로기》(2권) 중 1권(1932).

전체 인용문은 다음과 같다. "모든 이데올로기에서 사람들과 그들이 처한 상황이 카메라 옵스큐라처럼 거꾸로 비춰진다면, 이 현상은 망막에서 물리적인 삶의 과정이 뒤집히는 것과 똑같이 그들의 역사적인 삶의 과정에서도 발생한다."

14 초기 마르크스주의 담론에서 이 표현이 명확하게 사용된 사례는 프리드리히 엥겔스가 1893년에 쓴 편지에서 찾을 수 있다. Friedrich Engels, 'Letters: Marx–Engels Correspondence 1893', 접속일: 2024년 5월 20일. https://www.marxists.org/archive/marx/works/1893/letters/93_07_14.htm.

이데올로기와 관련된 '허위의식'이라는 용어에 대한 역사적 개요는 다음을 참조하라. Terry Eagleton, Ideology (London: Routledge, 2014); Ron Eyerman, 'False Consciousness and Ideology in Marxist Theory', Acta Sociologica 24, nos. 1/2 (1981): 43–56, https://www.jstor.org/stable/4194332.

15 1845년에 저술된 《독일 이데올로기》 1부: 포이어바흐, 섹션 A: 이상주의와 유물론, '역사에 대한 유물론적 개념의 본질. 사회적 존재와 사회적 의식'에 대한 절. 칼 마르크스

와 프리드리히 엥겔스,《독일 이데올로기》(2권) 중 1권(1932).

이 구절은 때때로 '인간의 뇌에서 형성된 환영'으로 번역되기도 한다.

16 칼 마르크스는 1859년에 처음 출간된《정치경제학 비판 요강A Contribution to the Critique of Political Economy》의 서문에 이 글을 썼다. 번역자에 따라 표현에 약간의 차이가 있다는 점을 유의하라. 독일어 원문: 'Es ist nicht das Bewußtsein der Menschen, das ihr Sein, sondern umgekehrt ihr gesellschaftliches Sein, das ihr Bewußtsein bestimmt.'

17 윌리엄 제임스는 1890년에 저술한《심리학의 원리들》9장〈사고의 흐름〉에서 사고의 흐름에 대해 논한다. 윌리엄 제임스는 '의식의 흐름'이라는 용어를 사용하기는 하지만 이 용어는 '사고의 흐름'보다는 덜 빈번하게 등장하며, 1904년에 쓴 논문〈'의식'이란 존재하는가?(Does "Consciousness" Exist?)〉같은 후기의 글에서는 '사고의 흐름(내가 하나의 현상으로 강조해 인지하는 것)'(p. 491)에 대해 더 명확하게 설명한다. 여기서 제임스에 따르면 의식은 "어떤 비실체에 붙이는 이름이며, 최초의 원칙 중 하나를 차지할 권리가 없다"(p. 477)고 주장한다.

18 William James, 'Does "Consciousness" Exist?', *Journal of Philosophy, Psychology and Scientific Methods* 1, no. 18 (1 September 1904): 477–91, p. 477.

19 W. E. B. Du Bois, 'Strivings of the Negro People', *The Atlantic*, August 1897, https://www.theatlantic.com/magazine/archive/1897/08/strivings-of-the-negro-people/305446/.

6 우리의 뇌

1 David Hume, *An Enquiry Concerning Human Understanding* (Milton Keynes: Simon & Brown, 2011), p. 33.

2 Bob B. M. Wong et al., 'Do Temperature and Social Environment Interact to Affect Call Rate in Frogs (*Crinia signifera*)?', *Austral Ecology* 29, no. 2 (2004): 209–14, https://doi.org/10.1111/j.1442-9993.2004.01338.x; Guangzhan Fang et al., 'Male Vocal Competition is Dynamic and Strongly Affected by Social Contexts in Music Frogs', *Animal Cognition* 17, no. 2 (1 March 2014): 483–94, https://doi.org/10.1007/s10071-013-0680-5.

3 Martin Buber, *I and Thou*, trans. Ronald Gregor Smith, Bloomsbury Revelations (London: Bloomsbury, 2013), p. 9.

4 위의 책, 45.

5 자세한 내용은 7장을 참조하라. Émile Durkheim, *The Elementary Forms of the Religious Life*, trans. Joseph Ward Swain (Project Gutenberg, 2012), https://www.gutenberg.org/files/41360/41360-h/41360-h.htm#Page_214.

6 Plato, *Apology*, trans. Benjamin Jowett, 접속일: 2024년 5월 20일. https://classics.mit.edu/Plato/apology.html.

7   Albert Camus, *The Myth of Sisyphus*, Great Ideas 39 (London: Penguin Books, 2005), p. 1.

7 이데올로기적 사고

1   Hannah Arendt, *The Origins of Totalitarianism* (Milton Keynes: Benediction Classics, 2009), p. 471.

2   1924년 1월 28일 스탈린의 연설에서 그는 연설가이자 지도자로서 레닌의 권력을 되돌아보았다. 다음에서 인용. Lenin, *Selected Works*, vol. 1 (Moscow: Progress Publishers, 1947), p. 33. 다음을 참조하라. *Arendt's The Origins of Totalitarianism*.

3   Terry Eagleton, *Ideology* (London: Routledge, 2014), p. 10.

4   Amia Srinivasan, 'VII— Genealogy, Epistemology and Worldmaking', *Proceedings of the Aristotelian Society* 119, no. 2 (1 July 2019): 127–56, https://doi.org/10.1093/arisoc/aoz009.

5   이와 관련한 더 학문적인 논의는 다음을 참조하라. Leor Zmigrod, 'A Psychology of Ideology: Unpacking the Psychological Structure of Ideological Thinking', *Perspectives on Psychological Science* 17, no. 4 (1 July 2022): 1072–92, https://doi.org/10.1177/17456916211044140.

6   Steven Pinker, *Enlightenment Now* (London: Allen Lane, 2018), p. 353.

7   Gordon W. Allport, *The Nature of Prejudice* (Cambridge, MA: Addison-Wesley, 1954), p. 175, http://archive.org/details/in.ernet.dli.2015.188638.

8 닭이 먼저냐, 달걀이 먼저냐

1   책 전반에 걸쳐 등장한 인터뷰에 응한 아이들의 에피소드 속 대화문은 엘제 프렌켈-브룬즈비크가 학술 논문과 아카이브 자료에 수록한 인터뷰 자료와 결과에서 직접 인용했다. 가끔은 하나의 에피소드 전체가 참가자 한 사람의 인터뷰 자료를 따르기도 하지만, 같은 질문을 받은 여러 참가자의 자료를 포함하기도 한다. 이렇게 하는 이유는 독자들에게 인터뷰와 응답에 대한 일관된 감각을 제공하고 가끔은 논문 원본에 실린 단편적인 결과를 보정하기 위해서다. 이러한 에피소드에 나타난 인터뷰어의 캐릭터는 프렌켈-브룬즈비크에 대한 다양한 글과 회고, 그가 사용했던 방법론을 반영해 창의적으로 해석한 결과다. 또 원본 인터뷰에는 여러 참가자들과 함께 작업하는 여러 인터뷰어가 존재했는데 그 가운데는 프렌켈-브룬즈비크의 동료와 학생, 조수가 포함되었다. 특히 버클리대학교 대학원생인 조앤 하벨(Joan Havel)은 인터뷰 방법론을 수립하는 데 크게 관여했으며, 나중에 프렌켈-브룬즈비크의 유산과 아카이브 자료 관리자 가운데 한 사람으로 선정되기도 했다. 여기에 더해 프렌켈-브룬즈비크는 편견과 인지 테스트

를 설계하는 과정에서 머레이 자빅(Murray Jarvik)과 밀턴 로키치(Milton Rokeach)를
주목할 만한 협력자로 뽑았다.

2   Elsa Frenkel-Brunswik, 'A Study of Prejudice in Children', *Human Relations* 1 (1948):
    295–306, https://doi.org/10.1177/001872674800100301, p. 303.

3   이 연구는 캘리포니아대학교 아동복지연구소(Institute of Child Welfare of the
    University of California)에서 진행되었다. 더 자세한 내용은 다음을 참조하라. Else
    Frenkel-Brunswik, 'A Study of Prejudice in Children', Human Relations 1 (1948): 295–
    306, https://doi.org/10.1177/001872674800100301; Else Frenkel-Brunswik and Joan
    Havel, 'Prejudice in the Interviews of Children. I. Attitudes toward Minority Groups',
    Journal of Genetic Psychology 82, no. 1 (March 1953): 91–136.

4   T. W. Adorno et al., *The Authoritarian Personality*, Studies in Prejudice (New York:
    Harper, 1950), p. 2.

5   'Treating the Brain Like a Muscle, Not a Sponge', 접속일: 2024년 5월 20일. https://www.
    stmaryscam bridge.co.uk/news-and-blog/blog/view~treating-the-brain-like-a-muscle-
    not-a-sponge_8994.htm.

6   정치–신경과학의 닭과 달걀의 문제에 대한 개념적, 방법론적 논의는 다음을 참조하라.
    Leor Zmigrod, 'A Neurocognitive Model of Ideological Thinking', *Politics and the Life
    Sciences* 40, no. 2 (October 2021): 224–38, https://doi.org/10.1017/pls.2021.10; Ingrid
    J. Haas, Clarisse Warren, and Samantha J. Lauf, 'Political Neuroscience: Understanding
    How the Brain Makes Political Decisions', in *Oxford Research Encyclopedia of Politics*
    (2020), https://doi.org/10.1093/acrefore/9780190228637.013.948; John T. Jost et al.,
    'Political Neuroscience: The Beginning of a Beautiful Friendship', *Political Psychology*
    35, no. S1 (2014): 3–42, https://doi.org/10.1111/pops.12162; John T. Jost, *Left and Right:
    The Psychological Significance of a Political Distinction* (Oxford University Press, 2021);
    Hyun Hannah Nam, 'Neuroscientific Approaches to the Study of System Justification',
    Current Opinion in Behavioral Sciences, Political Ideologies, 34 (1 August 2020): 205–10,
    https://doi.org/10.1016/j.cobeha.2020.04.003; Peter Beattie, 'The "Chicken-and-Egg"
    Development of Political Opinions: The Roles of Genes, Social Status, Ideology, and
    Information', *Politics and the Life Sciences* 36, no. 1 (April 2017): 1–13, https://doi.
    org/10.1017/pls.2017.1.

7   Hannah Arendt, *The Origins of Totalitarianism* (Milton Keynes: Benediction Classics,
    2009), p. 458.

9   어린 권위주의자들

1   엘제 프렌켈–브룬즈비크의 생애에 관한 역사적 자료 중, 몇 가지 유용한 요약본

은 다음과 같다. Andreas Kranebitter and Christoph Reinprecht, 'Authoritarianism, Ambivalence, Ambiguity: The Life and Work of Else Frenkel-Brunswik. Introduction to the Special Issue', *Serendipities. Journal for the Sociology and History of the Social Sciences* 7, nos. 1‐2 (10 January 2023): 1–12, https://doi.org/10.7146/serendipities.v7i1-2.135380.

Jaan Valsiner and Emily Abbey, 'Ambivalence in Focus: Remembering the Life and Work of Else Frenkel-Brunswik', *Studies in Psychology* 27, no. 1 (1 January 2006): 9–17, https://doi.org/10.1174/021093906776173126.

2   Merve Emre, review of *Making It Big*, by Matthew Dennison, *New York Review of Books*, 22 December 2022, https://www.nybooks.com/articles/2022/12/22/making-it-big-roald-dahl-teller-of-the-unexpected/.

3   Else Frenkel-Brunswik and Joan Havel, 'Prejudice in the Interviews of Children. I. Attitudes toward Minority Groups', *Journal of Genetic Psychology* 82, no. 1 (March 1953): 91–136, p. 92, https://doi.org/10.1080/08856559.1953.10533657.

4   Else Frenkel-Brunswik, 'Intolerance of Ambiguity as an Emotional and Perceptual Personality Variable', *Journal of Personality* 18, no. 1 (1949): 108–43, p. 117, https://doi.org/10.1111/j.1467-6494.1949.tb01236.x.

10 세뇌당한 아기

1   John Stuart Mill, *On Liberty*, Great Ideas 86 (London: Penguin Books, 2010), p. 82.

2   시몬 베유가 쓴 다음 제목의 에세이를 참조하라. 'Reflections on the Right Use of School Studies with a View to the Love of God', published in: Simone Weil, *Waiting for God*, trans. Emma Craufurd (New York: Harper Perennial, 1973), p. 111, https://antilogicalism.com wp-content/uploads/2019/04/waiting-god.pdf.

3   Else Frenkel-Brunswik, 'Intolerance of Ambiguity as an Emotional and Perceptual Personality Variable', *Journal of Personality* 18, no. 1 (1949): 108–43, p. 124, https://doi.org/10.1111/j.1467-6494.1949.tb01236.x.

4   위의 글, 124.

5   위의 글.

6   위의 글, 126.

7   위의 글.

8   위의 글, 128~129.

11 마음이 경직된 사람들

1   Leor Zmigrod et al., 'The Psychological Roots of Intellectual Humility: The Role of Intelligence and Cognitive Flexibility', *Personality and Individual Differences* 141 (15 April 2019): 200–208, https://doi.org/10.1016/j.paid.2019. 01.016.

2   Jean-Paul Sartre, *Existentialism is a Humanism* (New Haven and London: Yale University Press, 2007), p. 46.

3   위의 책, 45.

4   옌슈(E. R. Jaensch)의 1938년 저서 *Der Gegentypus*에 요약되어 있으며, 'Anti-Type' 또는 'Counter-Type'으로 번역될 수 있다.

5   옌슈의 관점에 대한 자세한 내용은 다음을 참조하라. Roger Brown, 'The Authoritarian Personality and the Organization of Attitudes', in *Political Psychology: Key Readings*, ed. John T. Jost and Jim Sidanius (New York: Psychology Press, 2004).

6   Else Frenkel-Brunswik, 'Intolerance of Ambiguity as an Emotional and Perceptual Personality Variable', *Journal of Personality* 18, no. 1 (1949): 108–43, pp. 111–12, https://doi.org/10.1111/j.1467-6494.1949.tb01236.x.
    브룬즈비크와 옌슈의 연구 결과의 교차점에 대한 자세한 내용은 다음을 참조하라. Andreas Kranebitter and Fabian Gruber, 'Allowing for Ambiguity in the Social Sciences: Else Frenkel-Brunswik's Methodological Practice in *The Authoritarian Personality*', *Serendipities. Journal for the Sociology and History of the Social Sciences* 7, nos. 1–2 (10 January 2023): 30–59, https://doi.org/10.7146/serendipities.v7i1-2.132541.

7   2016년 보수당 콘퍼런스에서 테레사 메이가 주장한 대로. 'Theresa May's Conference Speech', *The Spectator*, 5 October 2016, https://www. spectator.co.uk/article/full-text-theresa-may-sconference-speech/.

8   15장 'To the Ice'를 참조하라. Ursula K. Le Guin, *The Left Hand of Darkness* (New York: Ace Books, 1969).

9   Leor Zmigrod, Peter J. Rentfrow, and Trevor W. Robbins, 'Cognitive Underpinnings of Nationalistic Ideology in the Context of Brexit', *Proceedings of the National Academy of Sciences* 115, no. 19 (8 May 2018): E4532–40, https://doi.org/10.1073/pnas.1708960115.

10 이 가설의 가장 주목할 만한 확장판 중 하나는 다음과 같다. John T. Jost et al., 'Political Conservatism as Motivated Social Cognition', *Psychological Bulletin* 129, no. 3 (2003): 339–75, https://doi.org/10.1037/0033-2909.129.3.339.

11 자기 인식의 역할에 대해서는 다음을 참조하라. Bethany Lassetter and Rebecca Neel, 'Malleable Liberals and Fixed Conservatives? Political Orientation Shapes Perceived Ability to Change', *Journal of Experimental Social Psychology* 82 (1 May 2019): 141–51, https://doi.org/10.1016/j.jesp.2019.01.002.

12 우파의 경직성 가설의 증거로 유연성에 관한 자기 보고와 행동 측정을 비교한 내용은 다음을 참조하라. Alain Van Hiel et al., 'The Relationship Between Right-Wing Attitudes and Cognitive Style: A Comparison of Self-Report and Behavioural Measures of Rigidity and Intolerance of Ambiguity', *European Journal of Personality* 30, no. 6 (1 November 2016): 523–31, https://doi.org/10.1002/per.2082.

13 그람시(Gramsci)가 총 여섯 권으로 집필한 *Prison Notebooks*, 제1권 116쪽에서 인용했다. Michele Filippini, 'Ideology', in *Using Gramsci: A New Approach*, trans. Patrick J. Barr (London: Pluto Press, 2017), 4–23, p. 10, https://www.jstor.org/stable/j.ctt1h64kxd.7.

14 Philip E. Converse, 'The Nature of Belief Systems in Mass Publics (1964)', *Critical Review* 18, nos. 1–3 (January 2006): 1–74, p. 1, https://doi.org/10.1080/08913810608443650.

15 Gustavo A. Flores-Macías, 'Statist vs. Pro-Market: Explaining Leftist Governments' Economic Policies in Latin America', *Comparative Politics* 42, no. 4 (1 July 2010): 413–33, https://doi.org/10.5129/001041510X12911363510033.

16 Margit Tavits and Natalia Letki, 'When Left is Right: Party Ideology and Policy in Post-Communist Europe', *American Political Science Review* 103, no. 4 (November 2009): 555–69, https://doi.org/10.1017/S0003055409990220.

17 Christopher M. Federico and Ariel Malka, 'The Contingent, Contextual Nature of the Relationship Between Needs for Security and Certainty and Political Preferences: Evidence and Implications', *Political Psychology* 39, no. S1 (2018): 3–48, https://doi.org/10.1111/pops.12477; Ariel Malka et al., 'Do Needs for Security and Certainty Predict Cultural and Economic Conservatism? A Cross-National Analysis', *Journal of Personality and Social Psychology* 106, no. 6 (2014): 1031–51, https://doi.org/10.1037/a0036170.

18 Ángel Gómez et al., 'Recent Advances, Misconceptions, Untested Assumptions, and Future Research Agenda for Identity Fusion Theory', *Social and Personality Psychology Compass* 14, no. 6 (2020): E12531, https://doi.org/10.1111/spc3.12531; William B. Swann and Michael D. Buhrmester, 'Identity Fusion', *Current Directions in Psychological Science* 24, no. 1 (1 February 2015): 52–7, https://doi.org/10.1177/0963721414551363.

19 Juan Jiménez et al., 'The Dynamic Identity Fusion Index: A New Continuous Measure of Identity Fusion for Web-Based Questionnaires', *Social Science Computer Review* 34, no. 2 (1 April 2016): 215–28, https://doi.org/10.1177/0894439314566178.

20 Leor Zmigrod, Peter Jason Rentfrow, and Trevor W. Robbins, 'The Partisan Mind: Is Extreme Political Partisanship Related to Cognitive Inflexibility?', *Journal of Experimental Psychology: General* 149, no. 3 (2020): 407–18, https://doi.org/10.1037/xge0000661.

21 정체성 융합이라는 맥락에서 이 그룹 간 트롤리 딜레마의 더 많은 사례를 보려면 다음을 참조하라. William B. Swann Jr et al., 'Contemplating the Ultimate Sacrifice: Identity Fusion Channels Pro-Group Affect, Cognition, and Moral Decision Making', *Journal of Personality and Social Psychology* 106, no. 5 (2014): 713–27, https://doi.org/10.1037/a0035809; William B. Swann et al., 'Dying and Killing for One's Group: Identity Fusion Moderates Responses to Intergroup Versions of the Trolley Problem', *Psychological Science* 21, no. 8 (1 August 2010): 1176–83, https://doi.org/10.1177/0956797610376656.

22 Leor Zmigrod, Peter Jason Rentfrow, and Trevor W. Robbins, 'Cognitive Inflexibility Predicts Extremist Attitudes', *Frontiers in Psychology* 10 (7 May 2019), https://doi.org/10.3389/fpsyg.2019.00989.

12 경직성은 유전자에 새겨져 있는가

1 Leor Zmigrod and Trevor W. Robbins, 'Dopamine, Cognitive Flexibility, and IQ: Epistatic Catechol-O-MethylTransferase:DRD2 Gene–Gene Interactions Modulate Mental Rigidity', *Journal of Cognitive Neuroscience* 34, no. 1 (1 December 2021): 153–79, https://doi.org/10.1162/jocn_a_01784.

2 Cristina Missale et al., 'Dopamine Receptors: From Structure to Function', *Physiological Reviews* 78, no. 1 (1 January 1998): 189–226; Jean E. Lachowicz and David R. Sibley, 'Molecular Characteristics of Mammalian Dopamine Receptors', *Pharmacology & Toxicology* 81, no. 3 (1997): 105–13, https://doi.org/10.1111/j.1600-0773.1997.tb00039.x; C. R. Yang and J. K. Seamans, 'Dopamine D1 Receptor Actions in Layers V–VI Rat Prefrontal Cortex Neurons in Vitro: Modulation of Dendritic-Somatic Signal Integration', *Journal of Neuroscience* 16, no. 5 (1 March 1996): 1922–35, https://doi.org/10.1523/JNEU ROSCI.16-05-01922.1996.

3 Louis-Eric Trudeau et al., 'Chapter 6 – The Multilingual Nature of Dopamine Neurons', in *Progress in Brain Research*, ed. Marco Diana, Gaetano Di Chiara, and Pierfranco Spano, vol. 211, Dopamine (Amsterdam: Elsevier, 2014), 141–64, https://doi.org/10.1016/B978-0-444-63425-2.00006-4.

4 Yaping Chu et al., 'Age-Related Decreases in Nurr1 Immunoreactivity in the Human Substantia Nigra', *Journal of Comparative Neurology* 450, no. 3 (2002): 203–14, https://doi.org/10.1002/cne.10261.

5 J. Paul Bolam and Eleftheria K. Pissadaki, 'Living on the Edge with Too Many Mouths to Feed: Why Dopamine Neurons Die', *Movement Disorders* 27, no. 12 (2012): 1478–83, https://doi.org/10.1002/mds.25135.

6 Nicolas X. Tritsch and Bernardo L. Sabatini, 'Dopaminergic Modulation of Synaptic

Transmission in Cortex and Striatum', *Neuron* 76, no. 1 (October 2012): 33–50, https://doi.org/10.1016/j.neuron.2012.09.023; Wakoto Matsuda et al., 'Single Nigrostriatal Dopaminergic Neurons Form Widely Spread and Highly Dense Axonal Arborizations in the Neostriatum', *Journal of Neuroscience* 29, no. 2 (14 January 2009): 444–53, https://doi.org/10.1523/JNEUROSCI.4029-08.2009.

7   Roshan Cools, 'Chemistry of the Adaptive Mind: Lessons from Dopamine', *Neuron* 104, no. 1 (October 2019): 113–31, https://doi.org/10.1016/j.neuron.2019.09.035; Roshan Cools and Mark D'Esposito, 'Inverted-U–Shaped Dopamine Actions on Human Working Memory and Cognitive Control', *Biological Psychiatry*, Prefrontal Cortical Circuits Regulating Attention, Behavior and Emotion, 69, no. 12 (15 June 2011): e113–25, https://doi.org/10.1016/j.biopsych.2011.03.028.

8   Marianne Klanker, Matthijs Feenstra, and Damiaan Denys, 'Dopaminergic Control of Cognitive Flexibility in Humans and Animals', *Frontiers in Neuroscience* 7 (5 November 2013), https://doi.org/10.3389/fnins.2013.00201.

9   J. W. Smith et al., 'Dopamine D2L Receptor Knockout Mice Display Deficits in Positive and Negative Reinforcing Properties of Morphine and in Avoidance Learning', *Neuroscience* 113, no. 4 (10 September 2002): 755–65, https://doi.org/10.1016/S0306-4522(02)00257-9.

10 Elie Chamoun et al., 'A Review of the Associations Between Single Nucleotide Polymorphisms in Taste Receptors, Eating Behaviors, and Health', *Critical Reviews in Food Science and Nutrition*, 22 January 2018, https://www.tandfonline.com/doi/abs/10.1080/10408398.2016.1152229; Alexey A. Fushan et al., 'Allelic Polymorphism Within the TAS1R3 Promoter Is Associated With Human Taste Sensitivity to Sucrose', *Current Biology* 19, no. 15 (August 2009): 1288–93, https://doi.org/10.1016/j.cub.2009.06.015.

11 Gretchen L. Goldstein, Henryk Daun, and Beverly J. Tepper, 'Adiposity in Middle-Aged Women Is Associated with Genetic Taste Blindness to 6-n-Propylthiouracil', *Obesity Research* 13, no. 6 (2005): 1017–23, https://doi.org/10.1038/oby.2005.119.

12 Adam Drewnowski et al., 'Taste and Food Preferences as Predictors of Dietary Practices in Young Women', *Public Health Nutrition* 2, no. 4 (April 1999): 513–19, https://doi.org/10.1017/S1368980099000695.

13 Leonid Yavich et al., 'Site-Specific Role of Catechol-O-Methyltransferase in Dopamine Overflow within Prefrontal Cortex and Dorsal Striatum', *Journal of Neuroscience* 27, no. 38 (19 September 2007): 10196–209, https://doi.org/10.1523/JNEUROSCI.0665-07.2007.

14 Herbert M. Lachman et al., 'Human Catechol-O-Methyltransferase Pharmacogenetics: Description of a Functional Polymorphism and Its Potential Application to

Neuropsychiatric Disorders', *Pharmacogenetics and Genomics* 6, no. 3 (June 1996): 243–50, https://journals.lww.com/jpharmacogenetics/abstract/1996/06000/human_catechol_o_methyl transferase.7.aspx; Jingshan Chen et al., 'Functional Analysis of Genetic Variation in Catechol-O-Methyltransferase (COMT): Effects on mRNA, Protein, and Enzyme Activity in Postmortem Human Brain', *American Journal of Human Genetics* 75, no. 5 (November 2004): 807–21, https://doi.org/10.1086/425589.

15　Daniela Mier, Peter Kirsch, and Andreas Meyer-Lindenberg, 'Neural Substrates of Pleiotropic Action of Genetic Variation in COMT: A Meta-Analysis', *Molecular Psychiatry* 15 (1 June 2009): 918–27, https://doi.org/10.1038/mp.2009.36; Jonathan Flint and Marcus R. Munafò, 'The Endophenotype Concept in Psychiatric Genetics', *Psychological Medicine* 37, no. 2 (February 2007): 163–80, https://doi.org/10.1017/S0033291706008750; J. H. Barnett et al., 'Effects of the Catechol-O-Methyltransferase Val 158Met Polymorphism on Executive Function: A Meta-Analysis of the Wisconsin Card Sort Test in Schizophrenia and Healthy Controls', *Molecular Psychiatry* 12, no. 5 (May 2007): 502–9, https://doi.org/10.1038/sj.mp.4001973.

16　또는 원숭이와 설치류의 상동기관.

17　M. Hirvonen et al., 'C957T Polymorphism of the Dopamine D2 Receptor (DRD2) Gene Affects Striatal DRD2 Availability *in Vivo*', *Molecular Psychiatry* 9, no. 12 (December 2004): 1060–61, https://doi.org/10.1038/sj.mp.4001561; Mika M. Hirvonen et al., 'C957T Polymorphism of the Human Dopamine D2 Receptor Gene Predicts Extrastriatal Dopamine Receptor Availability *in Vivo*', *Progress in Neuro-Psychopharmacology and Biological Psychiatry* 33, no. 4 (15 June 2009): 630–36, https://doi.org/10.1016/j.pnpbp.2009.02.021.

18　강박장애의 유전적 요인에 대한 최근의 연구에 따르면, COMT와 DRD2 유전자형이 강박 증상의 위험 요소로 지적되고 있다. 향후 연구에서는 이러한 패턴을 추가적이고 더 큰 표본에서 재현하고, 그 밖의 다른 유전자(글루타메이트 운반체 유전자 등)의 관여를 고려해야 한다.
　　강박증 증상의 경직성과 COMT 유전자 및 DRD2 유전자 사이의 연관성에 대한 연구는 다음을 참조하라. Kim M. Schindler et al., 'Association Between Homozygosity at the COMT Gene Locus and Obsessive Compulsive Disorder', *American Journal of Medical Genetics* 96, no. 6 (2000): 721–4, https://doi.org/10.1002/1096-8628(20001204)96:6<721::AID-AJMG4>3.0.CO;2-M; David L. Pauls, 'The Genetics of Obsessive-Compulsive Disorder: A Review', *Dialogues in Clinical Neuroscience* 12, no. 2 (30 June 2010): 149–63, https://doi.org/10.31887/DCNS.2010.12.2/dpauls; Humberto Nicolini et al., 'DRD2, DRD3 and 5HT2A Receptor Genes Polymorphisms in Obsessive-Compulsive Disorder', *Molecular Psychiatry* 1 (1 January 1997): 461–5; Maria

Karayiorgou et al., 'Genotype Determining Low Catechol-O-Methyltransferase Activity as a Risk Factor for Obsessive-Compulsive Disorder', *Proceedings of the National Academy of Sciences* 94, no. 9 (29 April 1997): E4572–5, https://doi.org/10.1073/pnas.94.9.4572; Maria Karayiorgou et al., 'Family-Based Association Studies Support a Sexually Dimorphic Effect of COMT and MAOA on Genetic Susceptibility to Obsessive-Compulsive Disorder', *Biological Psychiatry* 45, no. 9 (1 May 1999): 1178–89, https://doi.org/10.1016/S0006-3223(98)00319-9; E. A. Billett et al., 'Investigation of Dopamine System Genes in Obsessive-Compulsive Disorder', *Psychiatric Genetics* 8, no. 3 (Autumn 1998): 163–70, https://journals.lww.com/psychgenetics/abstract/1998/00830/Investigation_of_dopamine_system_genes_in.5.aspx.

19 Michael D. Hunter, Kevin L. McKee, and Eric Turkheimer, 'Simulated Nonlinear Genetic and Environmental Dynamics of Complex Traits', *Development and Psychopathology* 35, no. 2 (May 2023): 662–77, https://doi.org/10.1017/S0954579421001796; David T. Lykken et al., 'Emergenesis: Genetic Traits that May Not Run in Families', *American Psychologist* 47, no. 12 (1992): 1565–77, https://doi.org/10.1037/0003-066X.47.12.1565.

13 다윈을 잠 못 들게 한 생각

1 Darwin Correspondence Project, 'Letter no. 441', 접속일: 2023년 7월 31일. https://www.darwinproject.ac.uk/letter/?docId=letters/DCP-LETT-441.xml.
2 위의 글.
3 Darwin Correspondence Project, 'Letter no. 471', 접속일: 2023년 7월 31일. https://www.darwinproject.ac.uk/letter/?docId=letters/DCP-LETT-471.xml.
4 프랜시스 다윈이 쓴 〈아버지 다윈의 일상에 대한 회상(Reminiscences of My Father's Everyday Life)〉을 포함한 편지와 회고담 속에서, 다윈의 자녀들은 아버지가 수면을 취하는 데 지독한 문제를 겪었으며 이것이 아버지가 잠들 때 취했던 전형적인 자세였다고 기억했다.
5 p. 93 of 1958 edition of *The Autobiography of Charles Darwin*, ed. Nora Barlow, https://darwin-online.org.uk/content/frameset?pageseq=1&itemID=F1497&viewty pe=side. 손으로 쓴 오리지널 메모는 다음에서 확인할 수 있다. p. 73 of Darwin, C. R. 4. 1876–1882. 'Recollections of the development of my mind & character [Autobiography]. CUL-DAR26.1-121. Ed. John van Wyhe (Darwin Online, http://darwin-online.org. uk).
6 위의 출처, 93-94.
7 Darwin Correspondence Project, 'Letter no. 9105', 접속일: 2023년 8월 3일. https://www.darwinproject.ac.uk/letter/?docId=letters/DCP-LETT-9105.xml.
8 Leor Zmigrod et al., 'Cognitive Flexibility and Religious Disbelief, *Psychological*

Research 83, no. 8 (1 November 2018): 1749–59, https://doi.org.10.1007/500426-018-1034-3.

9   Adam Phillips, *On Wanting to Change* (London: Penguin Books, 2021), p. 9.

10 5장 'Various Forms of Polytheism'을 참조하라. David Hume, *The Natural History of Religion* (London: A. and H. Bradlaugh Bonner, 1889).

11 1958년 판본의 91-92쪽을 참조하라. *The Autobiography of Charles Darwin*, ed. Nora Barlow, https://darwin-online.org.uk/content/frameset?pageseq=1&itemID=F1497&viewtype=side.

14 정치적 착시

1   오리-토끼 그림의 자세한 역사에 대해서는, 첫 출판부터 최초의 미국 심리학자 중 한 명인 조셉 재스트로(Joseph Jastrow)가 이를 받아들이기까지의 과정을 다음 링크에서 확인할 수 있다. John F. Kihlstrom, 'Joseph Jastrow and His Duck – or Is It a Rabbit?', 2004, https://www.ocf.berkeley.edu/~jfkihlstrom/JastrowDuck.htm.

2   Richard Wiseman et al., 'Creativity and Ease of Ambiguous Figural Reversal', *British Journal of Psychology* 102, no. 3 (2011): 615–22, https://doi.org/10.1111/j. 2044-8295.2011.02031.x.
    AUT와 네커 큐브(Necker cube) 착시 현상과 관련하여 다음과 같은 패턴이 재현 되었다. Annabel Blake and Stephen Palmisano, 'Divergent Thinking Influences the Perception of Ambiguous Visual Illusions', *Perception* 50, no. 5 (1 May 2021): 418–37, https://doi.org/10.1177/03010066211000192.

3   Peter Brugger and Susanne Brugger, 'The Easter Bunny in October: Is It Disguised as a Duck?', *Perceptual and Motor Skills* 76, no. 2 (1 April 1993): 577–8, https://doi.org/10.2466/pms.1993.76.2.577.

4   George Orwell, 'Funny, but Not Vulgar', *Leader*, 28 July 1945.

5   Ludwig Wittgenstein, *Philosophical Investigations*, trans. G. E. M. Anscombe (Oxford: Basil Blackwell, 1968), Part II, xi, p. 195.

6   위의 책, 193.

7   Leor Zmigrod et al., 'The Cognitive and Perceptual Correlates of Ideological Attitudes: A Data-Driven Approach', *Philosophical Transactions of the Royal Society B: Biological Sciences* 376, no. 1822 (22 February 2021): 20200424, https://doi.org/10.1098/rstb.2020.0424.

8   J. Richard Simon and Alan P. Rudell, 'Auditory S-R Compatibility: The Effect of an Irrelevant Cue on Information Processing', *Journal of Applied Psychology* 51, no. 3 (1967): 300–304, https://doi.org/10.1037/h0020586.

9   Sharon Zmigrod, Leor Zmigrod, and Bernhard Hommel, 'Zooming into Creativity: Individual Differences in Attentional Global-Local Biases are Linked to Creative Thinking', *Frontiers in Psychology* 6 (30 October 2015), https://doi.org/10.3389/fpsyg.2015.01647.

10 예를 들어: Benjamin C. Ruisch, Natalie J. Shook, and Russell H. Fazio, 'Of Unbiased Beans and Slanted Stocks: Neutral Stimuli Reveal the Fundamental Relation Between Political Ideology and Exploratory Behaviour', *British Journal of Psychology* 112, no. 1 (2021): 358–61, https://doi.org/10.1111/bjop.12455; Natalie J. Shook and Russell H. Fazio, 'Political Ideology, Exploration of Novel Stimuli, and Attitude Formation', *Journal of Experimental Social Psychology* 45, no. 4 (July 2009): 995–8, https://doi.org/10.1016/j.jesp.2009.04.003.

11 Max Rollwage, Raymond J. Dolan, and Stephen M. Fleming, 'Metacognitive Failure as a Feature of Those Holding Radical Beliefs', *Current Biology* 28, no. 24 (December 2018): 4014–21. e8, https://doi.org/10.1016/j.cub.2018.10.053.

12 Ernst Hans Gombrich, *Art and Illusion: A Study in the Psychology of Pictorial Representation* (Princeton University Press, 1972), http://archive.org/details/artillusion stud00gomb.

13 위의 책, 6-7.

14 위의 책, 7.

15 위의 책, 13.

16 위의 책, 14.

17 위의 책, 7.

15 당신의 떨리는 손끝이 말해주는 것

1   Antonio Damasio, *Descartes' Error: Emotion, Reason and the Human Brain* (Rochester: Vintage Digital, 2008), Chapter 7, p. 123.

2   Douglas R. Oxley et al., 'Political Attitudes Vary with Physiological Traits', *Science* 321, no. 5896 (19 September 2008): 1667–70, https://doi.org/10.1126/science.1157627.

3   정치-신경과학 분야에서 성별 대표성 문제는 때때로 꽤 심각하다. 이 분야에서 최초의 연구 중 하나는 남성과 여성이 감정을 처리하는 방식의 일반적인 차이를 이유로 들어 남성 참가자만을 연구하기로 결정했고, 연구자들 역시 남성이었다. 이러한 편향성과 그에 따른 맹점을 피하려면 과학 분야에 종사하는 여성의 숫자를 늘리는 것이 중요하다. Drew Westen et al., 'Neural Bases of Motivated Reasoning: An fMRI Study of Emotional Constraints on Partisan Political Judgment in the 2004 U.S. Presidential Election', *Journal of Cognitive Neuroscience* 18, no. 11 (1 November 2006): 1947–58,

https://doi.org/10.1162/jocn.2006.18.11.1947.

4 일반적으로 한두 명 이상의 저자가 있는 실험 연구의 경우 연구자들이 연구를 수행한 세부 사항은 주석에서 확인할 수 있으며, 또 실험을 수행한 대학과 도시의 이름을 참고 하기도 한다. 이러한 접근 방식을 택하는 이유는 과학 분야에서 제대로 된 큰 규모의 연구팀을 찾는 일이 까다로울 수 있으며 다양한 팀원들의 상대적 기여도가 항상 명확 하게 제시되지는 않기 때문이다. 또한 연구를 수행한 도시를 참고하면 실험 참가자들 이 거주하는 지리적 위치나 다양성, 그들이 기반으로 하는 정치적 환경을 파악할 수 있 다. 이렇게 하면, 예컨대 10개 이상의 정당이 존재하는 네덜란드 출신의 참가자와 주요 정당 2곳에 대해서만 보통 조사가 이뤄지는 미국 출신의 참가자를 비교하는 연구 결과 의 맥락을 알아차리는 데 도움이 된다

5 대상 논문 및 관련 논평 보기: John R. Hibbing, Kevin B. Smith, and John R. Alford, 'Differences in Negativity Bias Underlie Variations in Political Ideology', *Behavioral and Brain Sciences* 37, no. 3 (June 2014): 297–350, https://doi.org/10.1017/ S0140525X13001192.

6 예를 들어: Michael D. Dodd et al., 'The Political Left Rolls with the Good and the Political Right Confronts the Bad: Connecting Physiology and Cognition to Preferences', *Philosophical Transactions of the Royal Society B: Biological Sciences* 367, no. 1589 (5 March 2012): 640–49,https://doi.org/10.1098/rstb. 2011.0268. 리뷰를 위해 다음을 참조하라. Kevin B. Smith and Clarisse Warren, 'Physiology Predicts Ideology. Or Does It? The Current State of Political Psychophysiology Research', *Current Opinion in Behavioral Sciences*, Political Ideologies, 34 (1 August 2020): 88–93, https://doi. org/10.1016/j.cobeha.2020.01.001.

7 Jacob M. Vigil, 'Political Leanings Vary with Facial Expression Processing and Psychosocial Functioning', *Group Processes & Intergroup Relations* 13, no. 5 (1 September 2010): 547–58, https://doi.org/10.1177/1368430209356930. 다른 해석은 다음을 참조하라. Jacob M. Vigil and Chance Strenth, 'Facial Expression Judgments Support a Socio-Relational Model, Rather than a Negativity Bias Model of Political Psychology', *Behavioral and Brain Sciences* 37, no. 3 (June 2014): 331–2, https://doi. org/10.1017/S0140525X13002756.

8 Luciana Carraro, Luigi Castelli, and Claudia Macchiella, 'The Automatic Conservative: Ideology-Based Attentional Asymmetries in the Processing of Valenced Information', *PLOS ONE* 6, no. 11 (9 November 2011): e26456, https://doi.org/10.1371/journal. pone.0026456.

9 Benjamin R. Knoll, Tyler J. O'Daniel, and Brian Cusato, 'Physiological Responses and Political Behavior: Three Reproductions Using a Novel Dataset', *Research & Politics* 2, no. 4 (1 October 2015): 2053168015621328, https://doi.org/10.1177/2053168015621328;

Patrick Fournier, Stuart Soroka, and Lilach Nir, 'Negativity Biases and Political Ideology: A Comparative Test across 17 Countries', *American Political Science Review* 114, no. 3 (August 2020): 775–91, https://doi.org/10.1017/S0003055420000131; Bert N. Bakker et al., 'Conservatives and Liberals Have Similar Physiological Responses to Threats', *Nature Human Behaviour* 4, no. 6 (June 2020): 613–21, https://doi.org/10.1038/s41562-020-0823-z; Mathias Osmundsen et al., 'The Psychophysiology of Political Ideology: Replications, Reanalyses, and Recommendations', *Journal of Politics* 84, no. 1 (January 2022): 50–66, https://doi.org/10.1086/714780; Kevin B. Smith and Clarisse Warren, 'Physiology Predicts Ideology. Or Does It? The Current State of Political Psychophysiology Research', *Current Opinion in Behavioral Sciences*, Political Ideologies, 34 (1 August 2020): 88–93, https://doi.org/10.1016/j.cobeha.2020.01.001.

10 Martha C. Nussbaum, *Hiding from Humanity: Disgust, Shame, and the Law* (Princeton University Press, 2009), p. 14.

11 Yoel Inbar, David A. Pizarro, and Paul Bloom, 'Conservatives Are More Easily Disgusted than Liberals', *Cognition and Emotion* 23, no. 4 (1 June 2009): 714–25, https://doi.org/10.1080/02699930802110007; Kevin B. Smith et al., 'Disgust Sensitivity and the Neurophysiology of Left-Right Political Orientations', *PLOS ONE* 6, no. 10 (19 October 2011): e25552, https://doi.org/10.1371/journal.pone.0025552.

12 Lene Aarøe, Michael Bang Petersen, and Kevin Arceneaux, 'The Behavioral Immune System Shapes Political Intuitions: Why and How Individual Differences in Disgust Sensitivity Underlie Opposition to Immigration', *American Political Science Review* 111, no. 2 (May 2017): 277–94, https://doi.org/10.1017/S0003055416000770.

13 Maurice Merleau-Ponty, *The Phenomenology of Perception*, trans. Donald A. Landes (London: Routledge, 2012), p. 263. 다음에서 인용. Sara Ahmed, *Queer Phenomenology*, Kindle edition (Durham, NC, and London: Duke University Press, 2006), p. 133.

14 Edmund Husserl, *Ideas Pertaining to a Pure Phenomenology and to a Phenomenological Philosophy*, trans. F. Kersten (Dordrecht: Kluwer Academic, 1982), p. 53.

15 Spike W. S. Lee and Cecilia Ma, 'Pain Sensitivity Predicts Support for Moral and Political Views across the Aisle', *Journal of Personality and Social Psychology* 125, no. 6 (2023): 1239–64, https://doi.org/10.1037/pspa0000355.

16 Benjamin C. Ruisch et al., 'A Matter of Taste: Gustatory Sensitivity Predicts Political Ideology', *Journal of Personality and Social Psychology* 121, no. 2 (2021): 394–409, https://doi.org/10.1037/pspp0000365.

17 Benjamin C. Ruisch et al., 'Sensitive Liberals and Unfeeling Conservatives? Interoceptive Sensitivity Predicts Political Liberalism', *Politics and the Life Sciences* 41, no. 2 (September 2022): 256–75, https://doi.org/10.1017/pls.2022.18.

18　Bert N. Bakker, Gijs Schumacher, and Matthijs Rooduijn, 'Hot Politics? Affective Responses to Political Rhetoric', *American Political Science Review* 115, no. 1 (February 2021): 150–64, https://doi.org/10.1017/S0003055420000519.

19　Maaike D. Homan, Gijs Schumacher, and Bert N. Bakker, 'Facing Emotional Politicians: Do Emotional Displays of Politicians Evoke Mimicry and Emotional Contagion?', *Emotion* 23, no. 6 (2023): 1702–13, https://doi.org/10.1037/emo0001172.

20　2015년 1월 9일 튀르키예 이스탄불의 보아지치대학교(Boğaziçi University)에서 발표한 연설 '국제적 연대(Transnational Solidarities)'에서 발췌. Angela Y. Davis, *Freedom Is a Constant Struggle: Ferguson, Palestine, and the Foundations of a Movement*, ed. Frank Barat (Chicago: Haymarket Books, 2016).

21　집중적인 연구: Hannah B. Waldfogel et al., 'Ideology Selectively Shapes Attention to Inequality', *Proceedings of the National Academy of Sciences* 118, no. 14 (6 April 2021): e2023985118, https://doi.org/10.1073/pnas.2023985118.
　　생리학 연구: Shahrzad Goudarzi et al., 'Economic System Justification Predicts Muted Emotional Responses to Inequality', *Nature Communications* 11, no. 1 (20 January 2020): 383, https://doi.org/10.1038/s41467-019-14193-z.

16 뇌 스캐너 속에 들어간 이데올로기

1　Yuan Chang Leong et al., 'Conservative and Liberal Attitudes Drive Polarized Neural Responses to Political Content', *Proceedings of the National Academy of Sciences* 117, no. 44 (3 November 2020): 27731–9, https://doi.org/10.1073/pnas.2008 530117; Daantje de Bruin et al., 'Shared Neural Representations and Temporal Segmentation of Political Content Predict Ideological Similarity', *Science Advances* 9, no. 5 (February 2023): eabq5920, https://doi.org/10.1126/sciadv.abq5920; Noa Katabi et al., 'Deeper Than You Think: Partisanship-Dependent Brain Responses in Early Sensory and Motor Brain Regions', *Journal of Neuroscience* 43, no. 6 (8 February 2023): 1027–37, https://doi.org/10.1523/JNEUROSCI.0895-22.2022.

2　Woo-Young Ahn et al., 'Nonpolitical Images Evoke Neural Predictors of Political Ideology', *Current Biology* 24, no. 22 (November 2014): 2693–9, https://doi.org/10.1016/j.cub.2014.09.050.

3　Ryota Kanai et al., 'Political Orientations Are Correlated with Brain Structure in Young Adults', *Current Biology* 21, no. 8 (26 April 2011): 677–80, https://doi.org/10.1016/j.cub.2011.03.017.

4　G. Schumacher, D. Petropoulos Petalas, and H. S. Scholte, 'Are Political Orientations Correlated with Brain Structure? A Preregistered Replication of the Kanai et al. (2011)

Study', n.d.

5 H. Hannah Nam et al., 'Amygdala Structure and the Tendency to Regard the Social System as Legitimate and Desirable', *Nature Human Behaviour* 2, no. 2 (February 2018): 133–8, https://doi.org/10.1038/s41562-017-0248-5.

6 왜 뉴욕 연구진의 결과는 양쪽 편도체를 암시하고 런던 연구진의 결과는 오른쪽 편도체를 암시했을까? 이것은 왼쪽 편도체와 오른쪽 편도체가 감정 처리에서 수행하는 기능이 서로 다르기 때문일 수도 있고, 어쩌면 연구자들이 보수주의와 체제 정당화라는 약간 다른 이데올로기적인 결과에 집중했기 때문일 수도 있다. 또한 이러한 차이는 편도체의 크기가 작기 때문에 초래되었을 수도 있는데, 크기가 작은 경우에 보다 큰 구조에 비해 신경 영상 장치에서 분석하기가 어려워지기 때문이다. 그에 따라 양측 편도체 중 하나만 관여하는지 또는 둘 다 관여하는지가 불확실해질 수 있다. Jerry E. Murphy et al., 'Left, Right, or Bilateral Amygdala Activation? How Effects of Smoothing and Motion Correction on Ultra-High Field, High-Resolution Functional Magnetic Resonance Imaging (fMRI) Data Alter Inferences', *Neuroscience Research* 150 (1 January 2020): 51–9, https://doi.org/10.1016/j.neures.2019.01.009.

7 Dharshan Kumaran, Hans Ludwig Melo, and Emrah Duzel, 'The Emergence and Representation of Knowledge About Social and Nonsocial Hierarchies', *Neuron* 76, no. 3 (November 2012): 653–66, https://doi.org/10.1016/j.neuron.2012.09.035.

8 Luiz Pessoa and Patrick R. Hof, 'From Paul Broca's Great Limbic Lobe to the Limbic System', *Journal of Comparative Neurology* 523, no. 17 (1 December 2015): 2495–500, https://doi.org/10.1002/cne.23840.

9 R. J. Morecraft et al., 'Cytoarchitecture and Cortical Connections of the Anterior Cingulate and Adjacent Somatomotor Fields in the Rhesus Monkey', *Brain Research Bulletin* 87, no. 4 (10 March 2012): 457–97, https://doi.org/10.1016/j.brainresbull.2011.12.005.

10 Wei Tang et al., 'A Connectional Hub in the Rostral Anterior Cingulate Cortex Links Areas of Emotion and Cognitive Control', ed. David Badre and Michael J. Frank, *eLife* 8 (19 June 2019): e43761, https://doi.org/10.7554/eLife.43761; Suzanne N. Haber et al., 'Prefrontal Connectomics: From Anatomy to Human Imaging', *Neuropsychopharmacology* 47, no. 1 (January 2022): 20–40, https://doi.org/10.1038/s41386-021-01156-6.

11 정치적 사안에 대한 추론에 전대상회피질(ACC)이 관여한다는 것을 시사하는 fMRI 연구: Drew Westen et al., 'Neural Bases of Motivated Reasoning: An fMRI Study of Emotional Constraints on Partisan Political Judgment in the 2004 U.S. Presidential Election', *Journal of Cognitive Neuroscience* 18, no. 11 (1 November 2006): 1947–58, https://doi.org/10.1162/jocn.2006.18.11.1947; Ingrid J. Haas, Melissa N. Baker, and

Frank J. Gonzalez, 'Political Uncertainty Moderates Neural Evaluation of Incongruent Policy Positions', *Philosophical Transactions of the Royal Society B: Biological Sciences* 376, no. 1822 (22 February 2021): 20200138, https://doi.org/10.1098/rstb.2020. 0138; Ingrid Johnsen Haas, Melissa N. Baker, and Frank J. Gonzalez, 'Who Can Deviate from the Party Line? Political Ideology Moderates Evaluation of Incongruent Policy Positions in Insula and Anterior Cingulate Cortex', *Social Justice Research* 30, no. 4 (1 December 2017): 355–80, https://doi.org/10.1007/s11211-017-0295-0.

12 Meghan Weissflog et al., 'The Political (and Physiological) Divide: Political Orientation, Performance Monitoring, and the Anterior Cingulate Response', *Social Neuroscience* 8, no. 5 (1 September 2013): 434–47, https://doi.org/10.1080/17470919.2013.833549 ; David M. Amodio et al., 'Neurocognitive Correlates of Liberalism and Conservatism', *Nature Neuroscience* 10, no. 10 (October 2007): 1246–7, https://doi.org/10.1038/ nn1979.

13 대체로 이러한 패턴은 일반적인 보수성, 지능, 성격 등을 통제하더라도 지속된 다. Małgorzata Kossowska et al., 'Anxiolytic Function of Fundamentalist Beliefs: Neurocognitive Evidence', *Personality and Individual Differences* 101 (1 October 2016): 390–95, https://doi.org/10.1016/j.paid.2016.06.039; Michael Inzlicht et al., 'Neural Markers of Religious Conviction', *Psychological Science* 20, no. 3 (1 March 2009): 385–92, https://doi.org/10.1111/j.1467-9280.2009. 02305.x. 그러나 청각 스트룹 과제를 사용할 때 결과가 달라지기도 한다: Magdalena Senderecka et al., 'Religious Fundamentalism Is Associated with Hyperactive Performance Monitoring: ERP Evidence from Correct and Erroneous Responses', *Biological Psychology* 140 (1 January 2019): 96–107, https:// doi.org/10.1016/j.biopsycho.2018.12.007.

14 Marie Good, Michael Inzlicht, and Michael J. Larson, 'God Will Forgive: Reflecting on God's Love Decreases Neurophysiological Responses to Errors', *Social Cognitive and Affective Neuroscience* 10, no. 3 (1 March 2015): 357–63, https://doi.org/10.1093/scan/ nsu096; Michael Inzlicht and Alexa M. Tullett, 'Reflecting on God: Religious Primes Can Reduce Neurophysiological Response to Errors', *Psychological Science* 21, no. 8 (1 August 2010): 1184–90, https://doi.org/10.1177/0956797610375451.

15 H. Hannah Nam et al., 'Toward a Neuropsychology of Political Orientation: Exploring Ideology in Patients with Frontal and Midbrain Lesions', *Philosophical Transactions of the Royal Society B: Biological Sciences* 376, no. 1822 (22 February 2021): 20200137, https://doi.org/10.1098/rstb.2020.0137.

16 Irene Cristofori et al., 'The Neural Bases for Devaluing Radical Political Statements Revealed by Penetrating Traumatic Brain Injury', *Social Cognitive and Affective Neuroscience* 10, no. 8 (1 August 2015): 1038–44, https://doi.org/10.1093/scan/nsu155.

17 Wanting Zhong et al., 'Biological and Cognitive Underpinnings of Religious Fundamentalism', *Neuropsychologia* 100 (1 June 2017): 18–25, https://doi.org/10.1016/j.neuropsychologia.2017.04.009.

18 Clara Pretus et al., 'The Role of Political Devotion in Sharing Partisan Misinformation and Resistance to Fact-Checking', *Journal of Experimental Psychology: General* 152, no. 11 (November 2023): 3116–34, https://doi.org/10.1037/xge0001436; Clara Pretus et al., 'Neural and Behavioral Correlates of Sacred Values and Vulnerability to Violent Extremism', *Frontiers in Psychology* 9 (21 December 2018), https://doi.org/10.3389/fpsyg.2018.02462; Clara Pretus et al., 'Ventromedial and Dorsolateral Prefrontal Interactions Underlie Will to Fight and Die for a Cause', *Social Cognitive and Affective Neuroscience* 14, no. 6 (7 August 2019): 569–77, https://doi.org/10.1093/scan/nsz034; Nafees Hamid et al., 'Neuroimaging "Will to Fight" for Sacred Values: An Empirical Case Study with Supporters of an Al Qaeda Associate', *Royal Society Open Science* 6, no. 6 (12 June 2019): 181585, https://doi.org/10.1098/rsos.181585.

또한 다음과 같은 통합 연구 결과도 있다: Melanie Pincus et al., 'The Conforming Brain and Deontological Resolve', *PLOS ONE* 9, no. 8 (29 August 2014): e106061, https://doi.org/10.1371/journal.pone.0106061; Gregory S. Berns et al., 'The Price of Your Soul: Neural Evidence for the Non-Utilitarian Representation of Sacred Values', *Philosophical Transactions of the Royal Society B: Biological Sciences* 367, no. 1589 (5 March 2012): 754–62, https://doi.org/10.1098/rstb.2011.0262.

17 극단주의로 향하는 나선

1 Eric Hoffer, *The Passionate State of Mind and Other Aphorisms* (Titusville: Hopewell Publishers, 2006), p. 5.

2 George Eliot, *The Mill on the Floss* (New York: Bartleby, 2000), p. 96.

3 Andrew P. Allen et al., 'Biological and Psychological Markers of Stress in Humans: Focus on the Trier Social Stress Test', *Neuroscience & Biobehavioral Reviews* 38 (1 January 2014): 94–124, https://doi.org/10.1016/j.neubiorev.2013.11.005.

4 Marion Fournier, Fabienne d' Arripe-Longueville, and Rémi Radel, 'Effects of Psychosocial Stress on the Goal-Directed and Habit Memory Systems during Learning and Later Execution', *Psychoneuroendocrinology* 77 (1 March 2017): 275–83, https://doi.org/10.1016/j.psyneuen.2016.12.008; Jessica K. Alexander et al., 'Beta-Adrenergic Modulation of Cognitive Flexibility During Stress', *Journal of Cognitive Neuroscience* 19, no. 3 (1 March 2007): 468–78, https://doi.org/10.1162/jocn.2007.19.3.468; Franziska Plessow et al., 'Inflexibly Focused under Stress: Acute Psychosocial Stress Increases

Shielding of Action Goals at the Expense of Reduced Cognitive Flexibility with Increasing Time Lag to the Stressor', *Journal of Cognitive Neuroscience* 23, no. 11 (1 November 2011): 3218–27, https://doi.org/10.1162/jocn_a_00024; Grant S. Shields, Matthew A. Sazma, and Andrew P. Yonelinas, 'The Effects of Acute Stress on Core Executive Functions: A Meta-Analysis and Comparison with Cortisol', *Neuroscience & Biobehavioral Reviews* 68 (1 September 2016): 651–68, https://doi.org/10.1016/j.neubiorev.2016.06.038.

5   스트레스 유발 실험과 성별 차이에 대해서는 다음을 참조하라. Bart Hartogsveld et al., 'Balancing Between Goal-Directed and Habitual Responding Following Acute Stress', *Experimental Psychology* 67, no. 2 (March 2020): 99–111, https://doi.org/10.1027/1618-3169/a000485; Elizabeth V. Goldfarb et al., 'Stress and Cognitive Flexibility: Cortisol Increases Are Associated with Enhanced Updating but Impaired Switching', *Journal of Cognitive Neuroscience* 29, no. 1 (1 January 2017): 14–24, https://doi.org/10.1162/jocn_a_01029; Vrinda Kalia et al., 'Acute Stress Attenuates Cognitive Flexibility in Males Only: An fNIRS Examination', *Frontiers in Psychology* 9 (1 November 2018), https://doi.org/10.3389/fpsyg.2018.02084; Sonia J. Lupien et al., 'Effects of Stress throughout the Lifespan on the Brain, Behaviour and Cognition', *Nature Reviews Neuroscience* 10, no. 6 (June 2009): 434–45, https://doi.org/10.1038/nrn2639; Grant S. Shields et al., 'Acute Stress Impairs Cognitive Flexibility in Men, Not Women', *Stress* 19, no. 5 (2 September 2016): 542–6, https://doi.org/10.1080/10253890.2016.1192603.

6   Sabine Seehagen et al., 'Stress Impairs Cognitive Flexibility in Infants', *Proceedings of the National Academy of Sciences* 112, no. 41 (13 October 2015): 12882–6, https://doi.org/10.1073/pnas.1508345112.

7   A. Ross Otto et al., 'Working-Memory Capacity Protects Model-Based Learning from Stress', *Proceedings of the National Academy of Sciences* 110, no. 52 (24 December 2013): 20941–6, https://doi.org/10.1073/pnas.1312011110.

8   J. M. Soares et al., 'Stress-Induced Changes in Human Decision-Making Are Reversible', *Translational Psychiatry* 2, no. 7 (July 2012): e131, https://doi.org/10.1038/tp.2012.59.

18 우리를 보호하는 둥지를 찾아서

1   Oscar Wilde, *The Importance of Being Earnest, in The Plays of Oscar Wilde* (Ware: Wordsworth Classics, 2000), 361–418, p. 368.

2   Clara Pretus et al.,'Neural and Behavioral Correlates of Sacred Values and Vulnerability to Violent Extremism', *Frontiers in Psychology* 9 (21 December 2018), https://doi.org/10.3389/fpsyg.2018.02462.

3 사회적 배제가 다양한 이데올로기적 세계관에 미치는 영향을 탐구한 최근 일련의 실험에 대해서는 다음을 참조하라. Andrew H. Hales and Kipling D. Williams, 'Marginalized Individuals and Extremism: The Role of Ostracism in Openness to Extreme Groups', *Journal of Social Issues* 74, no. 1 (2018): 75–92, https://doi.org/10.1111/josi.12257; Michaela Pfundmair and Geoffrey Wetherell, 'Ostracism Drives Group Moralization and Extreme Group Behavior', *Journal of Social Psychology* 159 (1 October 2018): 1–13, https://doi.org/10.1080/00224545.2018.1512947; Emma A. Bäck et al., 'The Quest for Significance: Attitude Adaption to a Radical Group Following Social Exclusion', *International Journal of Developmental Science* 12, nos. 1–2 (1 January 2018): 25–36, https://doi.org/10.3233/DEV-170230; Holly M. Knapton, Hanna Bäck, and Emma A. Bäck, 'The Social Activist: Conformity to the Ingroup Following Rejection as a Predictor of Political Participation', *Social Influence* 10, no. 2 (3 April 2015): 97–108, https://doi.org/10.1080/15534510.2014.966856; Emma A. Renström, Hanna Bäck, and Holly M. Knapton, 'Exploring a Pathway to Radicalization: The Effects of Social Exclusion and Rejection Sensitivity', *Group Processes & Intergroup Relations* 23, no. 8 (1 December 2020): 1204–29, https://doi.org/10.1177/1368430220917215; Michaela Pfundmair, 'Ostracism Promotes a Terroristic Mindset', *Behavioral Sciences of Terrorism and Political Aggression* 11, no. 2 (4 May 2019): 134–48, https://doi.org/10.1080/19434 472.2018.1443965; Michaela Pfundmair and Luisa A. M. Mahr, 'How Group Processes Push Excluded People into a Radical Mindset: An Experimental Investigation', *Group Processes & Intergroup Relations* 26, no. 6 (1 September 2023): 1289–309, https:// doi.org/10.1177/13684302221107782; Jeffrey Treistman, 'Social Exclusion and Political Violence: Multilevel Analysis of the Justification of Terrorism', *Studies in Conflict & Terrorism* 47, no. 7 (2 July 2024): 701–24, https://doi.org/10.1080/105761 0X.2021.2007244.

4 Amy R. Krosch and David M. Amodio, 'Scarcity Disrupts the Neural Encoding of Black Faces: A Socioperceptual Pathway to Discrimination', *Journal of Personality and Social Psychology* 117, no. 5 (2019): 859–75, https://doi.org/10.1037/pspa0000168; Michael M. Berkebile-Weinberg, Amy R. Krosch, and David M. Amodio, 'Economic Scarcity Increases Racial Stereotyping in Beliefs and Face Representation', *Journal of Experimental Social Psychology* 102 (1 September 2022): 104354, https://doi. org/10.1016/j.jesp.2022.104354; Amy R. Krosch and David M. Amodio, 'Economic Scarcity Alters the Perception of Race', *Proceedings of the National Academy of Sciences* 111, no. 25 (24 June 2014): 9079–84, https://doi.org/10.1073/pnas.1404448111.

5 Frantz Fanon, *Black Skin, White Masks* (London: Penguin Modern Classics, 2021), pp. 89 and 95.

6   Ernest Becker, *The Denial of Death*, Kindle edition (New York: Free Press, 2007), p. 11.

7   Luca Chittaro et al., 'Mortality Salience in Virtual Reality Experiences and Its Effects on Users' Attitudes towards Risk', *International Journal of Human-Computer Studies* 101 (1 May 2017): 10–22, https://doi.org/10.1016/j.ijhcs.2017.01.002.

8   Tom Pyszczynski et al., 'Mortality Salience, Martyrdom, and Military Might: The Great Satan Versus the Axis of Evil', *Personality and Social Psychology Bulletin* 32, no. 4 (1 April 2006): 525–37, https://doi.org/10.1177/0146167205282157.

9   위의 책.

10 Matthew Vess and Jamie Arndt, 'The Nature of Death and the Death of Nature: The Impact of Mortality Salience on Environmental Concern', *Journal of Research in Personality* 42, no. 5 (1 October 2008): 1376–80, https://doi.org/10.1016/j.jrp.2008.04.007.

11 Markus Barth et al., 'Closing Ranks: Ingroup Norm Conformity as a Subtle Response to Threatening Climate Change', *Group Processes & Intergroup Relations* 21, no. 3 (1 April 2018): 497–512, https://doi.org/10.1177/1368430217733119; Immo Fritsche et al., 'Existential Threat and Compliance with Pro-Environmental Norms', *Journal of Environmental Psychology* 30, no. 1 (1 March 2010): 67–79, https://doi.org/10.1016/j.jenvp.2009.08.007.

12 John T. Jost et al., 'The Politics of Fear: Is There an Ideological Asymmetry in Existential Motivation?', *Social Cognition* 35, no. 4 (August 2017): 324–53, https://doi.org/10.1521/soco.2017.35.4.324; Armand Chatard, Gilad Hirschberger, and Tom Pyszczynski, 'A Word of Caution About Many Labs 4: If You Fail to Follow Your Preregistered Plan, You May Fail to Find a Real Effect' (OSF, 7 February 2020), https://doi.org/10.31234/osf.io/ejubn; Brian L. Burke, Andy Martens, and Erik H. Faucher, 'Two Decades of Terror Management Theory: A Meta-Analysis of Mortality Salience Research', *Personality and Social Psychology Review* 14, no. 2 (1 May 2010): 155–95, https://doi.org/10.1177/1088868309352321; Brian L. Burke, Spee Kosloff, and Mark J. Landau, 'Death Goes to the Polls: A Meta-Analysis of Mortality Salience Effects on Political Attitudes', *Political Psychology* 34, no. 2 (2013): 183–200, https://doi.org/10.1111/pops.12005.

13 Christopher M. Federico and Ariel Malka, 'The Contingent, Contextual Nature of the Relationship Between Needs for Security and Certainty and Political Preferences: Evidence and Implications', *Political Psychology* 39, no. S1 (2018): 3–48, https://doi.org/10.1111/pops.12477.

14 Amélie Godefroidt, 'How Terrorism Does (and Does Not) Affect Citizens' Political Attitudes: A Meta-Analysis', *American Journal of Political Science* 67, no. 1 (2023):

376

22–38, https://doi.org/10.1111/ajps.12692.

15 Spee Kosloff et al., 'The Effects of Mortality Salience on Political Preferences: The Roles of Charisma and Political Orientation', *Journal of Experimental Social Psychology* 46, no. 1 (1 January 2010): 139–45, https://doi.org/10.1016/j.jesp.2009.09.002.

16 Alan J. Lambert et al., 'Toward a Greater Understanding of the Emotional Dynamics of the Mortality Salience Manipulation: Revisiting the "Affect-Free" Claim of Terror Management Research', *Journal of Personality and Social Psychology* 106, no. 5 (2014): 655–78, https://doi.org/10.1037/a0036353; Richard A. Klein et al., 'Many Labs 4: Failure to Replicate Mortality Salience Effect With and Without Original Author Involvement', *Collabra : Psychology* 8, no. 1 (29 April 2022): 35271, https://doi.org/10.1525/collabra.35271.

17 Clay Routledge and Jacob Juhl, 'When Death Thoughts Lead to Death Fears: Mortality Salience Increases Death Anxiety for Individuals Who Lack Meaning in Life', *Cognition and Emotion* 24, no. 5 (1 August 2010): 848–54, https://doi.org/10.1080/02699930902847144; Matthew Vess et al., 'The Dynamics of Death and Meaning: The Effects of Death-Relevant Cognitions and Personal Need for Structure on Perceptions of Meaning in Life', *Journal of Personality and Social Psychology* 97, no. 4 (2009): 728–44, https://doi.org/10.1037/a0016417.

18 Philip J. Cozzolino et al., 'Greed, Death, and Values: From Terror Management to Transcendence Management Theory', *Personality and Social Psychology Bulletin* 30, no. 3 (1 March 2004): 278–92, https://doi.org/10.1177/014616720 3260716; Kenneth E. Vail et al., 'When Death is Good for Life: Considering the Positive Trajectories of Terror Management', *Personality and Social Psychology Review* 16, no. 4 (1 November 2012): 303–29, https://doi.org/10.1177/1088868312440046.

19 Christine Ma-Kellams and Jim Blascovich, 'Enjoying Life in the Face of Death: East–West Differences in Responses to Mortality Salience', *Journal of Personality and Social Psychology* 103, no. 5 (2012): 773–86, https://doi.org/10.1037/a0029366.

20 Arie W. Kruglanski et al., 'What a Difference Two Years Make: Patterns of Radicalization in a Philippine Jail', *Dynamics of Asymmetric Conflict* 9, nos. 1–3 (1 September 2016): 13–36, https://doi.org/10.1080/17467586.2016.1198042.

21 David Webber et al., 'The Road to Extremism: Field and Experimental Evidence that Significance Loss-Induced Need for Closure Fosters Radicalization', *Journal of Personality and Social Psychology* 114, no. 2 (2018): 270–85, https://doi.org/10.1037/pspi0000111.

22 Katarzyna Jasko, Gary LaFree, and Arie Kruglanski, 'Quest for Significance and Violent Extremism: The Case of Domestic Radicalization', *Political Psychology* 38, no. 5 (2017):

815–31, https://doi.org/10.1111/pops. 12376.

23 David Webber et al., 'The Road to Extremism: Field and Experimental Evidence that Significance Loss-Induced Need for Closure Fosters Radicalization', *Journal of Personality and Social Psychology* 114, no. 2 (2018): 270–85, https://doi.org/10.1037/pspi0000111.

24 Katarzyna Jasko et al., 'Rebel with a Cause: Personal Significance from Political Activism Predicts Willingness to Self-Sacrifice', *Journal of Social Issues* 75, no. 1 (2019): 314–49, https://doi.org/10.1111/josi.12307.

25 Roberto M. Lobato et al., 'Impact of Psychological and Structural Factors on Radicalization Processes: A Multilevel Analysis from the 3N Model', *Psychology of Violence* 13, no. 6 (2023): 479–87, https://doi.org/10.1037/vio0000484.

26 Roberto M. Lobato et al., 'The Role of Vulnerable Environments in Support for Homegrown Terrorism: Fieldwork Using the 3N Model', *Aggressive Behavior* 47, no. 1 (2021): 50–57, https://doi.org/10.1002/ab.21933.

27 Katarzyna Jasko et al., 'Social Context Moderates the Effects of Quest for Significance on Violent Extremism', *Journal of Personality and Social Psychology* 118, no. 6 (2020): 1165–87, https://doi.org/10.1037/pspi0000198; Marta Miklikowska, Katarzyna Jasko, and Ales Kudrnac, 'The Making of a Radical: The Role of Peer Harassment in Youth Political Radicalism', *Personality and Social Psychology Bulletin* 49, no. 3 (1 March 2023): 477–92, https://doi.org/10.1177/01461672211070420.

28 Czesław Miłosz, *The Captive Mind*, trans. Jane Zielonko (London: Penguin Classics, 2001), pp. 30–31.

19 다른 이야기들

1 Eric Hoffer, *The Passionate State of Mind and Other Aphorisms* (Titusville, NJ: Hopewell Publishers, 2006), aphorism #28.

2 Else Frenkel-Brunswik, 'Intolerance of Ambiguity as an Emotional and Perceptual Personality Variable', *Journal of Personality* 18, no. 1 (1949): 108–43, https://doi.org/10.1111/j.1467-6494.1949.tb01236.x, p. 132.

3 Zadie Smith, 'Speaking in Tongues', *New York Review of Books*, 26 February 2009, https://www.nybooks.com/articles/2009/02/26/speaking-in-tongues-2/.

4 Lola Olufemi, *Experiments in Imagining Otherwise* (London: Hajar Press, 2021), p. 7.

5 James Baldwin, 'The Creative Process', in *Creative America* (New York: Ridge Press, 1962), https://openspaceofdemocracy.wordpress.com/wp-content/uploads/2017/01/baldwin-creative-process.pdf.

에필로그

1 1973년 10월 한나 아렌트가 로저 에레라(Roger Errera)와 한 인터뷰에서 인용했다.
2 《예루살렘의 아이히만》 출판 후 한나 아렌트가 게르숌 숄렘(Gershom Scholem)에게 보낸 편지에서 인용했다.

옮긴이 김아림

서울대학교에서 생물학을 공부했고 같은 학교 과학사 및 과학철학 협동과정에서 석사 학위를 받았다. 출판사 편집자로 책을 만들다가 지금은 번역가로 일한다. 옮긴 책으로 《니체가 일각돌고래라면》, 《감정이 어려운 사람들을 위한 뇌과학》, 《젊은 여성 과학자의 초상》, 《도덕의 탄생》 등이 있다. thaiqool@gmail.com

이데올로기 브레인

초판 1쇄 발행 2025년 4월 17일

지은이 레오르 즈미그로드
옮긴이 김아림
발행인 김형보
편집 최윤경, 강태영, 임재희, 홍민기, 강민영, 송현주, 박지연
마케팅 이연실, 송신아, 김보미   **디자인** 송은비   **경영지원** 최윤영, 유현

발행처 어크로스출판그룹(주)
출판신고 2018년 12월 20일 제 2018-000339호
주소 서울시 마포구 동교로 109-6
전화 070-8724-0876(편집) 070-8724-5877(영업)   **팩스** 02-6085-7676
이메일 across@acrossbook.com   **홈페이지** www.acrossbook.com

한국어판 출판권 ⓒ 어크로스출판그룹(주) 2025

ISBN 979-11-6774-201-8 03470

만든 사람들
편집 임재희   **교정** 하선정   **표지디자인** 피포엘   **본문디자인** 송은비   **조판** 박은진